高等学校教材·航空、航天、航海系列

防空导弹引信原理

韦道知　张东洋　黄树彩
李小兵　赵　岩　吴建峰
李向东　何广军　李　琦
李　宁
编著

西北工业大学出版社
西　安

【内容简介】 本书全面、系统地阐述了防空导弹引信的基本概念，引战配合的基本原理，引信面临的主要干扰及对抗技术，连续波多普勒引信、调频引信、比相引信、脉冲无线电引信、伪随机码引信、毫米波引信、光学引信以及复合引信等不同体制的工作原理等内容。

本书可作为高等学校导弹测控工程专业本科生的专业基础与专业方向课程教材或教学参考书，也可供从事导弹引信系统研究、设计和试验的有关科学工作者和工程技术人员阅读和使用。

图书在版编目(CIP)数据

防空导弹引信原理 / 韦道知等编著. — 西安：西北工业大学出版社，2023.11

ISBN 978-7-5612-9113-9

Ⅰ.①防… Ⅱ.①韦… Ⅲ.①防空导弹-导弹引信 Ⅳ.①TJ761.1

中国国家版本馆CIP数据核字(2023)第240995号

FANGKONG DAODAN YINXIN YUANLI

防 空 导 弹 引 信 原 理

韦道知 张东洋 黄树彩 李小兵 赵岩
吴建峰 李向东 何广军 李琦 李宁 编著

责任编辑：朱晓娟 **策划编辑**：华一瑾
责任校对：万灵芝 **装帧设计**：李 飞
出版发行：西北工业大学出版社
通信地址：西安市友谊西路127号 邮编：710072
电 话：(029)88491757，88493844
网 址：www.nwpup.com
印 刷 者：陕西向阳印务有限公司
开 本：787 mm×1 092 mm 1/16
印 张：12.875
字 数：338千字
版 次：2023年11月第1版 2023年11月第1次印刷
书 号：ISBN 978-7-5612-9113-9
定 价：58.00元

前　言

本书以适应新时期人才建设、提高装备使用人员的整体素质为目标，紧跟装备的发展，突出装备自身的特色，紧贴部队装备保障工作的实际，充分吸收最新教学、科研和学术研究成果，较为详细地介绍了防空导弹引信的有关概念，着重论述了防空导弹常用的连续波多普勒引信、调频引信、比相引信、脉冲无线电引信、伪随机码引信、毫米波引信、光学引信以及复合引信等体制的工作原理。此外，本书还介绍了防空导弹引战配合理论和无线电引信抗干扰技术。本书旨在让学员掌握防空导弹引信的探测原理以及总体设计的有关问题，为后续装备原理的学习奠定基础。

本书采用总分结构：首先阐述引信概述、引战配合原理以及引信抗干扰技术；其次按照体制不同，依次介绍连续波多普勒引信、调频引信、比相引信、脉冲无线电引信、伪随机码引信、毫米波引信、光学引信以及复合引信等常见防空导弹引信的工作原理。

本书共11章。第一章为引信概论，主要介绍了引信的定义、分类、地位、作用、组成、工作过程、特点、性能和发展等基础理论和基本情况。第二章为引战配合，主要介绍了常用坐标系、弹目交会、引信作用区和启动区、战斗部杀伤区以及引战配合工作原理等知识。第三章为引信抗干扰，主要介绍了引信抗干扰概述、引信抗干扰的作用、引信工作特点及抗干扰设计、干扰对防空导弹引信的影响、引信抗干扰性能评定准则以及引信抗干扰主要技术措施等内容。第四章为连续波多普勒引信，主要介绍了多普勒无线电引信的探测原理和主动式连续波多普勒引信。第五章为调频引信，主要介绍了调频引信概况、调频系统信号的分析、调频测距引信以及调频多普勒引信等知识。第六章为比相引信，主要介绍了比相引信概述和比相引信的基本类型。第七章为脉冲无线电引信，主要介绍了脉冲测距引信和脉冲多普勒引信。第八章为伪随机码引信，主要介绍了伪随机码引信的基本原理、伪随机码引信主要参数的选择和伪随机码引信的发展及应用。第九章为毫米波引信，主要介绍了毫米波及其军事应用、毫米波探测基础理论和毫米波引信工作原理。第十章为光学引信，主要介绍了光学引信及其应用、红外引信和激光引信。第十一章为复合引信，主要介绍了复合引信概述和复合引信典型应用。本书既考虑到了本科层次学员的学习需要，又考虑到了任职人员培训和训练的需求。本书的重点学习内容是第四至十章，其余各章内容可视情况作为选修内容。

本书是集体创作的成果，由韦道知拟制纲目，第一、三、五、九章由韦道知撰写，第二、四、六章由张东洋撰写，第七章由黄树彩、吴建峰撰写，第八、十章由李小兵、何广军撰写，第十一章由李向东、赵岩等撰写。全书由韦道知统稿。李宁和李琦对全书的图表编排做了大量的工作。撰写本书还得到了空军工程大学防空反导学院冯存前、张秦、谢军伟的大力帮助，在此表示感谢！

在撰写本书的过程中，参阅了相关文献资料，在此向相关作者表示感谢。

由于水平所限，书中的不足之处在所难免，敬请各位读者提出修改意见，以便再版时更新、完善。

《防空导弹引信原理》教材撰写组

2022 年 12 月

目　录

第一章　引信概论

防空导弹引信属于弹上引战系统。引战系统是直接摧毁和杀伤目标的系统，主要包括引信、战斗部以及对两者动作起连接和保险作用的安全执行机构（保险执行机构）。防空导弹对目标的毁伤往往不是主要依靠导弹直接碰撞目标来实现的，一般都配有非触发引信，并装有战斗部。战斗部为导弹提供毁伤目标的能量，地空导弹将战斗部带到预定位置，引信敏感地察觉目标与导弹的相对位置，确定爆炸时机，控制战斗部适时起爆；安全执行机构保证导弹在地面和发射时的安全，并在导弹飞行过程中适时解除保险，接通传爆系列的传爆通道，适时、可靠地起爆传爆系列，使战斗部爆炸并飞散出杀伤物质来有效地毁伤目标。引信一般都设有自毁机构，当导弹飞越目标而未起爆战斗部时，按装定的时间自动引爆战斗部，将导弹销毁。针对有效毁伤目标而言，引战系统是导弹的核心，导弹其他各系统都是用于保证将引战系统准确地运送到预定位置，以最有效地摧毁目标。本章主要学习引信基本概念和基础理论等知识。

第一节　引信的定义、分类、地位和作用

一、引信的定义

（一）传统意义上的定义（广义定义）

凡是能引起爆炸物在一定条件下爆炸的装置，都称为引信。

（二）现代意义上的定义（狭义定义）

在导弹上，引信是导弹接近目标时，觉察目标或感受其他预定条件，实现战斗部起爆的一种装置。它能觉察接触目标时的机械能量或接近目标时的声、光、电、磁、压力等物理场能量的变化，或感受装定时间的改变，或接收外部指令等，在战斗部能发挥最大毁伤效果的位置上，适时起爆战斗部，对目标造成最大的破坏或毁伤。

（三）防空导弹引信必须具备的基本功用

（1）检测目标并起爆战斗部：在导弹接近目标时，检测目标的有关信息，接收外部（如制导系统）提供的有关信息，按预定的方式，在导弹相对于目标的适当位置上起爆战斗部。

（2）保险：保证爆炸物在储存、运输及勤务处理过程中的安全，即不发生意外爆炸。

（3）解除保险：根据预定的条件进入待爆状态。

（4）起爆：在预定的时间或地点起爆爆炸物。

对导弹而言，引信、目标和战斗部构成一个三元系统，如图 1-1 所示。

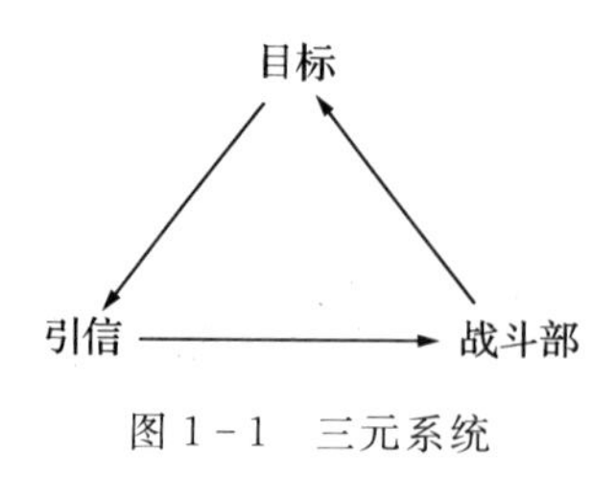

图 1-1　三元系统

目标产生信息，加至引信；引信形成引爆指令，加至战斗部，使其爆炸；战斗部爆炸后产生杀伤诸元，作用到目标上，摧毁目标。

二、引信的分类

引信是一个大家族，可谓名目繁多。为了便于分析研究，人们可以根据需要从不同的角度对其进行分类。因此，引信的分类方法比较多。现介绍几种常用的、具有代表性的分类方法。

（一）按作用方式和原理分类

引信的作用方式主要取决于其获取目标信息的方式。引信获取目标信息的方式可以归纳为三种：触感式、近感式和间接式（或称执行信号式）。因此，引信相应地可以分为触发引信、近炸引信和执行引信三大类，如图 1-2 所示。在实际使用中，上述三大类引信又可结合作用原理做进一步的分类。

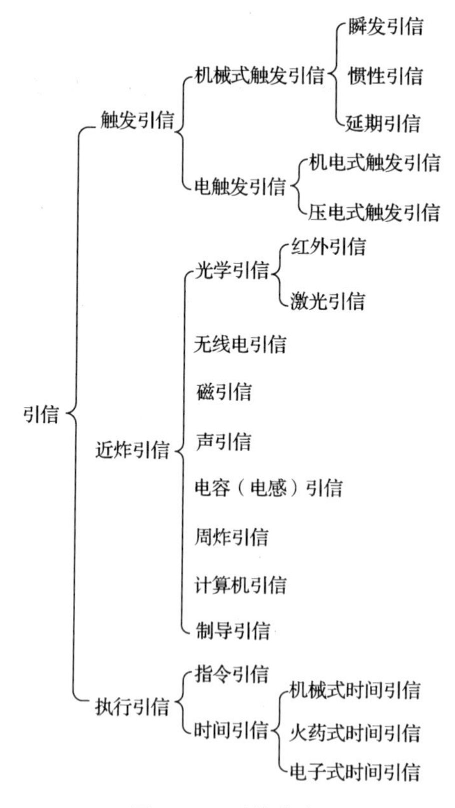

图 1-2　引信分类

1.触发引信

触发引信又称为触感引信或着发引信，是指按触感方式作用的引信，即引信本身(或弹体)直接与目标触接，利用相互之间的作用力、惯性力和应力波等获取目标信息而工作。它主要包括机械式触发引信和电触发引信两大类。

(1)机械式触发引信。机械式触发引信又可根据引信作用时间的不同分为瞬发引信、惯性引信和延期引信等三类。

1)瞬发引信，是指利用接触目标时对引信的反作用力获取目标信息而作用的引信。此类引信都是弹头引信，其作用时间短达 100 μs 左右，因此适用于杀伤弹、杀伤爆破弹和破甲弹上。

2)惯性引信，又称为短延期引信，是指利用碰击目标时急剧减速对引信零件所产生的前冲力获取目标信息的引信。其作用时间一般在 1～5 ms 之间。此类引信有装在弹头的，也有装在弹底的。此类引信多用于榴弹上。

3)延期引信，是指目标信息经过信号处理延长作用时间的触发引信。延期的目的是保证弹丸进入目标内部后再爆炸。延期时间一般为 10～300 ms。此类引信可以为弹头引信，也可以为弹底引信。但是在对付很硬的目标时，总是用弹底引信。

对地空导弹武器系统来说，由于导弹和目标相遇时具有很高的相对速度，所以为了最大限度地摧毁目标，要求引信在导弹与目标相碰撞后的若干微秒内便能起爆战斗部，这样短的时间就排除了使用任何一种单纯机械式触发引信的可能，因而必须使用电触发引信。

(2)电触发引信。电触发引信按结构可分为机电式触发引信和压电式触发引信两类。机电式触发引信内部有一个引爆储能电容器，在导弹发射后的适当时候对其进行充电。当导弹撞击目标时，此电容器即通过电雷管(或火焰雷管)放电来起爆战斗部。此类引信在导弹上应用较多。压电式触发引信是利用压电效应的原理进行工作的。压电引信的作用时间较短(<100 μs)，可以实现弹头触感和弹底引爆。此类引信常配用于破甲弹上，在导弹上亦有应用。

需要明确的是，所谓引信的“作用时间”是指从获取能使引信输出发火控制信号所需的目标信息开始到引爆输出结束所经过的时间。对触发引信来说，作用时间从接触目标瞬间开始计算。

2.近炸引信

近炸引信又称为近感引信或非触发引信，是指按近感方式作用的引信，即当引信与目标接近到一定的距离时，依靠目标的某种特征激励获取目标信息而工作。

近感一般是指近距离感知物体的作用，其特点是不与物体接触。感知的距离是相对遥感而言的。因此，近感一般也包括在遥感技术的范围内。

近炸引信借以工作的客观物理条件是：在目标和引信之间存在着某种物理场，且这种物理场的某参数是随着目标的存在及其运动而变化的，引信能够感受到这种变化，并由此获取信息。此类引信能选择最佳炸点，实现近炸。

通常，近炸引信有如下两种分类方法。

(1)按引信借以工作的物理场的性质不同分。

1)光学引信，是指利用光波来获取目标信息而作用的近炸引信。根据光波性质的不同，光学引信又可分为红外引信和激光引信两种。

红外引信是一种利用目标自身的红外辐射显著不同于其他周围环境介质的特点而察觉目

标的近炸引信。红外引信使用较为广泛，特别是地空导弹和火箭弹上应用得更多。

激光引信是一种利用激光束来探测并获取目标信息而作用的近炸引信。它具有定位精度高、抗干扰性好等优点。

2）无线电引信，是指利用无线电波来获取目标信息而作用的近炸引信。由于其工作原理与雷达相似，故又称为雷达引信。

3）磁引信，是指利用磁场获取目标信息而作用的近炸引信。这种引信只能用来对付具有铁磁物质的目标，如坦克、车辆、舰艇和桥梁等。目前这种引信主要配用于航空炸弹、水中兵器和地雷上。

4）声引信，是指利用声波获取目标信息而作用的近炸引信。许多目标如飞机、舰艇和坦克等都带有大功率的发动机，有很大的声响。因此，被动式声引信主要配用于水中兵器。

5）电容（或电感）引信，是指利用静电感应场获取目标信息而作用的近炸引信。电容（或电感）引信具有原理简单、作用可靠、抗干扰性能好等优点，其缺点是作用距离近。目前电容引信主要用于空心装药破甲弹上，也有用于榴弹的。

6）周炸引信，是指利用目标周围环境信息而作用的近炸引信。常用的周炸引信有气压式（利用大气压力的分布规律）与水压式（利用水压力与水的深度变化规律）两种。

7）计算机引信，是根据导弹自动寻的器提供的信息解算出战斗部对目标造成最大毁伤所需的最佳起爆时间的一种引信。这种引信在对付空中目标时，不管目标的轨迹与速度如何变化，都会根据当时特定的弹目交会条件使战斗部在最佳时间起爆，以获得对目标的最大毁伤效率。计算机引信迄今尚未得到广泛使用。虽然有可能发展精密的计算机引信，但是它的精度最高也只能同提供信息的自动寻的器的精度一样。目前，导弹自动寻的器的精度还不足以使计算机引信的优势得以充分发挥。相信随着计算机技术的进一步发展和导弹自动寻的器精度的不断提高，它将是一种很有前途的新型引信。

8）制导引信，是从导弹的制导系统获得起爆作用所需的全部信息的一种引信。它没有发射机和接收机，实质上是利用制导信号进行工作的计算机。制导引信不需要微波天线或微波波导管，所需要的功率通常比导弹近炸引信系统要小，但是这种引信抗地物干扰和抗人工干扰性能较差（不会比导弹的制导系统更好）。

（2）按引信借以工作的物理场的来源不同分。

1）主动式近炸引信，简称主动式引信。这种引信借以工作的物理场的来源（简称场源）是由引信本身产生的，并随引信一起运动。目标一旦进入此场，就会使场发生变化。这时，引信便会察觉目标，从而输出反映目标所在位置的信号，适时引爆战斗部。主动式引信作用方式如图 1-3 所示。

由于物理场是由引信本身产生的，与外界偶然因素关系较少，因此这种引信工作稳定性好，而且对任何目标都可起作用。但是，增加场源会使引信线路复杂，并要求有较大功率的电源来供给物理场工作，给引信设计增加了一定的困难。此外，这种引信的隐蔽性较差，容易被敌人侦察发现，有可能被敌方干扰。

2）半主动式近炸引信，简称半主动式引信。这种引信借以工作的物理场源是由设置在地面上、飞机上或军舰上的专门装置产生的。引信可以接收直接由场源发射的信号（称为直波信号）和经目标反射回来的信号（称为回波信号），从而获取目标信息进行工作。

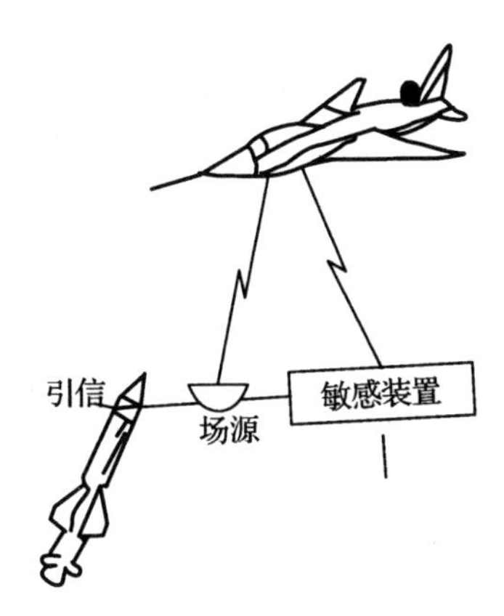

图1－3　主动式引信作用方式

由于只有接收装置，因此这种引信的结构较为简单，场源特性稳定且可以控制。此外，这种引信的隐蔽性较好。但是，引信要能够对直波信号与回波信号进行鉴别，同时它需要有一个大功率的场源和一套专门设备。这样一来，就会使指挥系统复杂化且易于暴露。因此，除地空导弹以外，这种引信应用较少。

3）被动式近炸引信，简称被动式引信。这种引信借以工作的物理场源是由目标产生的。大多数目标都具有某种物理场，如发动机会产生红外辐射场和声波，高速运动的目标因静电效应而存在静电场，铁磁物质具有磁场，等等。被动式引信就是利用上述物理场来探测目标，进行工作的。被动式引信本身不携带场源，因而不但结构简单、能耗少，而且具有良好的隐蔽性。

被动式引信的缺点是引信获取目标信息完全依赖于目标的物理场，因而会造成引信工作的不稳定。

表1－1是主动式、半主动式和被动式三种近炸引信的性能对比一览表。

表1－1　三种近炸引信性能对比一览表

近炸引信种类	结构	稳定性	隐蔽性	应用
主动式引信	复杂	好	差	广泛
半主动式引信	较复杂	中	中	一般
被动式引信	简单	差	好	较广

目前，近炸引信还常按“体制”进行分类。所谓引信体制是指引信组成的体系。因此，按体制分类，就是按引信组成的特征进行分类。由于引信的组成特征与原理紧密相关，所以通常与原理结合在一起进行分类，例如多普勒体制、调频体制、脉冲体制、噪声体制、编码体制和红外体制等。

需要说明的是，在实际应用中，近炸引信的命名通常是将上述两种方法结合起来使用的。

3.执行引信

执行引信是指通过直接获取外界专门的装置或仪器发出的信号而作用的引信，按其获取信号的方式可分为指令引信和时间引信。

(1)指令引信，指通过接收遥控(或有线控制)系统发出的指令信号而工作的引信。它实际上是一种半主动式引信。

(2)时间引信,指按预先装定的时间而作用的引信,按其工作原理可分为机械式(钟表计时)、火药式(火药燃烧、药柱长度计时)和电子式(电子计时)等三类。此类引信的特点是其起爆与否跟周围环境特性无关。它主要应用于杀伤榴弹、炸弹和特种弹等,导弹上常用它作为导弹"自毁"时引信的辅助装置。

除了上述各类引信以外,还有一种复合体制引信。所谓复合体制引信就是将两种(或两种以上)体制的引信联合起来而构成的引信。各种不同体制的联合可以是多普勒雷达引信+光学引信、多普勒雷达引信+指令引信、调频雷达引信+红外引信、脉冲雷达引信+红外引信、磁引信+雷达近炸引信等。这种引信可以取各体制引信的优点,从而提高整个引信系统的性能。

(二)按装配位置分类

根据引信在弹丸或战斗部上装配部位的不同可以将其分为以下四类。

(1)弹头引信,是指装在弹丸或战斗部头部的引信。

(2)弹底引信,又称为弹尾引信,是指装在弹丸的底部或火箭弹、导弹的尾部的引信。

(3)弹头-弹底引信,引信的敏感装置在头部,而其余部分在尾部。

(4)弹身引信,是指装在弹体中间部位的引信,一般在导弹上使用较多。

(三)按弹种和战术使用分类

这种分类方法也很重要。我们研究和设计任何引信,都要满足战术要求。同时,各弹种的性能,特别是所配用的战斗部的性能和用途,都将决定引信的功能和性能。因此,按此方法分类可以将引信的战术与技术结合起来,既便于研究当前引信的具体情况,又便于为今后引信的研究与发展指出方向。战术使用的改变,新目标的出现,新弹种的研制,都将促使新的引信随之出现。

按弹种和战术使用可以将引信分为以下几类。

(1)炮弹引信,主要包括航炮、高射炮、加农炮、榴弹炮、迫击炮和无坐力炮等所用的榴弹引信、破甲弹引信、碎甲弹引信和穿甲弹引信等。

(2)火箭弹和导弹引信。

(3)航空炸弹引信。

(4)水中兵器引信,主要包括鱼雷、水雷及深水炸弹等所配用的引信。

(5)地雷引信。

(6)手榴弹引信。

(7)特种弹引信,主要包括照明弹、燃烧弹、发烟弹、宣传弹和曳光弹等所配用的引信。

三、引信在武器系统中的地位和作用

引信是导弹的关键设备,它是决定防空导弹单发杀伤概率的一个重要因素。

单发杀伤概率是防空导弹的最重要战术技术指标。在防空导弹的射击中,发射 n 发导弹杀伤目标的总概率为

$$P_n = 1 - (1 - P_1)^n \tag{1-1}$$

式中:P_1——单发杀伤目标的概率。

由式(1-1)可见,当 P_1 一定时,增加发射导弹的数量 n ,可以提高对目标的杀伤概率。但由于防空导弹造价昂贵,不允许像高射炮那样,对目标进行大量的射击,即用提高导弹发射数

n 的方法来歼灭目标，只能通过提高单发杀伤概率 P_1 的办法，提高对目标的杀伤概率，把导弹发射数 n 减到最小。例如：若单发杀伤概率 $P_1 \geqslant 65.8\%$，则三发的杀伤概率高于 96%；如果将单发杀伤概率提高到 80%，那么二发的杀伤概率就可达到 96%。由此可见，只要 P_1 稍有提高，就可较大地提高导弹的杀伤概率，有效地击毁空中目标，从而减少部队装备的导弹数。

要提高导弹单发杀伤概率 P_1，除了提高导引精度和武器系统的可靠性外，主要取决于引信与战斗部的配合效率（简称引战配合效率）。由于目标的机动和制导与控制系统的随机误差，在全方向攻击空中运动目标和有严重干扰的环境下，导弹直接命中目标的概率很小，所以大多数防空导弹都采用近炸引信。当用相对速度坐标系描述导弹与目标交会几何关系（见图 1-4）时，单发杀伤概率 P_1 可表示为

$$P_1 = k\int_0^{\rho_{\max}}\int_0^{2\pi} P_{\mathrm{df}}(\rho,\varphi)\,g(\rho,\varphi)\,\mathrm{d}\varphi\,\mathrm{d}\rho \tag{1-2}$$

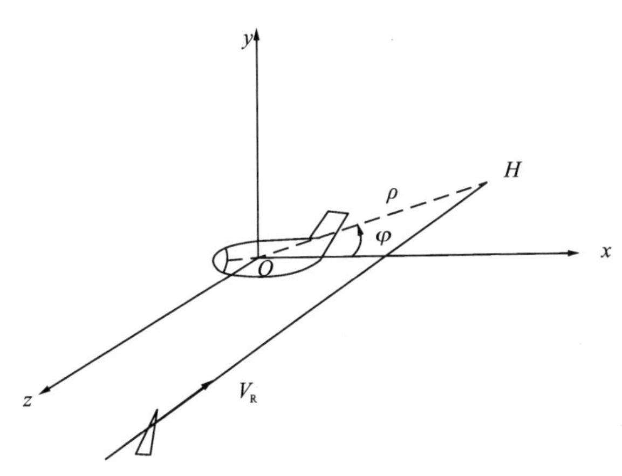

图 1-4　导弹与目标的交会几何关系图

$Oxyz$ —相对速度坐标系；H —脱靶点(落点)；

ρ —脱靶距离；φ —脱靶方位角；V_{R} —导弹相对速度

由式(1-2)可见，当导引误差概率密度函数 $g(\rho,\varphi)$ 和可靠性系数 k 给定时，单发杀伤概率 P_1 完全取决于引战配合效率。因此，引信的性能是决定武器系统杀伤概率的极为重要的因素。

战斗部的条件杀伤概率为

$$P_{\mathrm{df}}(\rho,\varphi) = \int_{m_z-3\sigma_z}^{m_z+3\sigma_z} P_{\mathrm{d}}(z/\rho,\varphi)\,f(z/\rho,\varphi)\,\mathrm{d}z \tag{1-3}$$

式(1-2)和式(1-3)中：$P_{\mathrm{df}}(z/\rho,\varphi)$ ——启动点为 $(z/\rho,\varphi)$ 时，战斗部的条件杀伤概率；

$f(z/\rho,\varphi)$ ——弹道落点为 (ρ,φ) 时，引信启动点(炸点)沿坐标 z 轴分布的启动概率密度函数；

m_z ——沿 z 轴的平均启动位置；

σ_z ——启动位置散步的均二次方根值；

$g(\rho,\varphi)$ ——由引导误差确定的落点为 (ρ,φ) 时的概率密度函数；

ρ ——脱靶距离；

$\rho_{\max}$ ——最大脱靶距离；

φ ——脱靶方位角；

k ——导弹武器系统的可靠性系数。

由式(1－2)和式(1－3)还可见，导引系统是解决导弹的二维 (ρ,φ) 控制问题，而引信是解决导弹的第三维 z 的控制问题。前者是解决精确制导问题，后者是解决精确引爆问题。从导弹系统的杀伤效果看，引信系统与制导系统有同等重要的意义。

第二节　引信的基本组成和工作过程

一、引信的基本组成

对导弹而言，引信、目标和战斗部构成一个三元系统。目标产生信息，加至引信；引信形成引爆指令，加至战斗部使其爆炸；战斗部爆后产生杀伤诸元作用到目标上，摧毁目标，如图1－5所示。

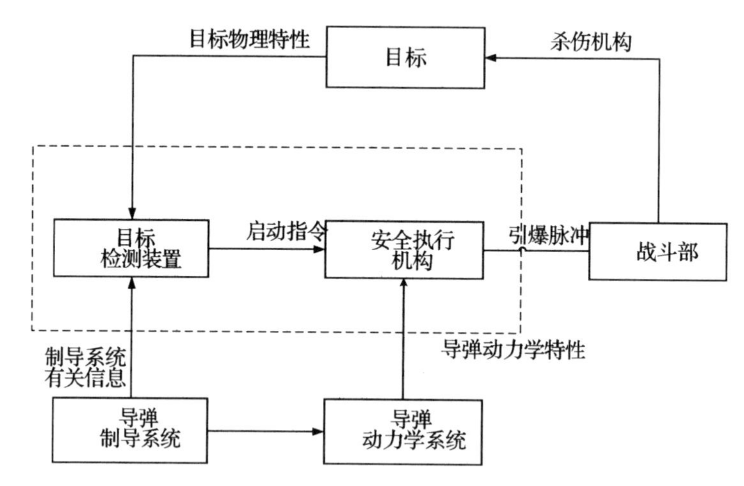

图1－5　引信系统与导弹系统功能图

引信系统主要由目标检测装置和安全执行机构组成，其中近炸引信的目标检测装置基本由目标探测器、信号处理电路和启动指令产生器组成。此类引信系统的基本组成如图1－6所示。

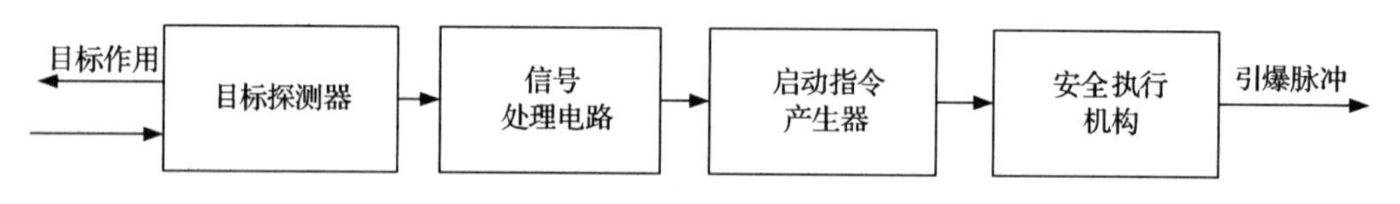

图1－6　引信系统基本组成图

(1)目标探测器：目标探测器又称目标敏感器。其功能是感知目标的存在，探测目标的特征信号。它采用接触传感器时，将接触目标时的机械能转为电能；采用接近传感器时，将目标反射、散射或辐射的电磁能、热能转换为电能。

目标探测器有两大类：一类为接触传感器，有压电式、磁电式(撞击时铁磁体运动产生电脉冲)、机械式(撞击时闭合或断开接点产生电脉冲)等，均用于触发引信；另一类为接近传感器

(或接近探测器),有无线电探测器、雷达探测器、红外探测器、激光探测器、电学探测器(如静电/电容引信)或磁学探测器(如磁引信)等,均用于非触发引信。

(2)信号处理电路:将目标探测器探测(或敏感)到的目标特征信号,经过适当的处理,以鉴别和抑制人工干扰信号、背景与环境杂波等,从而获得必需的目标信息,在频域、时域和波形等方面进行处理。

频域处理包括滤波、频谱分析。频域处理采用数字信号处理技术时,有数字滤波、快速傅里叶变换(FFT)。根据目标特征信号的频谱成分,鉴别是目标信号还是干扰、杂波,从而选取需要的目标信号。

时域处理包括对目标特征信号的和、差、乘、除、微分、积分等运算,以及限幅和相关处理。

采用相关检测,可大大改善引信的距离截止特性,提高引信的抗干扰能力。

(3)启动指令产生器:启动指令产生器实际上是信息处理器。它将信号处理电路输出的目标信息,以及制导系统给出的有关信息进行数学运算和逻辑运算,在最适当的时刻,或最适当的导弹与目标相对位置上输出启动指令,以获得最佳引战配合效率。启动指令产生器通常包括最佳启动延时(或启动角)计算电路、延迟时间(或启动角)调整电路、触发或近炸逻辑电路和点火电路(执行级)等。

(4)安全执行机构:它用于防止战斗部在导弹维护、勤务处理、弹道初始段发生意外的爆炸。它的功能是保险和解除保险。在保险状态时,它将启动指令电路与执行机构隔离,传爆序列的火路与战斗部隔离。保险措施通常利用导弹的动力学参数,如加速度、发动机燃烧室压力,以及定时装置等。这些条件在导弹发射之前是不具备的。在导弹已实际发射,且飞行到一定距离之后,就自动解除保险,使战斗部处于待爆状态,这时如果引信发出了启动指令,它就能接收指令并形成引爆战斗部需要的电脉冲或热脉冲。

二、引信的工作过程

引信的工作过程是指引信从发射开始到引爆战斗部主装药的全过程。

从引信的任务和对引信定义的分析可知,引信的工作过程主要包括解除保险过程、信息作用过程和引爆过程,如图 1-7 所示。

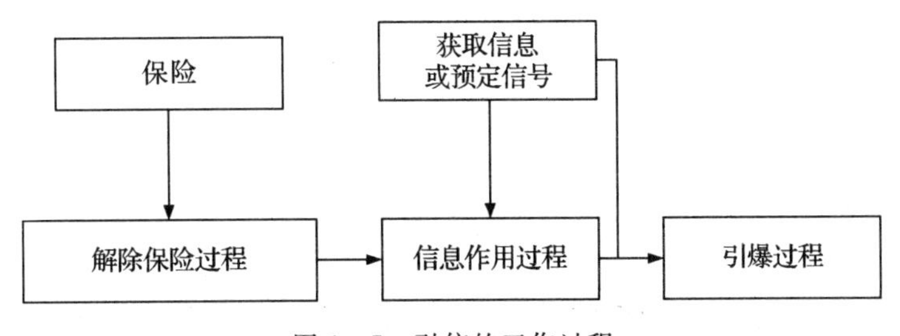

图 1-7　引信的工作过程

(一)解除保险过程

引信在平时是处于完全抑制状态或不工作状态的,即通常所说的保险状态。从发射(或投放)开始,引信即进入作用过程,它通过接收目标(或目标环境)信息或预定信号来控制保险机构或电路依次解除保险。此后,引信便处于能够发火的状态,即待发状态。

引信由保险状态过渡到待发状态称为引信解除保险,此过程相应地称为引信解除保险过程。这时，当引信遇到目标或收到预定信号时，即进入信息作用过程。但应当指出，在发射（或投放）前获取预定信号而作用的引信（如时间引信），则在引信解除保险前即进入信息作用过程。

（二）信息作用过程

一般信息系统的作用过程，大致可分为信息获取、信息传输、信号处理和处理结果输出等四个步骤。

其中信息传输很简单，而处理结果输出的形式是火焰能或爆轰能，所以可将引信的信息作用过程归并为信息获取、信号处理和发火输出等三个步骤，如图 1-8 所示。

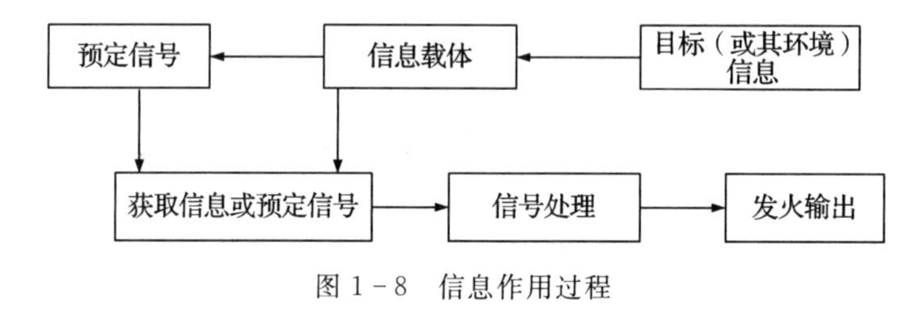

图 1-8　信息作用过程

其中，信号处理包括信息传递、信息转换和信息处理等三个步骤。

1.信息传递

信息传递即将探测到的目标信息或接收到的预定信号传至引信。目标信息的传递可以利用各种形式的能量来进行，如机械力、电磁波或其他物理场等。传递目标信息的能量可以来自引信本身（主动式引信），也可以来自目标（被动式引信）或其他装置（半主动式引信）。

通常，目标信息的传递都是以信号的形式进行的，由于目标的存在，传递信息的能量就会发生变化。而这些变化与目标的各种状态和特征有一定的对应关系。换句话说，一定的信号就代表着一定的目标信息。因此，目标信息就可以用信号的表现形式传至引信，并被引信所接收。

应当指出，必须严格地区分信息和信号这两个概念。信息是物理状态量，不具有能量；而信号是具有能量特性的物理量，可以进行传输，并可以作为信息的运载工具。此外，还必须明确，通常所说的信号，它可以含有目标信息，也可以不含有目标信息。例如，用于传递目标信息的能量在空间运动，也是一种信号，但在目标出现以前，并不含有目标信息；只有在目标出现后，从目标返回的信号中才含有目标信息。

2.信息转换

所谓信息转换，就是指将引信收到的载有目标信息的信号转换为适合于引信内部传输的信号。比如，利用光波运载的目标信息，通常在引信中将被转换为电信号，以便输送给后面的电路进行处理。显然，光学信号是不适宜在电路中传输的。

3.信息处理

敏感装置获取的信息是初始信息，其中除了目标信息以外，还混杂有各种干扰信号和无用信息，这就需要对其进行处理，通过去粗取精、去伪存真，提取主要的和有用的信息，并加工成引信引爆所需的发火控制信号。根据引信任务的要求，引信的信息处理应是实时的，而不是事后处理。对引信而言，信号处理是保证战斗部获得最佳毁伤效果的关键环节。

（三）获取信息或预定信号

1.识别真假信号

真信号是指含有目标信息的信号或预定信号，而假信号是指能使引信引爆的各种干扰信号（自然的和人为的）。所谓识别真假信号，实质就是解决抑制干扰信号的问题。

2.提供发火控制信号

提供发火控制信号就是在初始信息中取出所需的目标信息，经过加工处理后，为引信提供控制引爆所需的信号。习惯上，引信的引爆又称为“发火”。因此，控制引信引爆的信号就称为发火控制信号。这就是信号处理最后得到的处理结果。

3.信号放大

一般来说，引信敏感装置获取的含有目标信息的信号是微弱信号，需要放大后进行处理。同时，保证发火控制信号能满足一定的能量要求。完成上述作用的机构，一般称为信号处理装置。但应当指出，信号处理装置的设置与所要完成的具体任务，根据引信的类型和战术技术要求而异，名称也各不相同，如机械触发引信中的延期机构、防雨装置、中间保险器，近炸药引信中的放大电路和目标识别电路，时间引信中的时间药盘、钟表机构、计时电路等，都是信号处理装置。

4.发火输出

由于引信的处理结果输出的形式与一般系统不同，它要求输出的是火焰或爆轰能信号，因此将引信处理结果的输出定名为“发火输出”。

在引信中，获取目标信息的基本目的，是利用它控制引爆战斗部主装药。

所谓发火输出，是指当得到信号处理装置输出的发火控制信号时，引信就输出火焰或爆轰能信号，或者使引信爆炸序列中第一个爆炸元件（起爆元件）发火。发火输出的信号称为发火信号，完成发火输出的相应机构称为执行机构。

（四）引爆过程

在输出发火信号后，信息作用过程结束，而转入引爆过程。它的作用是使发火信号的能量逐级放大，最后输出一个引爆战斗部主装药所需的能量足够的爆轰能信号（即引爆信号），此时引爆过程结束。完成引爆过程的装置称为引爆装置。由此可知，实质上引爆过程仍是一个信号处理过程，只不过它处理的信号是爆轰能信号而已。

在引信输出引爆信号后，战斗部主装药就会立即爆炸，引信的整个作用过程到此结束。

应当指出，引信的信息作用过程，类似于动物对外界反应的作用过程。以人为例，人首先是通过感觉器官从周围取得信息，并将其变成信号由神经系统传至大脑，然后大脑根据已经取得的信息进行信息处理即思维，最后指挥各种器官对外部世界进行控制。而引信则首先通过敏感装置取得目标信息，并将其转换为信号，经过机械运动或电路导线输送到信号处理装置，进行信息处理，最后命令执行机构输出控制战斗部主装药爆炸的信号。因此，可以将它们一一对应来做比喻：敏感装置相当于动物的感觉器官；信号处理装置相当于大脑；执行机构类似动物的四肢等器官；战斗部主装药就相当于外部世界。

第三节 防空导弹引信的特点及主要性能

一、防空导弹引信的特点

防空导弹引信具有四个特点。

1.与目标相互作用的复杂性

引信性能与目标物理特性的关系极为密切。对于主动式无线电引信来说，目标处于引信天线近区或超近区，到达目标和目标反射的电磁波均为球面波，引信天线接收到目标反射信号的振幅、相位、多普勒频谱与目标的大小、形状、构造、材料、引信与目标之间的距离和交会角等有密切关系。目标的雷达散射截面(RCS)是距离的函数。这点与工作在目标远区的雷达导引头有显著区别。因此，引信接收到的目标回波功率与距离之间不是恒定的四次方关系，而是随距离的减小，从四次方逐步过渡到二次方关系。

触发引信的起爆性能与目标的结构、材料、导弹接触目标的入射角等关系也很密切。

2.引信工作的瞬时性

为防止引信因弹内或弹外的干扰，过早发出意外的引爆指令，引信处于完全工作状态的时间非常短(一般在1 s以内)，引信的天线波束通常选得比较窄，一般为几度，光学引信甚至为零点几度，而引信与目标之间的相对速度又很大(一般为每秒几百米至几千米)。因此，引信获得目标回波信号的持续时间非常短(几十毫秒到几毫秒)，引信电路必须在这极短的时间内检测、处理目标回波信号，快速产生引信启动指令，这就给引信电路的设计，特别是信号处理电路的设计带来特殊的要求。例如，为了获得目标回波的多普勒频率信息，有时必须在1～2 ms内完成频率测量，为获得接收信号的频谱，必须采用快速傅里叶变换。

3.引信引爆指令的高精确性

由于引信与目标之间的相对速度很高，一般均在1 km/s以上，在拦截弹道导弹的弹头时，相对速度高达5 km/s以上，因此引信发出的引爆指令误差为1～2 ms时，就相当于提早或延迟引爆几米到十几米，战斗部的杀伤元素(如破片或链条)就可能击不中目标，致使导弹攻击目标失败。

在触发引信中，瞬发度的精确度要求更高。根据不同目标的物理结构，瞬发度要求几微秒或几毫秒，瞬发度的正确性，将影响对目标杀伤的效果。

4.引信工作的高可靠性

由于引信是引爆战斗部的一次性使用产品，因此它的可靠性要求特别高。在勤务操作中，要保证绝对安全，在战斗使用中要保证及时解除保险。在引信处于待爆状态期间，不允许出现一次虚警，否则就会过早引爆战斗部，而使射击效率为零。在目标通过引信启动区时，应适时引爆战斗部，不允许出现一次漏警，否则引信就来不及检测和处理目标回波信号，导致漏爆，即效率为零。弹上制导设备则允许出现一定数量的虚警或漏警，因为它能在一定时间内纠正虚警或漏警产生的不良结果。

在使用火工品的安全执行机构中，由于火工品只能一次点火，一次使用，其性能不能逐个点火检查，只靠抽样检查，因此性能可靠性、稳定性更重要。

二、防空导弹引信主要战术技术性能

根据防空导弹武器系统的要求，防空导弹引信的主要战术技术性能体现在以下几个方面。

1.引战配合效率要高

引战配合效率通常在95%以上，如本章第二节所述，要提高导弹的单发杀伤概率，就必须提高引战配合效率，即要使式(1-2)中的 $P_{df}(\rho,\varphi)$ 值在各种弹目交会条件下均较大。由式(1-3)可见，要使引信的启动概率密度函数 $f_{df}(z/\rho,\varphi)$ 与战斗部的条件杀伤概率函数 $P_d(z/\rho,\varphi)$ 相匹配，即大多数引信启动点要与战斗部最大条件杀伤概率点相对应。或者说，引信启动区要与战斗部动态杀伤区相吻合。为了概念上和工程上应用的方便，以引信启动角表示引信启动位置，以引信在最佳启动角时起爆战斗部表示引信与战斗部的最佳配合。

引信的最佳起爆角是相对速度向量 $\mathbf{V}_R$ 、破片速度向量 $\mathbf{V}_f$ 及导弹脱靶方位 ω 的函数。引信的启动角取决于引信天线主瓣倾角及引信电路的延迟时间。当 $\mathbf{V}_R$ 变化较大时，引信最佳起爆角变化范围也较大，此时，引信的起爆角必须随 $\mathbf{V}_R$ 和 ω 的变化进行自动调整。这种调整，通常是通过调整引信的启动延迟时间，或者引信天线的主瓣倾角来实现的。

武器系统可靠性为0.8，导弹的落入概率为1，若要求导弹的单发杀伤概率大于79%，则要求引战配合效率高达98.8%以上。武器系统的引战配合效率指标，在工程设计中体现在引信的启动角范围与精度、引信启动延迟时间的范围和精度，以及调整启动角、延迟时间的数学模型精度等方面。

2.引信应具有很强的抗人为干扰能力

现代对空作战，通常都是在敌人施放严重的电子、光学干扰环境下进行的。

电子干扰的频率覆盖范围为1～100 GHz，干扰功率谱密度可达6～10 W/MHz。光学干扰设备有红外干扰吊舱、光学诱惑器等。因此，现代防空导弹如没有有效的抗干扰措施，是不可能击毁入侵的空中目标的。因此导弹所有的目标探测器都必须具有较强的抗干扰能力，特别是导弹引信系统。只要引信因干扰而发生一次虚警，就可使战斗部早爆，最终使导弹自毁。而干扰制导系统往往只可能使导弹性能变坏(如使脱靶距离增大)，而不一定会使导弹完全失效。为了完全毁坏导弹，必须对制导系统持续有效地干扰相当长时间，否则干扰产生的误差就有可能被修正，而不发生明显的影响。

对引信干扰的基本形式有转发式干扰、杂波阻塞干扰、扫频式干扰、瞄准式干扰和曳光弹等有源干扰，以及箔条等无源干扰。

在工程设计上，通常提出以下引信抗干扰性能指标：

(1)能对抗的干扰类型。

(2)对特定干扰形成的抗干扰效果，例如在某种有源干扰机的某一干扰功率作用下，在引信天线规定的副瓣区内产生早炸、晚炸或瞎火的概率应低于某一数值。

(3)抗干扰措施的改善因子，即引信有抗干扰措施与没有抗干扰措施时，在达到同一干扰效果的条件下，干扰机功率增大的倍数或分贝数。

3.引信应有效地鉴别和抑制地(海)面杂波

未来战争的空袭兵器为隐蔽自己，往往采用低空、超低空突防，如轰炸机的突防高度可达30 m，战斗机在海面可达9 m，巡航导弹掠海飞行可达7 m，掠海反舰导弹可达4 m，防空导弹要攻击这些低空、超低空目标，就要求所有的目标探测器均有良好的低空工作性能，对引信来说，就是能有效地鉴别和抑制地(海)面杂波。

地(海)面对主动引信发出的无线电波和光波的反射，或对背景与光源，如阳光、导弹本身辐射的红外光等散射，都可能使无线电引信和光学引信产生早炸、晚炸或瞎火，因此引信对接收到的信号，应能鉴别它是目标反射的信号，还是地(海)面反射的信号(杂波)，并经时域、频域的信号处理，提取目标信号而抑制地(海)面反射的杂波信号，使引信对地(海)面杂波不敏感，而只对目标反射的信号敏感，其基本要求如下：

(1)引信在规定的低高度范围内工作时，不应产生早炸或瞎火。

(2)引信在规定的低高度范围内工作时，启动角误差应小于一定的数值(启动区畸变在规定的允许范围内)。

4.引信应有足够的作用距离和良好的距离截止特性

引信的作用距离应保证在最大制导误差下，仍能可靠启动战斗部，而允许的最大制导误差由战斗部的威力范围决定。当制导系统误差为 R_0、随机均方根误差为 σ 时，最大脱靶距离为 $\rho_{\max}=R_0+3\sigma$，引信的作用距离必须大于这个距离，具体数值由最小的引信最佳启爆角以及相对速度矢量与弹轴的夹角等因素确定。

为了抗干扰和抑制地(海)面杂波，引信的最大作用距离不能过大，必须限制在一定范围内，在预定的最大工作距离范围外，引信不应启动，并要求从允许启动距离范围到不允许启动距离之间的过渡段越窄越好，即要求有尖锐的距离截止特性，如图 1-9 所示。

对于图 1-9 中的曲线 1，引信在规定的工作范围($R_{\min}\sim R_{\max}$)内，灵敏度均为 $P_{\min 0}$，超出该范围，引信灵敏度急剧变坏，即对于 $R>R_{\max}$ 或 $R<R_{\min}$ 的目标回波，引信很不灵敏。对于图 1-9 中的曲线 2，在 $R_{\min}\sim R_{\max}$ 范围内，引信灵敏度较缓慢地变坏。对于图 1-9 中的曲线 3，引信灵敏度不随距离变化而变化，所以它实际上没有距离选择(截止)性。

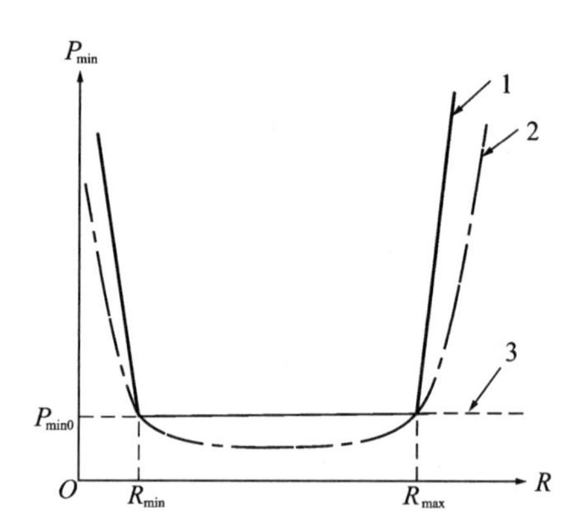

图 1-9　引信的距离截止特性

R —引信至目标的距离；$R_{\max}$ —外距离门；

$R_{\min}$ —内距离门；$P_{\min}$ —引信的动作灵敏度；

1—最佳；2—良好；3—最差

$R_{\min}$ 的作用是抑制引信发射信号通过很短的路径泄漏到引信接收机。$R_{\min}$ 应尽量小，以尽量缩小引信的盲区。其基本指标要求有以下两项。

(1)引信的作用范围：在目标雷达散射面积大于某一规定值，或者对于规定的典型目标，引信与目标之间的距离小于某一规定值时，引信启动概率应大于某一规定值。

(2)引信的距离截止特性:在规定的引信作用范围之外(离最大作用距离一定的间隔),在规定的目标雷达散射面积或典型目标条件下,引信的启动概率应小于某一规定值。引信产品的技术参数规定为:在大于最大作用距离或小于最小作用距离的几个规定距离上,引信灵敏度下降的值,应大于某一规定数值。

5.引信应有高的可靠性与安全性

引信是引爆战斗部的一次性使用装置,它应保证在恶劣的使用环境下,以及在短促的射击过程中可靠地工作。

引信的可靠性与安全性,是直接影响防空导弹单发杀伤概率的重要因素,所以对引信可靠件与安全性指标提出了特别高的要求。根据导弹的用途及性能等级,有的导弹引信可靠度高达0.99,有的导弹还特别规定了引信的早炸率应小于某一规定值(如1%)。

6.引信体积小且重量轻

对导弹弹上设备与部件的体积和重量,往往提出严格的限制,对引信也提出了苛刻的要求。将节省的弹内空间与重量让给战斗部和动力系统,从而增大导弹的作战空域和有效杀伤范围。随着对引信战术技术性能要求的不断提高,引信构造越来越复杂,在引信设计中,常常遇到技术性能与体积和重量的矛盾,特别是在设计小型导弹(如肩扛式地空导弹)引信时,矛盾更为突出,因此,在引信设计中,必须尽量采用微电子技术。

7.便于维护、使用且易于批量生产和成本低廉

设计的引信应便于测试、维修,以使引信性能经常处于良好状态,有利于提高引信的可靠性。设计引信时还必须考虑易于批量生产,有利于导弹武器系统尽快地装备部队,降低引信的成本。

第四节 防空导弹引信的发展

随着高新技术的不断发展,未来的空中威胁将更加严重,防空导弹将面临高空、超低空、超声速、多目标,且具有隐身技术,带有完善的干扰设备,全天候入侵的高机动性战斗机、轰炸机、侦察机、空地导弹、巡航导弹和掠海反舰导弹等的严重威胁。防空导弹必须在动力系统、制导系统、控制系统、引战(引信与战斗部)系统等方面采取有效的对策,才能有效地对付这些威胁,而引战系统特别是引信系统将是其中的关键环节之一。引信与战斗部的配合效率是决定导弹单发杀伤概率的基本因素,因此积极开展先进引信的研制工作已迫在眉睫。

一、防空导弹引信技术的发展概况

防空导弹引信技术起步于第二次世界大战,经历了四个阶段。

第一阶段从第二次世界大战结束后到20世纪50年代中期。本阶段导弹引信主要解决弹目交会时,如何探测到目标存在,使导弹在未能直接命中目标的情况下,适时引爆战斗部的问题,以期达到扩大目标杀伤面积的目的。这期间的引信工作体制多为外差式连续波多普勒或简单的连续波调频引信,引爆延时时间多为固定的,引信缺乏良好的距离截止特性。这期间的导弹引信以美国的波马克导弹调频引信、苏联的SAM-1与SAM-2导弹引信为典型代表。

第二阶段从20世纪50年代末期到70年代末期。本阶段导弹引信技术蓬勃发展,激光、红外、窄脉冲、特殊波调制、噪声调频和各种波形调制的引信(包括主动式、半主动式和被动式

引信等)应运而生。引信的研究、设计侧重于下述几点:①通过雷达波形的设计,提高引信固有的潜在抗干扰能力,例如通过提高引信的距离截止特性,提高引信抗转发式干扰能力;②通过采用激光、红外技术提高引信抗电子干扰能力;③通过调整天线波束倾角、战斗部破片飞散角和借助制导系统提供的简单信息,调整启动延时等技术措施,以提高引战配合效率。这期间比较典型的雷达引信主要有英国的“天空闪光”非全相参的PD引信、法国的马特拉-530空空导弹PJE-2型引信和“海响尾蛇”引信、苏联的SAM-3地空导弹5E11型引信和SAM-6地空导弹引信、美国的“霍克”导弹的半主动定角引信和“不死鸟”窄脉冲引信、意大利的Aspide导弹的PD+旁瓣抑制引信、法国和德国联合研制的罗兰特导弹的特殊波调频引信。比较典型的激光引信有美国的AIM29L导弹Dsu215B激光引信、瑞典的RBS270导弹的激光引信。比较典型的红外引信有法国的“响尾蛇”R2440空空导弹引信、英国的PK24空空导弹中的红外引信、美国的AIM29P空空导弹的中红外引信。这期间,英、美等国相继建立了无线电缩比动态模拟试验室、火箭橇试验场,开展了大量的目标近区雷达散射特性测试和引信启动特性试验研究,进一步完善了引信技术研究试验手段。

第三阶段从20世纪80年代初到20世纪末。本阶段导弹引信技术的研究和发展受到两方面因素的影响:一是自20世纪60年代末期以来,巡航导弹的出现和飞机低空突防能力的增强,以及日益严重的电子、光学干扰环境,使引信朝着提高低空性能和进一步提高引信抗干扰性能方面发展;二是随着弹目交会速度的增大,以及微型计算机技术的发展,引信朝微型计算机控制产生最佳起爆的方向发展。这期间各国充分利用制导系统提供的信息和激光、红外、雷达技术的最新成就,使引信在低空性能、抗干扰能力和引战配合方面进步明显。这一阶段引信技术发展有几个重要标志:①引信的低空性能由20世纪70年代的200～300 m,降低到80年代的50～30 m,90年代改进的“海响尾蛇”导弹引信以及俄罗斯的施基里-1导弹引信可以攻击5～10 m掠海目标,美国的RAM导弹激光引信可以攻击3～5 m掠海目标;②精确起爆控制技术迅速发展,国外第四代防空武器普遍采用新型定向起爆无线电引信与定向战斗部匹配的定向引战系统,如俄罗斯的S-300V、S-400“凯旋”(Tiumf)、AA-12系列,欧洲的“紫苑”系列,美国的PAC-3系列普遍采用新的定向引战技术,即起爆时刻、方式、方向精确控制的无线电引信与战斗部飞散角控制技术相结合;③采用频段扩展、静电探测体制扩展、高速数字信号处理等手段,以及各种复合调制技术,从而提高了抗干扰能力。

第四阶段始于21世纪初。随着科学技术的进步和未来军事需求的发展,引信技术在以下几方面得到发展:①引信工作频段普遍扩展到毫米波甚至亚毫米波频段;②发展和完善了新的引信体制,如GIF引信、激光成像和红外成像引信;③引信集成度大大提高,信号处理能力显著增强,且采用了复合引信技术;④引信的产品化和低成本化得到重视和发展。以上几方面的发展使引信的超低空性能、反隐身性能、反高速目标性能和抗干扰性能得到进一步提高,引信的性价比得到明显提升。

防空导弹引信技术的发展取决于未来导弹的作战使命要求,即未来战争中空袭兵器的战术技术发展动向、空中威胁诸因素和战场背景环境等。因此,为了对付日益严重的空中目标威胁,除了具有更高的安全性、可靠性等一般要求外,对导弹引信提出了更高的要求:

(1)严重的电子、光学干扰环境,要求引信能对付多种类、多方位、积极的或消极的各种干扰措施,并对战场上复杂的电磁环境有很强的适应能力或兼容性能。

(2)入侵目标的超低空突防,要求引信具有完善的抑制地物及海浪杂波的能力,能攻击低空、超低空目标。

(3)由于目标的机动性强，弹目交会姿态变化大，因此要求引信必须有更高的引战配合效率，具有快速反应和自适应引战配合性能，使导弹在攻击各空域的高速、大机动目标时仍有较高的单发杀伤概率。

(4)由于目标种类繁多，因此要求引信在战斗中能对付多种目标，具有多功能、多用途和自适应能力强的特点。

二、防空导弹引信技术的发展趋势

根据防空作战发展对引信技术的要求以及相关高技术的发展，可以预测防空导弹引信技术有如下发展趋势。

1.引信的抗干扰技术将向自适应方向发展

在未来战争中，任何武器系统都必须在严重的光电干扰环境下作战，防空导弹引信将遇到严重的挑战。如果敌人施放干扰能使引信早炸，则导弹立即被摧毁而干扰制导系统，可能使导弹性能变坏(如脱靶量增大)，但不一定使导弹完全失效。随着电子技术、计算机技术的飞速发展，侦察干扰系统的功能、威力、反应快速性必然会有大幅度的提高，因此导弹引信的抗干扰技术必须向自适应方向发展，如自适应变频、自适应改变调制波形、自适应改变工作模式等。

2.超低空工作性能要有新的突破

在超低空工作性能方面，主要是要提高引信抑制地物杂波、海浪杂波的能力。提高引信抑制这些杂波干扰最有效的措施是提高引信的距离分辨能力和速度分辨能力，使引信获得绝对的距离截止特性，即引信对于大于一定距离的反射信号很不敏感。具有这种特性的引信既能抑制地物、海浪杂波，又能有效抑制敌人施放的转发式干扰。国内外在这方面已做了大量的工作，美、英、法等国研制的新型号防空导弹引信大都具有良好的距离截止特性。

3.引战配合效率要有新的突破

随着航空航天技术的飞速发展，未来的空中目标将具有来袭范围广、速度高、机动性大和种类多等特点，这些都会使引战配合面临巨大的挑战。提高引战配合效率，关键是在导弹截击目标的过程中，选择一个最适当的时机(最佳启爆角或最佳启爆延时)引爆战斗部，使战斗部的杀伤元素最大限度地击中目标要害部位。最佳启爆角或最佳启爆延迟时间除了与战斗部的有关参数，如破片(或链杆)飞散平均速度、静态破片流与弹轴的夹角有关外，还取决于导弹与目标的相对速度矢量、脱靶方位和脱靶距离以及作战高度等。因此要解决最佳启爆问题，必须获得上述有关信息，并进行精确和快速运算，及时、准确地控制启爆角或启爆延迟时间。

4.引信频段将向毫米波方向发展

随着毫米波技术，特别是毫米波固态器件的发展，引信有可能工作在毫米波段。毫米波雷达具有如下特点：①毫米波波导元件体积小、重量轻；②能实现窄波束、低副瓣，提高探测精度和分辨率，降低杂波干扰和底角跟踪时的多路径效应，因而起动区较准确，可大大提高引战配合效率；③由于载波频率高，引信的工作频率范围散布较宽，因而对抗干扰是有利的；④毫米波有较低的地物散射率，有利于引信的超低空工作；⑤在同样的弹目相对速度下，毫米波连续波引信有较高的多普勒频率，避开了振动噪声的频谱范围，因而有较高的引信灵敏度；⑥毫米波的缺点是大气传输损失较大，但引信要求的作用距离短，大气衰减影响不大，相反对抗干扰有利，因为信号随距离增大而剧烈地衰减，从而使远距离难于干扰；⑦毫米波与激光、红外引信比较，受气候影响较小，几乎可全天候工作。

随着电子技术、微波技术的发展，毫米波雷达引信将成为新一代雷达引信，并将充分显示出它固有的优越性。

5.激光引信将进一步发展

对抗电子干扰最有效的办法是采用光学引信系统，如主动式激光引信或被动式红外引信。虽然光学引信也是可以被干扰的，例如敌机发射焰火弹，施放小型红外、激光干扰器等，但目前其困难要比已成熟的电子干扰大得多。此外，由于光学引信的光波束很窄，且不存在旁瓣干扰问题，因此它的方向选择性很强。脉冲式激光引信很容易采用距离选通脉冲，加上适当地选择不同的收、发视场角，使两波束在适当的距离上相交，就可以得到很好的距离选择性，因而它的抗干扰性能是比较强的。

激光波束窄，做成激光面阵，可以鉴别目标飞过导弹的脱靶方位，与定向战斗部结合，从而大大提高引战配合效率。可以预计，随着激光技术的进一步发展，激光引信的性能会进一步提高，更多地用到防空导弹上。

6.积极探索引信工作的新能源

目标物的热辐射从光波一直延伸到无线电波，红外引信就是利用目标的红外辐射来检测目标的存在。由于微波比红外光对大气、云雾的穿透率好得多，因此微波辐射计受气候的影响较小，而又不需要发射机，如能用于引信，可比被动式红外引信的性能优越，比主动式无线电引信的抗干扰性强。从原理上说，只要空中目标的微波辐射与其背景的微波辐射能够区分开，微波辐射计就能检测到空中目标的存在，从而可以用于引信系统。

7.重视软件引信的研究

软件引信是在一种模块化的通用硬件平台上通过软件来定义引信功能的引信系统。根据硬件平台指向的各类探测传感器的敏感对象不同，软件引信可分为软件无线电引信、软件激光引信和软件红外引信等。

软件无线电的发展为软件无线电引信的研究与发展提供了机遇。理想的软件无线电引信可以方便地实现多频段、多模式探测，波形编程与智能调制，自适应选择辐射方式等，利用各种先进的信号处理方法来提高引信对目标的识别能力和抗干扰能力。特别是软件设置与面向对象的模块化相配合，能够有效地实现引信的通用化，大大缩短引信研制周期，并节省研制费用，改变引信不可维护、不可升级的局面。从引信技术的发展趋势来看，引信系统中软/硬件比例将日趋增大，算法、模型、编程软件将成为提高引信性能的主要动力，软件引信也将成为引信技术领域里的研究热点。

8.发展导引一体化引信技术

随着新一代防空导弹制导精度的普遍提高，弹上信息也逐渐丰富，大力发展引信与导弹的信息共享技术和通用接口技术研究，即导引一体化（制导-引信一体化），充分共享信息资源，既可提高引信智能化自适应精确控制炸点能力和增强引信抗干扰能力，又可大大减少引信系统的电路设计，提高设备的利用率和系统的可靠性，使引信向模块化、小型化发展。

9.研制智能化防空导弹引信

防空导弹引信智能化是集计算机、自动控制、人工智能和各种先进传感器于一体的综合性控制技术。它通常应具备以下三种功能：感觉功能、思维功能和控制动作功能。实现防空导弹引信智能化的关键是智能探测与自适应控制。

成像探测技术是实现智能探测的关键技术。目前对红外热成像、可见光成像、激光成像、毫米波成像、混合式红外/毫米波成像等探测技术的研究，有些已进入实用阶段，其中红外热成像与毫米波成像技术最有发展前途。成像引信利用获得的目标图像特征信息，在多目标识别与选择及对目标要害部位选择方面具有独特的优越性，同时具有很强的防隐身和抗干扰能力。新型成像引信将成像探测、图像处理和模糊识别与智能化引战配合融为一体，将实现真正意义上的目标选"点"打击，达到最佳杀伤效果。

防空导弹采用微型计算机，可以处理更多的导弹和目标交会信息，如相对速度、交会角、脱靶量及脱靶距离等，并按这些参数更精确地进行引信启动区自适应控制。同时，微型计算机具有较强的逻辑判断功能，使引信能自适应于大速度、小速度、大尺寸、小尺寸的不同类型目标，自适应于目标反射信号或敌干扰信号，自适应于触发引信和非触发引信等状态，自适应于高空攻击目标还是低空攻击目标，从而使引信功能智能化。

10.积极发展多用途引信

发展多用途引信就是使一发引信同时具有碰炸、延期炸、近炸、定时炸等多种性能。过去一发弹常常配用多种引信，全球导航定位卫星也成为实现精确打击的关键。另外的原因在于空间系统的易损性，即电磁信号在空间传播，易于识别和干扰，使安全问题显得愈发重要。为了实现作战目标，转型对卫星网络的安全性提出了更高的要求。同时，美国将着眼于提高太空系统的作战支援能力和生存能力，提高太空干扰能力，增强遏制对手利用太空的能力，以满足不同弹目遭遇情况的要求。发展多用途引信后，一发导弹只需配用一种引信，由不同目标的要求选择引信装定，这样一发引信就可代替多发引信来使用，因而可以解决引信型号繁多的难题。

11.向全固体化、集成化、微型化发展

固态微波器件，微波、毫米波集成电路，特别是单片微波、毫米波集成电路，以及大规模集成电路技术的飞跃发展，为未来引信的全固体化、集成化、微机化提供了良好的条件。为了实现引信的高抗干扰性、高引战配合效率、多功能性、自适应性和智能化，引信的电路将越来越复杂，因此引信的全固体化、集成化、微机化很有必要。微型计算机和微型电子电路将在引信中广泛采用，例如最佳启动条件的计算，信号处理与信息处理，目标回波与地海杂波及干扰信号之间的鉴别，复合引信中触发引爆与非触发引爆的逻辑选择，引信波束和延迟时间的快速自动调整等。

12.引信技术与民用技术结合发展

近距离探测、识别目标，并给出控制信号的近感技术，不仅可应用在防空导弹近炸引信上，也可广泛应用于宇航、交通管理自动化、汽车、轮船防碰撞、工业生产自动化和防盗报警等许多领域。因此将军事引信技术推广应用到社会上，并与民用技术结合发展，具有特别重要的实际意义。

13.防空导弹引信组元件通用化、标准化

使防空导弹引信各组元件标准化、通用化，根据不同类型战斗部攻击不同目标的需要，通过不同的组合形成不同用途的引信：可减少后勤支援设备，便于维护和技术改进；同时，还可以节省研制费用，缩短研制周期，减少生产设备，降低成本，满足引信的安全性和可靠性要求，在保管、供应、使用时减少差错，便于保管运输。

14.实现引信研究、设计、试验方法的现代化与仿真技术

仿真技术的发展使引信研究和设计达到了新的水平。目前国外已把引信仿真试验作为型

号研制过程中的重要环节，应用于方案论证、样机研制、打靶试验、靶试分析等各阶段，以验证方案的正确性，优化参数选择，预测靶试的结果，评估引信的系统性能。

引信的仿真主要分两大类：一类是物理模拟，包括尺寸缩比交会模拟试验、全尺寸目标慢速交会模拟试验、火箭橇试验、绕飞试验和挂飞试验等；另一类是数学模拟，利用目标和引信数学模型以及弹道参数，在计算机上获得引信与目标各种交会条件下的引信起动特性。引信仿真比实弹打靶验证引信性能具有明显的优越性。打靶试验可验证的杀伤区是有限的，选用的靶标不完全真实，且耗费也较大，因此是不经济的低效率试验方法。

引信仿真水平是衡量引信研究、设计工作现代化程度的重要标志。随着仿真技术的高度发展，引信的外场试验和实弹打靶试验数量可以大大减少，从而使引信和导弹的研制周期缩短，节省大量的研制经费。

习　　题

1.引信的广义定义和狭义定义各是什么？

2.按作用方式和原理分类，引信主要有哪些类型？

3.简述防空导弹引信的特点。

4.防空导弹引信主要战术技术性能指标有哪些？

5.防空导弹引信发展的现状怎样？

第二章　引战配合

前文我们学习了引信的定义、功用、分类、基本组成和对引信的基本要求，这些都是我们研究引信的最基本的一些概念。由于引信的许多概念是在不同的坐标系中定义的，所以我们要学习常用的坐标系。另外，为了理解引战配合工作原理，还必须研究弹目交会情况、引信的作用区、启动区以及战斗部杀伤区等知识。

第一节　常用坐标系

对于防空导弹而言，引信系统常用的坐标系有地面坐标系、弹体坐标系和目标坐标系三类（见图 2-1）。由于引信有一定的特殊性，所以研究引信时的坐标系和一般射击学中的坐标系不完全相同。

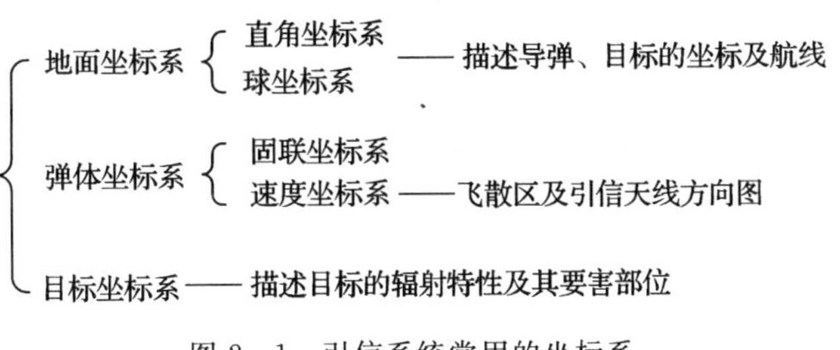

图 2-1　引信系统常用的坐标系

一、地面坐标系

地面坐标系分为直角坐标系和球坐标系两种。

（一）地面直角坐标系

地面直角坐标系主要用来描述导弹、目标的坐标位置及其航线，主要包括以下三种。

1. 第一种直角坐标系

该坐标系主要用来描述导弹、目标的坐标位置，如图 2-2 所示。其中：

O 点 —— 可选在地球表面任一点上；

OY 轴 —— 垂直地球表面向上；

OX 轴 —— 沿地平面指向任意方向；

OZ 轴——按右手定则确定。

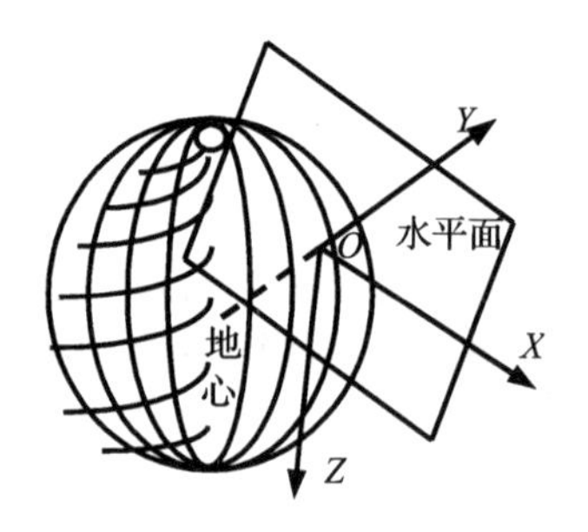

图 2-2 地面直角坐标系(1)

2.第二种直角坐标系

常用该地面直角坐标系来描述导弹和目标的位置,如图 2-3 所示。其中:

O 点 —— 在制导站或导弹发射点;

OY 轴 —— 垂直于地表面向上;

OX 轴 —— 沿地平面指向北;

OZ 轴——沿地平面指向东。

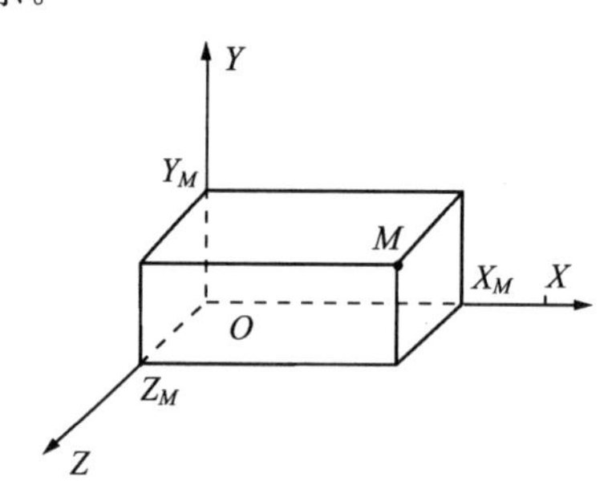

图 2-3 地面直角坐标系(2)

3.第三种直角坐标系

这是一种特定的地面直角坐标系,如图 2-4 所示。其中:

O_g 点——在制导站或导弹发射点;

O_gX_g 轴——目标航迹,目标速度矢量到水平面投影的负方向;正值表示迎向(接近),负值表示离开制导站(或发射点);

O_gY_g 轴——目标的高度;

O_gZ_g 轴——航路捷径,从坐标原点到目标航向(V_T)在水平面上投影的最短距离。

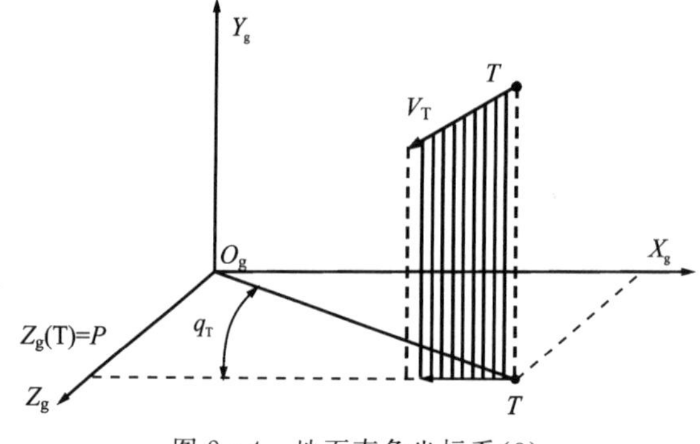

图 2-4 地面直角坐标系(3)

除了用航路捷径表示目标航线外，还常用航向角 q_T 的概念。

航向角 q_T 是指目标在水平面上的投影到坐标原点(制导站或导弹发射点)的连线与目标航向投影之间的夹角。

当 $q_T = 0°\sim90°$时，目标做接近飞行；

当 $q_T = 90°\sim180°$时，目标做远离飞行。

(二)地面球坐标系

地面雷达站确定目标或导弹的位置时，常采用地面球坐标系。地面球坐标系如图 2-5 所示。其中：

O 点——控制点(制导站或发射点)；

r 斜距——导弹与控制点的距离，指向导弹方向为正；

ε 高低角——斜距 r 与水平面之间的夹角称为高低角，反时针方向为正(从投影量起)；

β 方位角——斜距 r 在水平面上的投影与某一基准线之间的夹角，由地面基准线量起，顺时针为正(地面基准线常选在正北)。

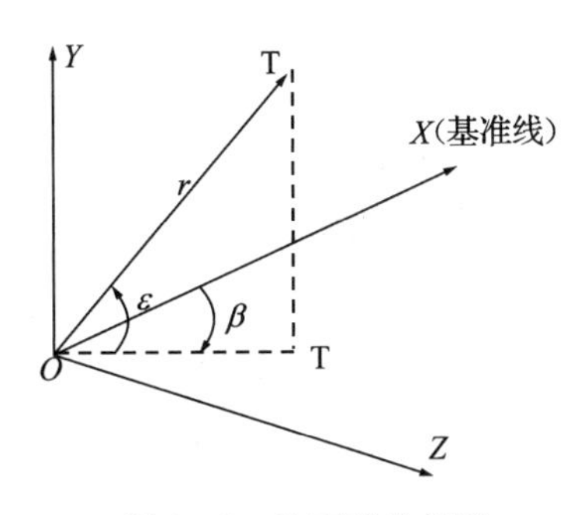

图 2-5 地面球坐标系

二、弹体坐标系

弹体坐标系用来描述引信起爆区、战斗部破片飞散区及引信天线方向图，分为以下两种。

(一)弹体固联坐标系

弹体固联坐标系如图 2-6 所示。其中：

O_1点——导弹的中心(质心)；

O_1X_1 轴 —— 沿导弹纵轴并指向导弹头部；

O_1Y_1 轴 —— 与 O_1X_1 轴垂直，指向上方，位于导弹纵向对称(主对称)平面内(垂直面)；

O_1Z_1 轴 —— 垂直于 $X_1O_1Y_1$ 平面，其方向按右手法则确定。

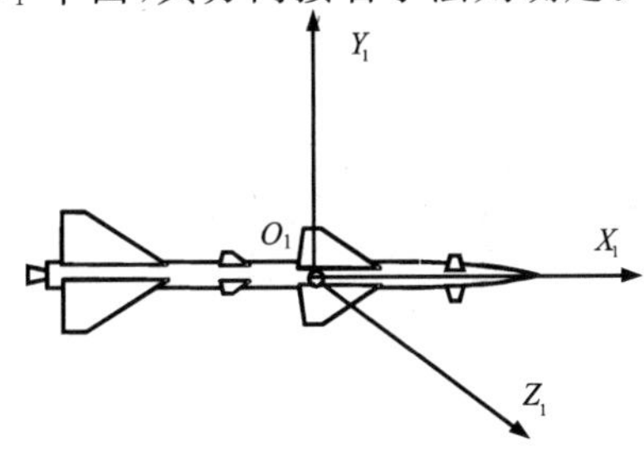

图 2-6 弹体固联坐标系

(二)导弹速度坐标系

导弹速度坐标系与导弹(弹体)固联坐标系之间的关系用攻角(迎角)α 和侧滑角 β 来表示,如图 2-7 所示。其中:

α 攻角:导弹速度矢量在纵向对称面上的投影与导弹纵轴之间的夹角。由投影逆时针方向转向 OX_1 轴为正。

β 侧滑角:导弹速度矢量与导弹纵向对称平面之间的夹角。当导弹速度矢量在平面右侧为正。

O 点 —— 导弹的中心(质心);

OX 轴 —— 与导弹速度方向一致;

OY 轴 —— 在导弹纵向对称(主对称)平面内向上并垂直于 OX 轴;

OZ 轴 —— 垂直于 XOY 平面并按右手法则确定方向。

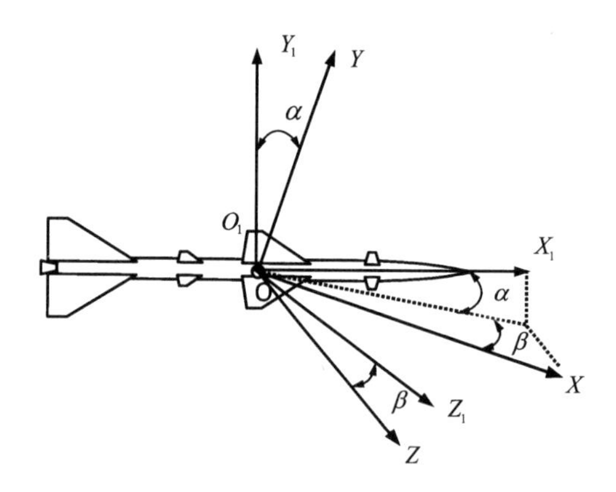

图 2-7 导弹速度坐标与弹体固联坐标系

三、目标坐标系

目标坐标系可描述目标的辐射特性及目标的要害部位等,如图 2-8 所示。其中:

O 点 —— 目标的质心或几何中心;

OX_T 轴 —— 目标机身纵轴指向机头;

OY_T 轴 —— 在目标对称面上垂直于 OX_T 轴;

OZ_T 轴 —— 垂直于 X_TOY_T,并按右手法则确定方向。

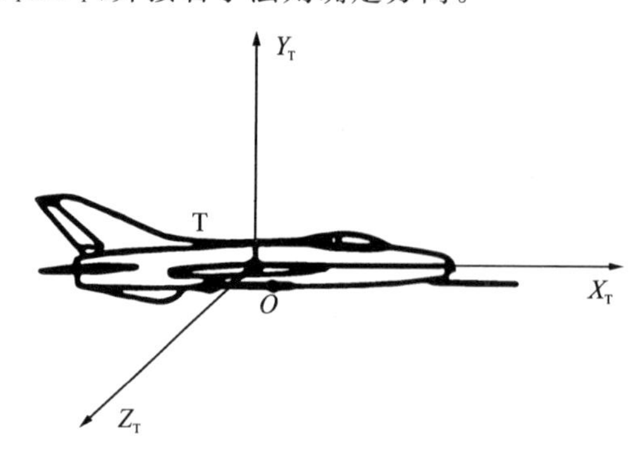

图 2-8 目标坐标系

第二节　弹目交会

一、弹目交会的定义

所谓导弹与目标的交会，是指导弹从接近目标到远离目标这段时间内，两者的相对运动情况，也被称为导弹与目标的遭遇。

为了使讨论不过于复杂，笔者从实际出发，做如下假设。

二、三点假设

(一)共面交会

共面交会是指导弹的速度矢量和目标的速度矢量在同一平面上的交会，如图 2－9 所示。

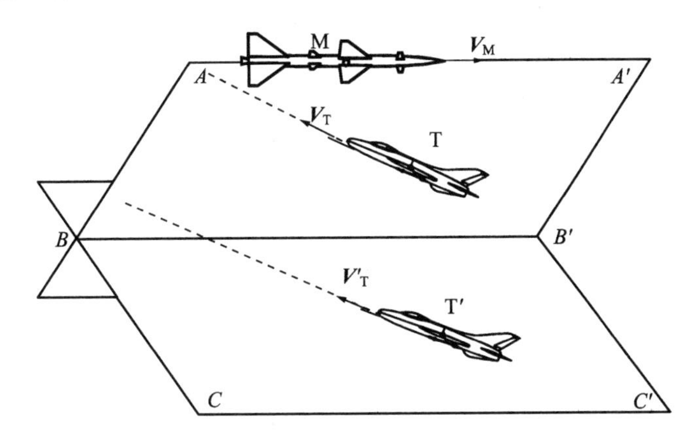

图 2－9　弹目交会示意图

在图 2－9 中：对于目标 T 来讲，导弹速度矢量 $\boldsymbol{V}_M$ 和目标速度矢量 $\boldsymbol{V}_T$ 都在 $ABB'A'$ 平面上，这种交会是共面交会；对于目标 T′ 来讲，导弹速度矢量 $\boldsymbol{V}_M$ 在 $ABB'A'$ 平面上，目标速度矢量 $\boldsymbol{V}'_T$ 在 $BCC'B'$ 平面上，而 $ABB'A'$ 平面与 $BCC'B'$ 平面又不重合，所以这种交会是非共面交会，亦称异面交会。在实际情况下，绝大多数是非共面交会，但是两个面之间的夹角比较小，可假设为共面交会。

(二)点目标

实际目标都有一定的几何尺寸，即都是体目标。但是，为了分析方便，将目标看成是没有体积、没有面积、没有长度的一个点，称为点目标。特别要注意的是，只是讨论目标位置和速度问题时，才将目标看成是点目标。和目标的处理方法相似，可将导弹看成是一个点。

(三)导弹和目标都在做匀速直线运动

从导弹飞行的全过程来看，导弹和目标的运动都不可能是匀速直线运动。但是，导弹与目标的交会时间很短，通常只有几十毫秒到几百毫秒，导弹与目标的速度的大小和方向都来不及变化。因此，可假设导弹和目标都在做匀速直线运动。

三、弹目交会图

导弹与目标的交会如图 2-10 所示。

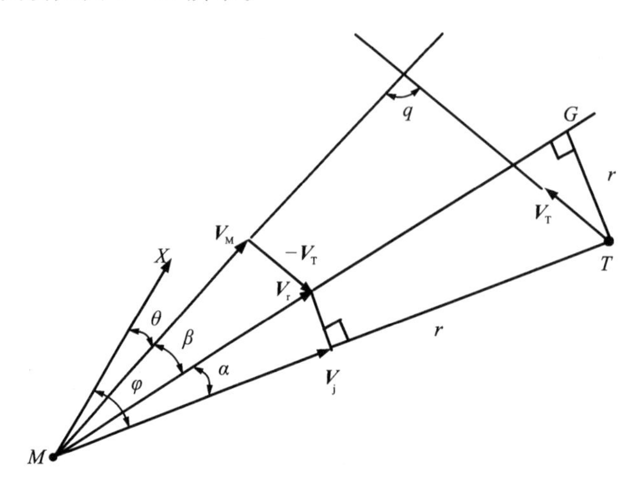

图 2-10　弹目交会图

图 2-10 中各符号的意义如下：

M ——导弹瞬时位置；

T ——目标瞬时位置；

$\overline{MT}$ ——$\overline{MT}=r$，导弹与目标的连线，称为目标线，r 为目标线的长度，即弹目之间的距离；

X ——导弹纵轴；

φ ——目标线与导弹纵轴之间的夹角，称为目标视角，或目标的方位角、方向角；

$\boldsymbol{V}_{\mathrm{T}}$ ——目标速度矢量；

$\boldsymbol{V}_{\mathrm{M}}$ ——导弹速度矢量；

$\boldsymbol{V}_{\mathrm{r}}$ ——导弹对目标的相对速度矢量；

$\boldsymbol{V}_{\mathrm{j}}$ ——导弹对目标的接近速度矢量，是相对速度矢量在目标线上的投影矢量；

G ——过目标点 T 向相对速度矢量 $\boldsymbol{V}_{\mathrm{r}}$（或其延长线）所做垂线的垂足；

$\overline{TG}$ ——$\overline{TG}=\rho$，制导误差，或称引导误差、脱靶量、脱靶距离；

α ——相对速度矢量与接近速度矢量之间的夹角；

q ——导弹速度矢量与目标速度矢量之间的夹角，称为交会角；

θ ——导弹速度矢量与导弹纵轴之间的夹角。

(一)基本参数

在以上各参数中，φ、q、θ、ρ、r、$\boldsymbol{V}_{\mathrm{T}}$、$\boldsymbol{V}_{\mathrm{M}}$ 为基本参数，亦称独立参数。

(二)导出参数

1.相对速度 $\boldsymbol{V}_{\mathrm{r}}$

由余弦定理可得

$$V_{\mathrm{r}}=\sqrt{V_{\mathrm{M}}^{2}+V_{\mathrm{T}}^{2}-2V_{\mathrm{M}}V_{\mathrm{T}}\cos q} \tag{2-1}$$

2.相对交会角 β

定义:相对速度矢量 $\mathbf{V}_r$ 和导弹速度矢量 $\mathbf{V}_M$ 之间的夹角称为相对交会角。根据正弦定理可得

$$\beta = \arcsin\left(\frac{V_T}{V_r}\sin q\right) \tag{2-2}$$

3.相对速度 $\mathbf{V}_r$ 与接近速度 $\mathbf{V}_j$ 的夹角 α

$$\sin\alpha = \frac{\rho}{r} \quad \Rightarrow \quad \alpha = \arcsin\frac{\rho}{r} \tag{2-3}$$

4.接近速度 $\mathbf{V}_j$

$$V_j = V_r\cos\alpha \tag{2-4}$$

5.多普勒频率 f_d

$$f_d = \frac{2V_j}{\lambda_0} = \frac{2}{\lambda_0}\sqrt{V_M^2 + V_T^2 - 2V_M V_T\cos q}\sqrt{1-\left(\frac{\rho}{r}\right)^2} \tag{2-5}$$

(三)相对弹道、早到及晚到

相对弹道:可把弹目交会看成是目标不动而导弹以相对速度矢量的大小和方向向目标运动。导弹沿相对速度运动的弹道称为相对弹道。

早到:相对弹道在目标的前方(以飞行方向为参考)。

晚到:相对弹道在目标的后方(以飞行方向为参考)。

第三节　引信作用区和引信启动区

引信的作用是引爆战斗部,为了使战斗部能有效地杀伤目标,引信必须选择最佳起爆时机。为了选择最佳起爆时机,就必须研究引信作用区、引信启动区。引信作用区、引信启动区是影响引战配合效率的关键因素,本节主要介绍这两个概念。

一、引信作用区

(一) 引信起作用

当引信接收信号达到门限(引信接收机灵敏度)时,引信的信号处理电路开始正常工作,称为引信起作用。

引信接收机灵敏度:在接收机输出端信噪比为最小允许值情况下,引信接收机所接收的最小接收功率,记作 P_{rmin} 。

最小接收功率 P_{rmin} 增加意味着引信接收机灵敏度下降。

最小接收功率 P_{rmin} 下降意味着引信接收机灵敏度增大。

主动式无线电引信也称为雷达引信,它是在雷达的基础上发展起来的。因此,在技术特点和讨论方法上,和雷达有许多是一致或相近的。

但引信接收机灵敏度与雷达接收机灵敏度两者不同,这是因为两者的终端不同。对雷达

而言，雷达接收机的终端设备是显示设备，对接收机输出端信噪比要求不高，只要信噪比超过1，显示设备就能正常工作。对引信而言，它的作用是输出起爆信号，控制战斗部爆炸。为了防止误爆，不是在信号刚好达到可以检测的最小值时就输出起爆信号，而是要求信号超过特定的门限值之后引信才有可能输出起爆信号。因此引信对接收机输出端信噪比要求较高，通常要求大于10。

因此引信接收机灵敏度与雷达接收机灵敏度两者差别主要是两者对接收机输出端信噪比D的要求不同，引信要求$D \geqslant 10$，雷达要求$D \geqslant 1$即可显示。

（二）引信作用距离

1.定义

引信起作用时引信与目标之间的距离称为引信作用距离。

如不特别强调，引信作用距离是指引信最大作用距离。

2.计算表达式

引信作用距离的基本表达式和自由空间的雷达方程形式相同，可表示为

$$r=\sqrt[4]{\frac{P_t \sigma \lambda^2 G_t G_r}{(4\pi)^2 P_{rmin}}} \tag{2-6}$$

式中：P_t——发射信号功率；

σ——目标有效反射面积；

λ——雷达工作波长；

G_t——发射天线增益；

G_r——接收天线增益；

P_{rmin}——引信起作用时的最小接收功率。

3.说明

(1)引信作用距离r是指引信最大作用距离。

(2)σ不是常数。这是因为引信是近距离工作的，弹目距离远大于引信工作波长，而且目标的几何尺寸也可以与弹目之间的距离相比拟。故在弹目交会过程中，随着目标对引信姿态的变化，会造成目标有效反射面积σ的变化。因此，σ应是统计值。因为弹目交会中，目标对引信的相对姿态会发生变化，所以σ是目标视角的函数。

（三）引信作用区

引信作用点：引信起作用时目标相对引信（导弹）的空间位置点。

引信作用区：引信各作用点所构成的区域。这是由于目标散布特性不一致，各次交会条件不完全相同，致使各作用点不在同一面上，构成一个区域。

引信作用面：引信作用区的中间曲面。

上面由图2-11加以说明。图中M表示导弹；X表示导弹纵轴；$1,2,3,\cdots,n$表示导弹不动时目标的相对运动弹道；T_1，T_2，T_3，…，T_n分别表示引信起作用时目标对导弹的位置。从图2-11中可以看出，T_1，T_2，T_3，…，T_n所构成的空间曲面就是近感引信的作用面。在引信的实际使用中，同一种引信的不同个体的参数是不完全一样的，目标的散射特性也不完全

一样，各次交会的客观条件不尽相同。因此，引信起作用不可能在一个面上，而是一个区域，这个区域称为引信的作用区。实际上，引信的作用面是引信作用区的中间曲面。

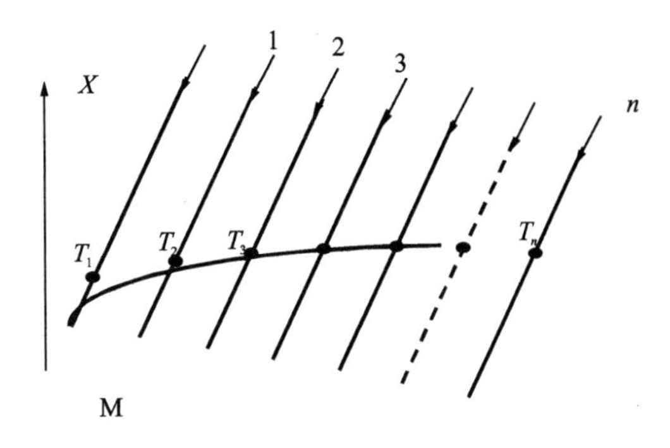

图 2-11 引信作用面示意图

二、引信启动区

（一）定义

引信启动：引信输出引爆信号，称为引信启动。

引信启动点：引信启动时，目标相对于引信的空间位置点。

引信启动区：引信各启动点所构成的区域。

引信启动面：引信启动区的中间曲面称为引信的启动面。

（二）引信启动与引信起作用的关系

引信启动是建立在起作用基础上的，因此，引信启动与引信起作用有一定的关系。

(1)引信起作用是引信启动的前提。

(2)引信起作用和启动对输入信号幅度的要求是相同的。从信号幅度考虑，两者的幅度可以是相等的。也就是说，引信起作用后，信号幅度不需要再增大，只要其他条件(如信号持续时间、相位条件等)得到满足，引信就可以启动。根据这一特点，引信灵敏度可定义为引信起作用时发射功率与最小接收功率之比；同时又可以定义为引信启动时的发射功率与最小接收功率之比。就实际测量而言，引信灵敏度的测量都是以引信启动为标准的。

(3)从引信起作用到引信启动有一段时间，称为引信的延迟时间。引信的延迟时间包括三部分：

1) 电路固有的延迟时间：从引信起作用到引信启动要经过一定的电路，如执行级电路等。这些电路工作要有一定的时间，这个时间就是一种延迟时间，可称为电路固有延迟时间。

2) 人为设定的进行信号持续时间选择的延迟时间：在有些引信中，设有信号持续时间选择电路。只有信号的持续时间大于某个值，引信才启动。如果信号的持续时间小于该值，引信就不启动。这样，就又造成一个从起作用到启动的延迟时间。引信设置信号持续时间选择电路的目的，是防止大功率、短时间脉冲信号的干扰，以提高引信的抗干扰能力。

3) 信号处理和逻辑判断时间：对某些引信来讲，还需要有信号处理和逻辑判断时间。因为只有在信号处理和逻辑判断之后引信才能启动，所以引信起作用到启动还要有一定的延迟时间。

由于引信存在着延迟时间，引信启动区和作用区不完全一致，即启动区落后于作用区。

（三）影响引信启动区的主要因素

影响引信启动区的因素很多，通常可分为三种：

（1）影响引信作用区的因素，它主要由近感引信参数决定，如引信灵敏度、天线方向图及放大器的频率特性等。此外，它还与目标电磁散射特性及电磁波在空中的传播特性等有关。

（2）弹目交会特性，如导弹速度、目标速度、交会角及制导误差等。

（3）延迟特性，主要是延迟时间的大小及散布规律等。

第四节　战斗部杀伤区

引信的作用是引爆战斗部，而战斗部的作用是杀伤目标。为了使战斗部能有效地杀伤目标，就必须研究战斗部及其杀伤区，本节将对战斗部杀伤区这个概念加以讨论。

一、战斗部概述

战斗部是导弹用于直接毁伤目标的部件。

（一）功用

战斗部的功用是产生杀伤诸元杀伤目标。具体杀伤作用如图 2-12 所示。

杀伤作用
- 击穿作用：爆炸时高速破片击穿目标部件
- 引燃作用：高速破片击中油箱而使飞机起火
- 引爆作用：高速破片击中飞机携带的弹药而引起爆炸
- 爆轰作用：利用爆炸时产生的冲击波和爆轰产物毁伤目标

图 2-12　战斗部杀伤作用

（二）分类

战斗部的分类方法有很多种，常见的如图 2-13 和图 2-14 所示。

战斗部
- 常规战斗部——除核战斗部以外的战斗部
- 核战斗部——一般用于大型导弹上

图 2-13　常规战斗部和核战斗部

战斗部
- 均强战斗部——同一距离不同方向上的杀伤力相同（球体）
- 非均强战斗部——同一距离不同方向上的杀伤力不同

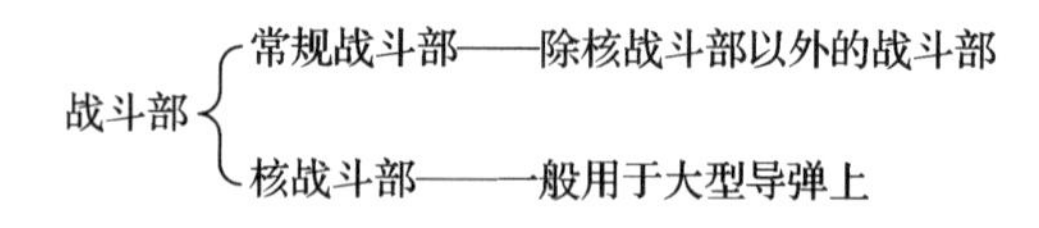

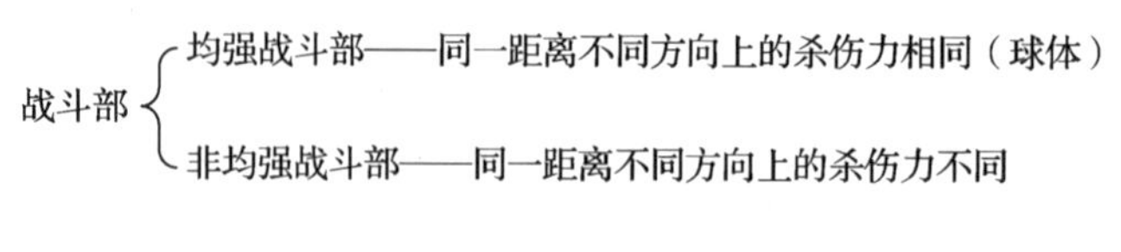

图 2-14　均强战斗部和非均强战斗部

地空导弹用的都是非均强战斗部，使能量集中，而且它正向定向战斗部发展，如图 2－15 所示。

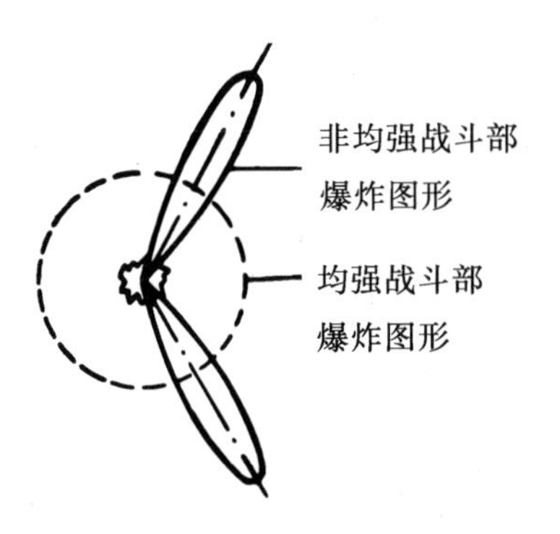

图 2－15　战斗部爆炸示意图

过去，将非均强战斗部就称为定向战斗部，随着战斗部的发展，现在两者有区别。

定向战斗部特指杀伤能量不仅在纵向相对集中，在径向也相对集中的战斗部，所以定向战斗部是非均强战斗部的一种，能量只是更加集中。

目前，我国现役地空导弹都是能量纵向集中的非均强战斗部。常见的战斗部爆炸示意图如图 2－16 和图 2－17 所示。

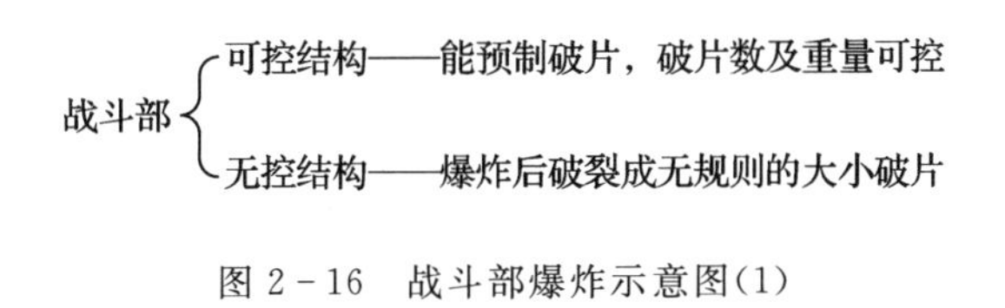

图 2－16　战斗部爆炸示意图(1)

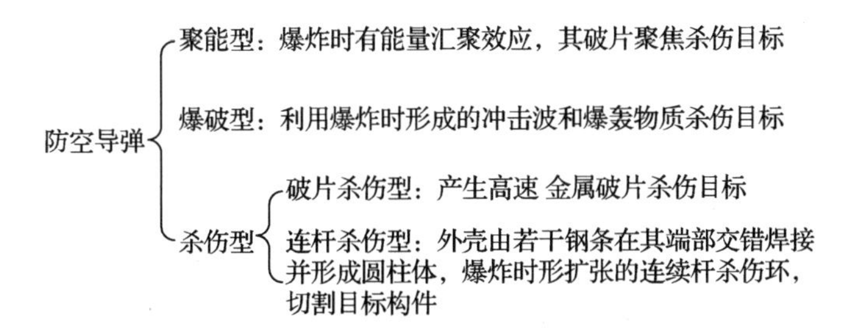

图 2－17　战斗部爆炸示意图(2)

(三)破片杀伤型战斗部结构

破片杀伤型战斗部通常由壳体、主装药、传爆系统三大部分构成。破片杀伤型战斗部组成示意如图 2－18 所示。破片杀伤型战斗部结构示意如图 2－19 所示。

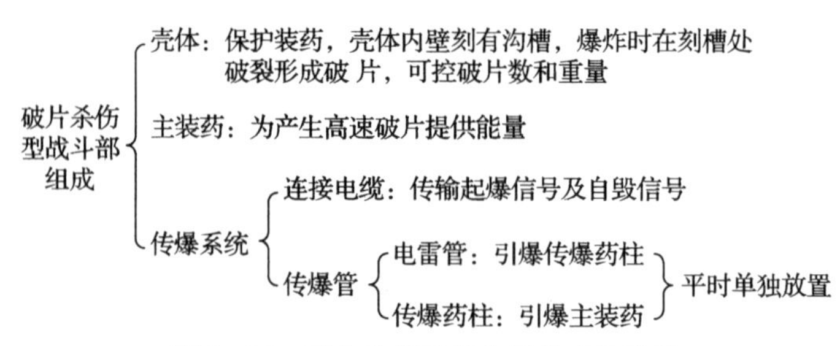

图 2-18　破片杀伤型战斗部组成示意图

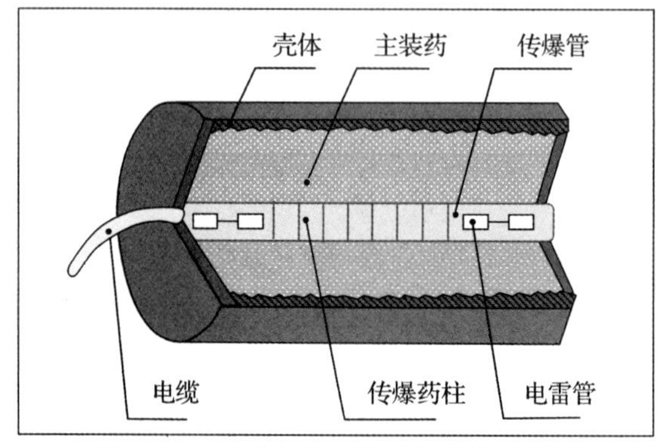

图 2-19　破片杀伤型战斗部结构示意图

防空导弹破片杀伤型战斗部组成和结构基本相同，参数略有不同。这里不一一赘述。

二、战斗部杀伤区

（一）定义

所谓战斗部杀伤区，是指在战斗部周围形成的杀伤目标能力不小于某值的空间。

战斗部杀伤区的实质是 90％的破片飞散的区域。

战斗部杀伤区主要分为静态杀伤区和动态杀伤区两种，定义如下：

静态杀伤区：静止战斗部爆炸时所形成的杀伤区。

动态杀伤区：导弹和目标运动时所形成的杀伤区。

（二）静态杀伤区

防空导弹战斗部静态杀伤区如图 2-20 所示。

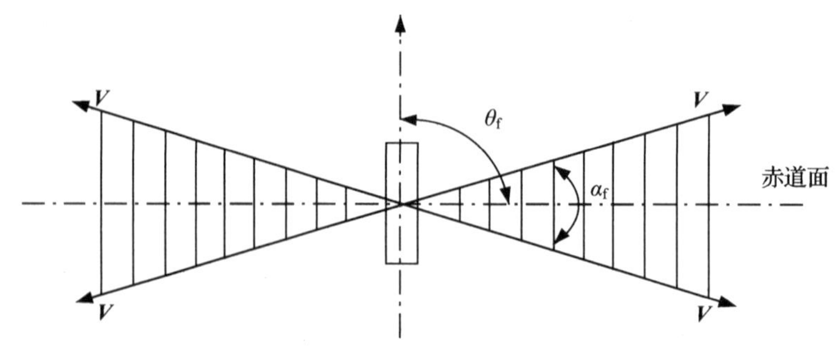

图 2-20　静态杀伤区示意图

防空导弹战斗部静态杀伤区的基本特点是：在径向平面无方向性；在纵向平面，有方向性，且以纵轴对称。其主要参数如下：

V_{pf}——边界破片飞散速度；

α_f——破片飞散角；

θ_f——破片放射角（飞向角）。

1.破片飞散角 α_f

定义：90％的破片飞散的角度范围。

影响因素如下：

（1）战斗部长细比：长细比越大，飞散角 α_f 越小。

（2）外形结构和形状：通常凹腰鼓形比圆柱形飞散角 α_f 小，圆柱形比凸腰鼓形的飞散角 α_f 小。

（3）起爆点位置：两端起爆 α_f 小，中间起爆 α_f 大。

2.战斗部破片飞向角 θ_f

战斗部破片飞向角亦称为战斗部破片放射角，是破片飞散角的平分线与战斗部纵轴之间的夹角。其实质是中央破片的飞向角（放射角）。

（三）动态杀伤区

防空导弹的战斗部是在目标附近爆炸的。在战斗部爆炸时，导弹和目标都在运动。这样，破片除了从炸药爆炸获得一定的速度外，还有一个从导弹运动获得的速度。此外，破片对目标的相对速度还和目标的速度有关。因此，要讨论在导弹运动过程中的杀伤区，即动态杀伤区。

动态杀伤区有两种：一种是只考虑导弹运动时的动态杀伤区；另一种是考虑导弹和目标都在运动时的动态杀伤区。前一种杀伤区可以作为后一种杀伤区的一个特例。因此，讨论导弹和目标都运动情况下的动态杀伤区。

1.单个破片的飞散情况

破片对目标的相对速度矢量＝破片对导弹（战斗部）的速度矢量＋导弹对地的速度矢量＋地对目标的速度矢量（见图 2－21）。

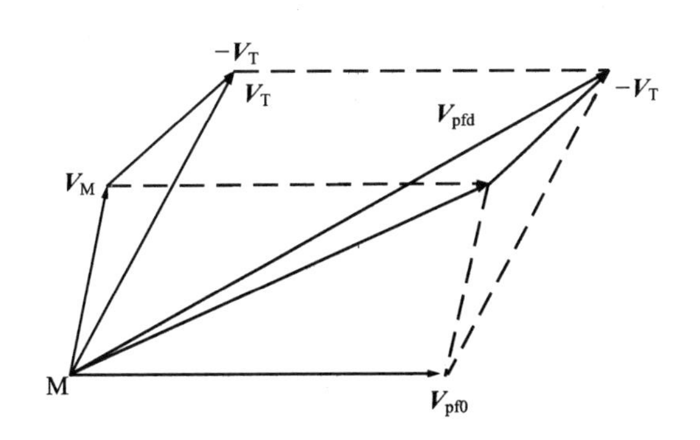

图 2－21　破片速度合成示意图

破片对目标的相对速度矢量可表示为

$$\boldsymbol{V}_{pfd}=\boldsymbol{V}_{pf0}+\boldsymbol{V}_{M}-\boldsymbol{V}_{T}=\boldsymbol{V}_{pf0}+\boldsymbol{V}_{r} \tag{2-7}$$

式中：$\boldsymbol{V}_{pfd}$ ——破片对目标的相对速度矢量；

$\boldsymbol{V}_{M}$ ——导弹(对地)的速度矢量；

$\boldsymbol{V}_{T}$ ——目标(对地)的速度矢量；

$\boldsymbol{V}_{pf0}$ ——破片初始速度。

2.动态杀伤区的表示方法

(1)用两个边界破片表示动态杀伤区(见图 2-22)。

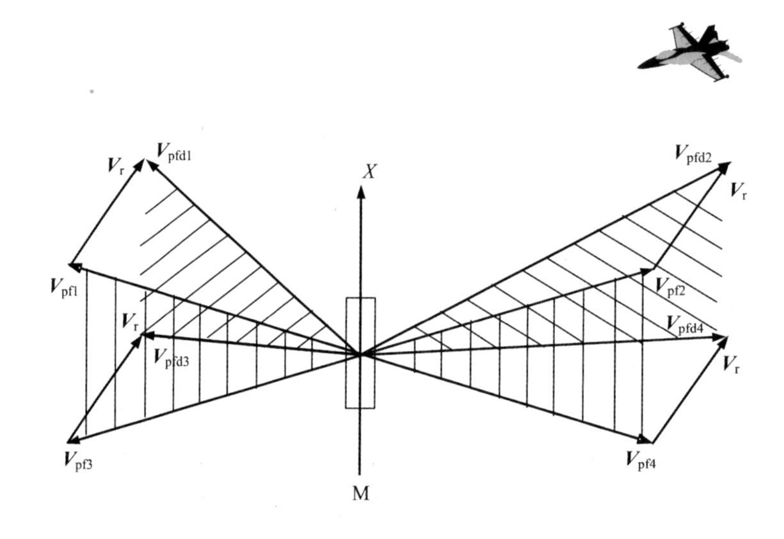

图 2-22　静态杀伤区与动态杀伤区示意图

(2)用动态飞散角和飞向角表示动态杀伤区(见图 2-23)。由图 2-23 可见，动态杀伤区关于纵轴不对称，目标从哪一侧飞来，相对速度就向哪一侧偏，哪一侧的放射角就大。

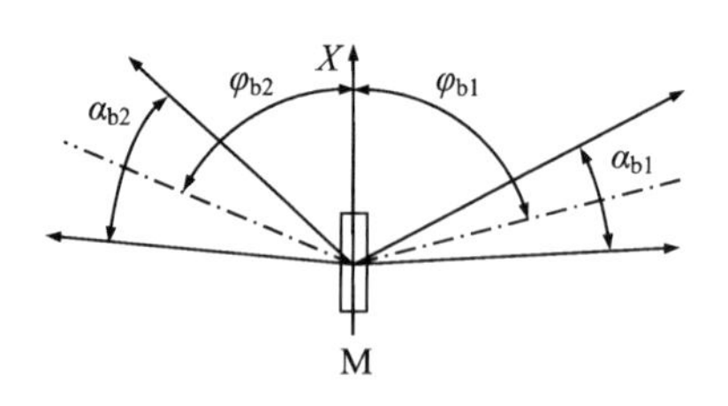

图 2-23　用动态飞散角和飞向角表示动态杀伤区

(3)用分布密度函数表示动态杀伤区：

$$f(\varphi_b)=\frac{1}{\sqrt{2\pi}\sigma_{\varphi_b}}e^{-\frac{(\varphi_b-\bar{\varphi}_b)^2}{2\sigma_{\varphi_b}^2}} \tag{2-8}$$

式中：$f(\varphi_b)$ ——破片动态飞散分布函数；

σ_{φ_b} ——破片动态放射角散布的均方差，它可根据破片动态飞散边界破片的放射角来求出。以 90%的破片飞散区作为杀伤区来计算：

$$\sigma_{\varphi_b}=\frac{1}{3.3}\alpha_{fb}\quad（\alpha_{fb}\text{ 是破片动态飞散角}）$$

$\bar{\varphi}_b$ ——破片动态放射角的数学期望，可近似用中央破片的动态放射角表示，也可近似用两个边界破片的动态放射角的几何平均值表示。

3.实际动态杀伤区立体形状

实际动态杀伤区是围绕纵轴的空心的倾斜圆锥体，如图 2 - 24 所示。

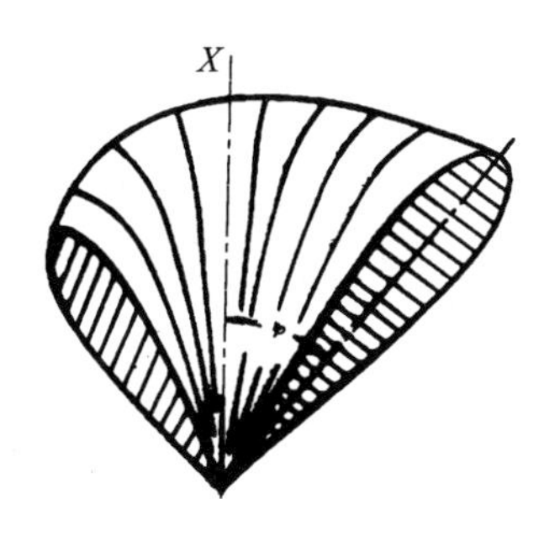

图 2 - 24　战斗部立体动态杀伤区示意图

第五节　引战配合工作原理

引信启动区与战斗部动态杀伤区的协调性能称为引战配合。其目的是在给定的一组弹目交会条件下，设计引信的启动区，使其与战斗部的动态杀伤区相一致，达到战斗部引爆时，目标要害部位正好处在战斗部动态破片的飞散区内，使目标获得最大杀伤效果。因此，通过对引信和战斗部参数的设计和调整，可以获得引信与战斗部的最佳配合。

一、基本概念

（一）引战配合

引战配合的基本概念可用引信最佳起爆时机来说明。

（二）最佳起爆时机

最佳起爆时机可由图 2 - 25 加以说明。

图 2 - 25 中：

$\overline{AB}$ ——弹目交会过程中的一段相对弹道；

M_1、M_2、M_3 —— t_1、t_2、t_3 三个不同瞬时的导弹空间位置点；

T——目标空间位置点；

三个阴影区——战斗部在 t_1、t_2、t_3 三个不同瞬时爆炸时所形成的杀伤区。

从图中可以看出：当战斗部在 M_1 点（t_1 瞬时）爆炸时，目标不在杀伤区内，而是在杀伤区的前方，战斗部破片不能杀伤目标；当战斗部在 M_2 点（t_2 瞬时）爆炸时，目标正好在杀伤区内，战斗部破片正好能杀伤目标；当战斗部在 M_3 点（t_3 瞬时）爆炸时，目标不在杀伤区内，而是在杀伤区的后方，战斗部破片也不能杀伤目标。

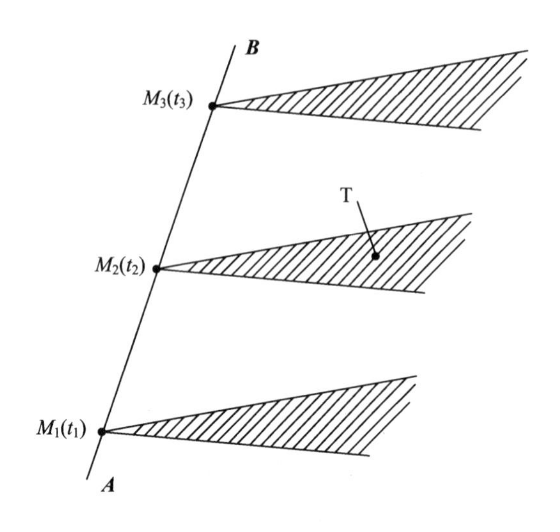

图 2-25　最佳起爆时机示意图

从上面的分析中可以看出，引信必须在 M_2 点（t_2 瞬时）引爆战斗部，才能保证战斗部破片杀伤目标。因此，战斗部在 t_2 瞬时起爆最好，称 t_2 为最佳起爆时机。

（三）引战配合的物理意义（基本概念）

引信通过选择最佳起爆时机来选择最佳起爆点，进而选择战斗部杀伤区的空间位置，使战斗部破片能有效地杀伤目标。这就是引战配合的基本概念。

（四）引战配合的基本要求

引战配合的基本要求是：无线电引信启动区应略小于战斗部的杀伤区，并被杀伤区所覆盖，如图 2-26 所示。

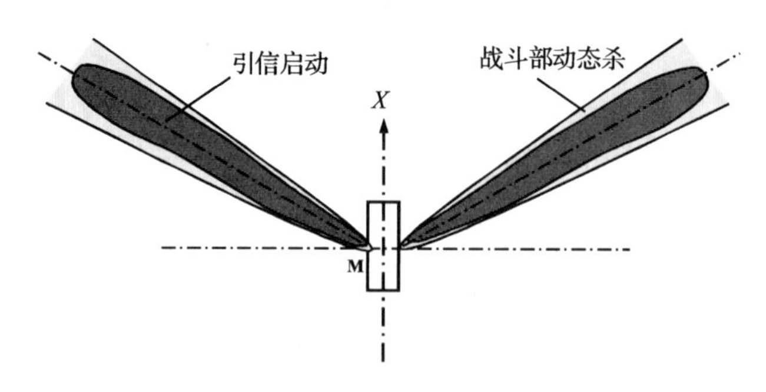

图 2-26　引战配合示意图

（五）战斗部有效起爆区

要使战斗部破片能有效地杀伤目标，战斗部的杀伤区必须穿过（或说覆盖）目标的要害部位。下面结合图 2-27 来说明这一点。

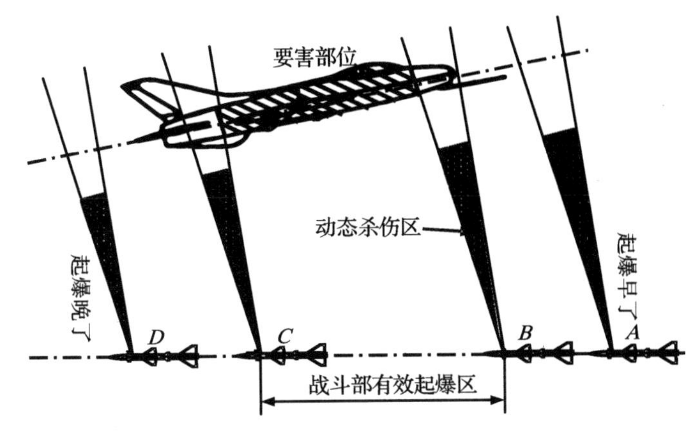

图 2-27 战斗部有效起爆区示意图

当导弹在 A 点时战斗部起爆，杀伤区在目标的前方，即起爆早了；

当导弹在 B 点时战斗部起爆，杀伤区的前沿正好通过目标的要害部位；

当导弹在 C 点时战斗部起爆，杀伤区的后沿正好通过目标的要害部位；

当导弹在 D 点时战斗部起爆，杀伤区在目标的后方，即起爆晚了。

可见，在目标的周围存在这样一个区域：战斗部只有在这个区域内起爆时，动态杀伤区才会穿过目标的要害部位，破片才有可能杀伤目标。我们称这个区域为战斗部的有效起爆区。BC 段即为战斗部的有效起爆区。

引战配合的质量直接影响杀伤效率，那么如何表示引战配合的程度呢？

二、引战配合的量度

通常用引战配合度 ξ_m 、引战配合概率 P_m 和引战配合效率 η 三个参数来表示引战配合的程度。

(一)引战配合度 ξ_m

引战配合度：引信实际引爆区与战斗部有效起爆区重合部分的宽度与引信实际引爆区的宽度之比(见图 2-28)，即

$$\xi_m = \frac{A}{B}$$

式中：A ——两区重合部分的宽度；

B ——引信实际引爆区的总宽度。

ξ_m 能够说明引战配合的基本情况，具有简单、直观等优点。

完全配合时，$\xi_m = 1$；部分配合时，$\xi_m < 1$。但是，当引信启动区为非均匀分布时，即使引战配合度相等，但实际的引战配合的情况并不相同。为此，要进一步说明引战配合问题，需要考虑启动的概率密度。因此，引入引战配合概率的概念。

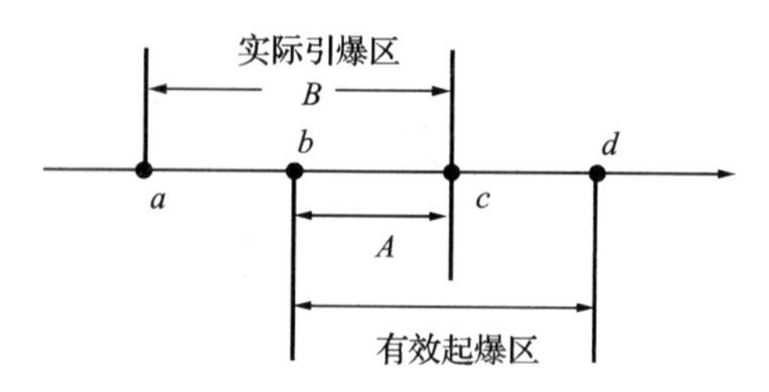

图 2-28　引战配合度计算示意图

（二）引战配合概率 P_m

引战配合概率的定义：引信实际引爆位置落入战斗部有效起爆区的概率称为引战配合概率。

在某一交会面上，对某一交会条件而言，引战配合概率 P_m 的计算表达式为

$$P_m=\int_c^b f(x/\rho_1)\mathrm{d}x=\int_c^b \frac{1}{\sqrt{2\pi}\sigma_{x(\rho_1)}}\mathrm{e}^{-\frac{[x(\rho_1)-\bar{x}(\rho_1)]^2}{2\sigma_{x(\rho_1)}^2}}\mathrm{d}x \tag{2-9}$$

式中：$f(x/\rho_1)$ ——给定脱靶量 ρ_1 条件下，启动点沿 x（相对速度方向）的分布密度函数；

$\bar{x}(\rho_1)$ ——给定脱靶量 ρ_1 条件下 x 的数学期望；

$\sigma_{x(\rho_1)}$ ——给定脱靶量 ρ_1 条件下 x 的均方差；

b、c ——引信实际启动区与战斗部有效起爆区相重合部分的边界坐标值(见图 2-29)。

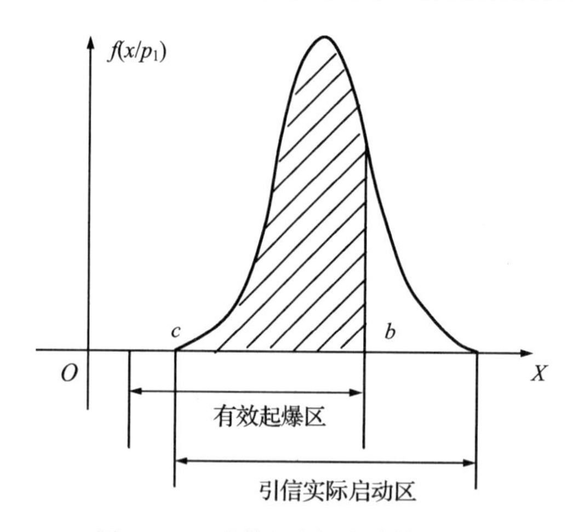

图 2-29　引战配合概率计算示意图

引信的作用是引爆战斗部以杀伤目标。因此，评定引战配合最好和单发毁伤概率联系起来。为了用单发毁伤概率说明引战配合情况，我们引入引战配合效率这一参数。

（三）引战配合效率

引战配合效率 η 定义式为

$$\eta=\frac{R_1}{R_1^*}$$

式中：R_1——配用真实引信时的单发毁伤概率；

R_1^* ——配用理想引信时的单发毁伤概率。

所谓理想引信，就是最佳引信。那么什么是最佳引信呢？凡是符合最佳启动面要求而最大作用距离足够大的引信，我们就称之为最佳引信。

三、提高引战配合效率的基本方法

从总体上来讲，提高引战配合效率可以从改变战斗部的动态杀伤区和引信的启动区两个方面来考虑。

（一）改变战斗部的动态杀伤区

战斗部的动态杀伤区取决于战斗部的静态杀伤区和弹目之间的相对速度。导弹和目标之间的相对速度取决于导弹的速度和目标的速度（包括大小和方向），这两者都不受引信控制。因此，不能通过改变弹目的相对速度来改变战斗部的动态杀伤区，而只能通过改变战斗部的静态杀伤区来改变战斗部的动态杀伤区。

战斗部的静态杀伤区取决于战斗部的结构和起爆方式。这里所讲的起爆方式是指起爆位置。

我们知道，对于圆柱形战斗部来讲：中间起爆时，战斗部破片飞散角较大，而放射角为90°；两端对称起爆时，战斗部的破片飞散角较小，但放射角仍为90°；如果采用前端起爆，那么放射角大于90°，而采用后端起爆，则放射角小于90°。

根据战斗部破片放射角和起爆方式的关系可知，我们可以通过改变起爆方式来改变战斗部的静态杀伤区，进而改变战斗部的动态杀伤区，提高引战配合效率。

目前已采用的有将战斗部的起爆位置分为前端起爆、中间起爆和后端起爆的三挡起爆方式，可提高在不同相对速度条件下的引战配合效率。

（二）改变引信的启动区

从原则上来讲，影响引信启动区的所有因素都影响引战配合效率。但从改变启动区来提高引战配合效率的角度来看，并不是影响引信启动区的所有因素都可以用来调整启动区以提高引战配合效率。就目前的实际情况来看，主要是用以下方法来调整引信启动区，以提高引战配合效率。

（1）改变引信作用区：目前，改变引信作用区主要有两种方法：一种是通过改变信号处理电路来微调引信作用区；另一种是改变天线方向图，在较大范围内改变引信作用区。

我们知道，天线方向图一方面和天线的结构有关，另一方面和工作波长有关。在导弹发射后，改变天线的结构比较困难，所以大多数是通过改变引信的工作波长来改变天线方向图。

（2）改变延迟时间：在引信作用区已确定的情况下，可以通过改变延迟时间来改变启动区。从原则上来讲，采用自适应延迟最好，但实现起来比较困难，所以大多数采用分挡延迟。

（3）直接改变启动区：在某些防空导弹引信体制中，可以用直接改变启动区的方法来提高引战配合效率。例如根据弹目相对速度的不同，通过调整本振支路的相位得到三个启动角，即用三挡启动提高引战配合效率。

习　题

1.对防空导弹而言,引信系统有哪些常用的坐标系?

2.弹目交会的定义是什么?

3.什么是引信作用区和启动区?

4.什么是战斗部的杀伤区?

5.提高引战配合效率的基本方法有哪些?

第三章 引信抗干扰

在严重的电子干扰和环境背景干扰条件下，防空导弹引信如何保持良好的战术技术性能，是引信抗干扰技术研究的目的。引信抗干扰实质是研究各种干扰条件下，如何迅速和可靠地提取有用信息。鉴于防空导弹引信有别于一般雷达和其他无线电设备的工作特点，本章主要阐述引信常见的干扰形式、有源和无源干扰与引信相互作用机理以及引信抗干扰性能的评定准则，进一步加深我们对引信抗干扰措施和抗干扰能力的理解。

第一节 引信抗干扰概述

防空导弹引信抗人工干扰技术包括战术运用抗干扰和技术抗干扰措施两方面。前者是在后者的基础上，根据敌方的干扰情况及变化，巧妙运用己方已有的技术措施，使之达到事半功倍的对抗效果。

一、防空导弹引信战术抗干扰

防空导弹引信战术抗干扰主要是防空导弹雷达引信抗干扰技术与措施的战术运用和对策。

二、防空导弹引信技术抗干扰措施和手段

这两方面的抗干扰技术是相辅相成的，后者是前者的基础。因为战术抗干扰能力必须靠技术抗干扰措施来保证；而技术抗干扰措施也只有在良好和灵活的战术运用中，其能力才得到最大程度的发挥。由于篇幅限制，战术抗干扰未列入本章研究内容。

防空导弹引信的干扰源一般有两种类型：人为干扰和环境及背景干扰。防空导弹引信抗干扰技术就是针对上述干扰特点，研究可能采取的技术措施和手段，使引信在各种干扰条件下，均能保持其战术技术性能。本章论述干扰源对引信的影响及引信的抗干扰技术。

电子干扰和对抗是迅速发展的技术领域，其主要特点是保密性强、针对性强和瞬变性强。

防空导弹引信的干扰和抗干扰是矛盾的两个方面，并依其相互对立而存在，在对立中不断地发展和完善。从原则上说，既不存在抗不了的干扰，也不存在干扰不了的引信。但干扰和抗干扰的局限性，总是由于在一定历史时期，因技术和条件上的限制而存在。正因为如此，本章中根据引信的技术特点，所论及的引信抗干扰技术措施仅是基本原则，或者是在某个时期，某种引信系统中行之有效的基本方法，绝不是绝对可靠、一成不变的。防空导弹引信的抗干扰设计，应当与抗干扰技术的战术运用相结合。

第二节　引信抗干扰在防空导弹武器系统中的作用

为说明引信抗干扰在防空导弹武器系统中的重要作用，下面首先阐述射击 n 发导弹对目标的毁伤概率，然后再以实际数例说明引信抗干扰的作用。

一、导弹对目标的毁伤概率

假定发射 n 发导弹对目标进行射击，显然每发导弹只有在下列两个事件同时出现的条件下，才有可能击毁目标：

(1)导弹导引精度满足脱靶量的要求；

(2)防空导弹引信能正常启动。

因此，射击 n 发导弹对目标的毁伤概率 P 近似为

$$P = 1 - (1 - P_L P_A P_G)^n \tag{3-1}$$

式中：P_L ——导弹的落入概率；

P_A ——防空导弹引信正常启动概率；

P_G ——战斗部正常爆炸时对目标的条件毁伤概率。

二、防空导弹引信抗干扰重要性

例如，假定 $n=2$，并且在雷达干扰情况下制导系统受干扰落入概率下降 30%，引信正常启动的概率下降 40%，在无干扰情况下，$P_L=0.7$，$P_A=0.9$，$P_G=0.8$，根据式(3-1)求出在无干扰情况下对目标的毁伤概率为

$$P = 0.754\ 0$$

在有干扰情况下，对目标的毁伤概率为

$$\widetilde{P} = 1 - [1 - (1 - \Delta P_L)(1 - \Delta P_A) P_L P_A P_G]^2 \tag{3-2}$$

式中：ΔP_L ——由于制导系统受干扰落入概率的降低量；

ΔP_A ——由于引信受干扰，启动概率降低量。

将上述假定数值代入式(3-2)，则

$$\widetilde{P} = 0.378\ 6$$

因此，导弹射击效率由于受干扰，相对下降程度为

$$\zeta = \frac{P - \widetilde{P}}{P} = 49.79\% \tag{3-3}$$

假定制导系统由于采取适当对抗措施，使落入概率不受影响，那么因引信受干扰使导弹射击效率下降 31.92%。同样可以计算，若引信未受干扰，而制导系统受到干扰，则导弹的射击效率下降 22.93%。

从本例可知提高引信的抗干扰能力，同提高制导系统抗干扰能力一样具有同等重要作用。

为了进一步说明制导系统和引信系统抗干扰对武器系统射击效率的影响，令

$$\widetilde{P}_L = (1 - \Delta P_L) P_L \tag{3-4}$$

$$\widetilde{P}_A=(1-\Delta P_A)P_A \tag{3-5}$$

式(3-4)和式(3-5)分别表示受干扰后制导系统的落入概率 $\widetilde{P}_L$ 和引信的启动概率 $\widetilde{P}_A$，并分别取 $\widetilde{P}$ 对 $\widetilde{P}_L$、$\widetilde{P_A}$ 的偏微商得

$$\frac{\partial P}{\partial P_L}=2(1-P_LP_AP_G)P_AP_G=0.756\ 8 \tag{3-6}$$

$$\frac{\partial P}{\partial P_A}=2(1-P_LP_AP_G)P_LP_G=0.882\ 9 \tag{3-7}$$

式(3-6)和式(3-7)分别说明在受干扰情况下，导弹射击效率随落入概率和引信启动概率变化的斜率。也充分说明，当把制导和引信抗干扰能力增加一个微量时，导弹毁伤目标的概率增加多少。例如，当把制导和引信干扰能力各提高10%(表现为 $\widetilde{P}_L$ 和 $\widetilde{P}_A$ 增加10%)时，则对目标的毁伤概率分别增加7.57%和8.83%，本例再次说明提高引信抗干扰能力与提高制导系统抗干扰能力具有同等重要影响。

防空武器系统受到电子干扰时，干扰制导系统的同时也干扰雷达引信。为了取得更显著的干扰效果，对雷达引信的干扰尤其重视，特别是在对制导系统的干扰难以奏效时，干扰武器系统的最后一个工作环节——雷达引信可起到事半功倍的效果。正因为如此，各国为干扰引信而研制的干扰机相继问世。例如美国的机载转发式干扰机AN/QRC-400就是为对付苏联的SA-2导弹引信而设计的。引信抗干扰已成为防空导弹武器系统抗干扰不可分割的一部分，那种认为导弹引信开机晚、工作时间短，敌人不会冒生命危险进行干扰的观点显然是错误的。

第三节　防空导弹引信的工作特点及抗干扰设计

一、引信工作特点对干扰与抗干扰的影响

1.工作的动态性及瞬时性

几乎所有的防空导弹引信都具有远距离防护装置，只有当引信非常接近目标时，引信才接电工作。因此引信工作时间极为短暂。这一特点固然增加了敌人侦测引信参数及实施干扰的难度，致使敌人可能在对引信实施干扰前就已被毁伤，但同时亦增加了引信从干扰中提取有用信息的难度。其原因是缺乏足够的信息处理时间。

2.近距离和超近距离工作

引信作用距离可与目标外形尺寸相比拟。其作用距离一般为几米到几十米，有的不到1 m。这意味着引信的辐射功率和接收机灵敏度可做得很低，以增加敌方侦测和干扰的困难。

3.一次性工作

由于引信的输出负载是传爆系列的火工品或战斗部，因此，引信具有一次性使用的工作特性。只要干扰电平超过引信启动门限一次，战斗部即会起爆，干扰即告成功。这种特性说明了抗干扰上的脆弱性。

4.引信启动的适时性

这是为确保引战配合，以获得对目标的最大毁伤效果所必需的。任何干扰所造成的非适

时启动，均可导致对目标射出的“差之毫厘，失之千里”的结果。

5.工作波段宽、战斗使用中快速连发及不同频率引信交叉使用

防空导弹引信的工作频率，大体分布在 E～K 波段(3.0～40 GHz)，同一种引信可在较宽的频段内散步，加之实战时对目标连续射击 2 ～ 3 发的运用，使引信具有抗瞄准和回答式干扰的能力。

6.体积小、重量轻、可靠性要求高

这一特点决定了防空导弹引信采取复杂的抗干扰措施时，具有一定的技术难度。

从上述分析，可得出如下几点结论：

(1)防空导弹引信具有一定的潜在的抗干扰能力。但随着干扰技术的发展，这种抗干扰能力越来越感到不足。

(2)防空导弹引信适时性和一次性使用的工作特性，显示出抗干扰的脆弱性，同时也展示出实现抗干扰措施的必要性。

(3)要使防空导弹引信具有良好的抗干扰性能，技术难度较大。

二、防空导弹引信抗干扰设计原则

(1)引信设计中应把抗干扰放在首位。没有抗干扰措施的引信不能上型号或设计定型。

(2)技术抗干扰必须同战术运用抗干扰密切结合。加强技术对策研究和技术保密，开展技术情报活动，以使简单、灵便的对抗措施能发挥出最大作用。

(3)针对防空导弹的战术应用，引信设计中至少应保证对常见的几种重要干扰，如杂波阻塞、回答式干扰、无源箔条干扰等具有良好的对抗能力，并应注意提高对抗措施的针对性，防止和避免片面追求对抗所有干扰和一劳永逸的设计思想。

(4)设计中应提高引信潜在抗干扰能力，充分利用弹目交会时目标回波信号和干扰信号特征。把有用信号从干扰中分离出来，提高引信抗多种干扰的适应能力。

(5)对抗措施应结合防空导弹引信的技术特点，力求稳妥、可靠、简单易行，使对抗措施具有先进性、现实性和可行性。

第四节　人为有源干扰对防空导弹引信的影响

一、常见人为有源干扰

对防空导弹引信的人为有源干扰，与一般雷达的干扰基本相同，大体分为压制式干扰和回答式欺骗干扰两大类。

(一)压制式干扰

压制式干扰是干扰方用强大的干扰功率压制破坏引信接收机的工作，或使引信产生虚警而“早炸”；或使引信接收机输出信噪比降低，造成引信对目标的探测困难，甚至失掉目标信息而使引信“瞎火”。压制式干扰是目前广泛采用的干扰形式。根据实施干扰的方法不同，这种干扰又分为扫频式干扰、阻塞式干扰和瞄准式干扰。

1.扫频式干扰

扫频式干扰发射等幅或调制的射频信号，其载频以一定速率在很宽的频率范围内按一定

规律做周期变化。当频率扫过引信通带时，就可使其“早炸”。干扰信号在引信接收机的持续时间 Δt 为

$$\Delta t = \Delta f / k \tag{3-8}$$

式中：Δf ——引信带宽；

k ——扫频速率。

显然，当 Δt 大于或等于引信积累时间，以及干扰信号功率电平大于引信启动灵敏度电平时，引信才会启动。不难看出，扫频范围越宽，工作在不同频率的引信受干扰的可能性越大。但扫频过宽，而扫频速度不变，则扫频周期就越大，单位时间内引信受干扰的概率就会降低。特别是对晚开机和瞬时工作的防空导弹引信，其干扰概率会大为下降。然而，根据式(3-8)可知，扫频速率不能太快，否则 Δt 小于引信积累时间，干扰对引信不起作用。因此，同其他几种干扰相比，扫频干扰不是威胁最大的干扰。

2.阻塞式干扰

阻塞式干扰发射宽频带的干扰信号，因此可对频带内的引信同时进行干扰。为此要求干扰机发射宽频谱的大功率干扰信号，其功率与被阻塞的带宽成正比。这种干扰的最大特点是干扰信号易于产生、实施干扰快、对引信危害大、不需要侦察设备。由于引信工作时间短、隐蔽性强、不易侦察，因此阻塞干扰成为对引信干扰的一种重要方式。这种干扰的不足之处，是干扰带宽太宽，需要强大的干扰功率。这对装备自卫式干扰设备的载机来说确有困难。为克服这种不足研制出频率导引式阻塞干扰，即窄带阻塞干扰同侦察接收相结合，在大致侦测出引信工作频率或频带后，把窄带阻塞干扰频率引导到侦察到的频率上，从而降低了干扰机总输出功率。

3.瞄准式干扰

瞄准式干扰是在接收引信辐射信号的基础上，将干扰频率对准引信工作频率，并将其功率集中在一个略大于引信工作频带的频率范围内。

与阻塞干扰比，其具有如下优、缺点。

(1)优点：

1)所需干扰功率小；

2)设备简单；

3)工作效率高，灵活性大。

(2)缺点：

1)为进行干扰，需要一定的时间预先侦察和引导，因此有可能失掉被干扰的对象；

2)在同一时间内只能干扰一个工作频率上的引信，难以对付多发连射的导弹引信。

(二)回答式欺骗干扰

回答式欺骗干扰是压制式干扰的另一种形式。其特点是干扰机接收引信射频信号并进行分析，然后将信号放大或用来调准干扰机振荡频率，经适当调制和功率放大再转发给引信，使引信“早炸”。因此又称转发干扰。最常用的欺骗形式是多普勒速度欺骗。一般雷达干扰中，较普遍使用的角度欺骗和距离欺骗等，对引信的干扰意义有限，主要是引信很少采用距离和角度跟踪环路，同时也缺乏进行这种干扰的时间。回答式欺骗干扰的优、缺点如下。

1.优点

(1)设备简单轻便，经济实用；

(2)干扰利用率用高，干扰效果强。

2.缺点

在转发过程中，不可避免地会产生信号延时。

因此具有距离截止特性的引信能较有效地对抗这种干扰。

综上所述，在压制性干扰中，对引信威胁最大的是阻塞式干扰和回答式转发干扰。这两种干扰不但具有较高的干扰效率，而且由于其简便性，因此在自卫式干扰设备中广泛应用。

二、人为有源干扰与引信作用的机理分析

(一)人为有源干扰对防空导弹引信的作用

人为有源干扰会使引信启动的适时性受到破坏，影响防空导弹引信起作用。具体表现为：

(1)干扰信号使引信接收机产生虚警，即在干扰信号作用下引信产生非正常启动而“早炸”。

(2)干扰信号使引信接收机过载，破坏其正常工作，使引信“瞎火”失效。

(3)干扰信号对回波信号产生作用，使之产生跳动、失真、测显目标信息误差增大，导致引信启动的不适时。

分析干扰信号对回波信号的影响时，可把引信接收机看作一个窄带滤波器系统。当然，对于不同引信体制，有相当大的差异，难以得到统一的表达形式。

(二)阻塞式干扰对防空导弹引信的影响

目前最通用的阻塞干扰信号形式是噪声调频干扰。

1.噪声调频信号的功率谱密度

假定噪声调频是线性的，噪声调频电压具有均匀的功率谱密度，且噪声调频的有效频偏 $\Delta\omega_c$ 远大于调制噪声的频宽 $\Delta\omega_N$，这样就可求得噪声调频的功率谱密度 $G(\omega)$ 为

$$G(\omega)=P\frac{\sqrt{2\pi}}{\Delta\omega_e}\exp\left[-\frac{(\omega-\omega_c)^2}{2\Delta\omega_e^{2}}\right] \tag{3-9}$$

$$\Delta\omega_e=k_f\sigma_N$$

式中：$\Delta\omega_c$ ——调频载波角频率；

P ——瞬时功率；

$\Delta\omega_e$ ——噪声调频的有效频偏；

ω ——瞬时角频率；

σ_N ——调制噪声均方根电压；

k_f ——调频角调制指数。

归一化的功率谱密度为

$$W(\omega)=\frac{\sqrt{2\pi}}{\Delta\omega_e}\exp\left[-\frac{(\omega-\omega_c)^2}{2\Delta\omega_e^{2}}\right] \tag{3-10}$$

根据式(3-10)，可求得半功率点带宽为 $\Delta\omega_g$：

$$\Delta\omega_g=2\sqrt{2\ln 2}\,\Delta\omega_e\approx 2.36\Delta\omega_e \tag{3-11}$$

等效矩形带宽 $\Delta\omega_{ge}$：

$$\Delta\omega_{ge}=2\int_{\omega c}^{\infty}e^{-(\omega-\omega c)^2/2\Delta\omega_e^2}d\omega=\sqrt{2\pi}\,\Delta\omega_e\approx 2.52\Delta\omega_e \tag{3-12}$$

2.连续波多普勒引信在噪声调频干扰下的信号与干扰比

图 3－1 给出了这种引信的原理框图。

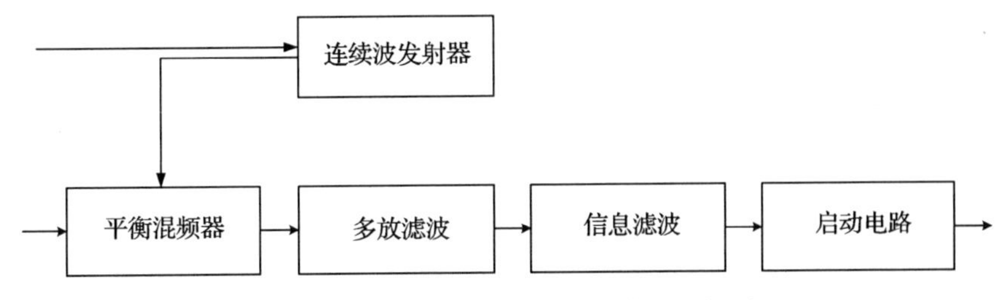

图 3－1　简单连续波多普勒引信原理框图

假定回波和干扰信号均未使引信处于限幅状态，显然在信息处理电路之前，电路全部都是线性的；假定多普勒滤波器的频率传输函数为 $H(\omega)$，通常为 $\Delta\omega_d$，则引信接收到的噪声调频干扰有效噪声功率 P_j 为

$$P_j = \frac{P_g G_g(\theta) G_t(\theta_j) \lambda^2}{(4\pi R)^2} \gamma_g k_\xi \tag{3-13}$$

式中：P_g——干扰机发射功率；

$G_g(\theta)$——干扰机天线在引信方向上的增益；

$G_t(\theta_j)$——引信天线干扰机方向上的增益；

λ——引信工作波长；

R——引信与干扰机距离；

γ_g——极化失配系数；

k_ξ——频谱系数，取决于引信体制、工作带宽，以及干扰机谱密度。

则引信接收的目标回波功率为

$$P_s = \frac{P_t G_t(\theta_{Ft}) G_r(\theta_{Ft}) \lambda^2 \sigma}{(4\pi)^3 R^4} \tag{3-14}$$

式中：P_t——引信发射功率；

$G_t(\theta_{Ft})$——引信发射天线在目标方向上增益；

$G_r(\theta_{Ft})$——引信接收天线在目标上的增益；

σ——目标反射面积。

对简单连续波多普勒引信有

$$k_\xi = \frac{1}{(2\pi)^2} \int_{-\omega_{dmax}}^{\omega_{dmax}} W(\omega + \omega_p) \left| H(\omega) \right|^2 dw \tag{3-15}$$

式中：$H(\omega)$——多普勒滤波器传输函数；

ω_p——引信载波角频率；

$W(\omega)$——功率谱密度函数。

假定多普勒滤波特性为理想矩形，即

$$H(\omega) = \begin{cases} 1, & 0 \leqslant \omega \leqslant \omega_{dmax} \\ 0, & 其他 \end{cases} \tag{3-16}$$

根据图 3－1 所示情况有

$$\left.\begin{aligned}k_{\xi}&=\frac{1}{2^{2}}\left[\operatorname{erf}\frac{\Delta\omega+\omega_{\mathrm{dmax}}}{\sqrt{2}\,\Delta\omega_{\mathrm{e}}}-\operatorname{erf}\frac{\Delta\omega-\omega_{\mathrm{dmax}}}{\sqrt{2}\,\Delta\omega_{\mathrm{e}}}\right]\\ \Delta\omega&=\omega_{\mathrm{e}}-\omega_{\mathrm{p}}\end{aligned}\right\}\tag{3-17}$$

式中：ω_{dmax}——最大多普勒角频率；

ω_{p}——引信载波角频率；

ω_{e}——干扰载波角频率；

erf——概率积分符号。

事实上，滤波通带 $\Delta\Omega\approx\omega_{\mathrm{dmax}}$。由于 $\Delta\Omega\ll\omega_{\mathrm{e}}$，故在多普勒滤波器通带内，干扰谱密度近似为常数 $\frac{2\pi}{\Delta\omega_{\mathrm{e}}}-\frac{\Delta\omega^{2}}{2\Delta\omega_{\mathrm{e}}^{2}}$，故可求得 k_{ξ} 的近似值为

$$k_{\xi}\approx\sqrt{\frac{2}{\pi}}\,\frac{\Delta\Omega}{\Delta\omega_{\mathrm{e}}}-\frac{\Delta\omega^{2}}{2\Delta\omega_{\mathrm{e}}^{2}}\tag{3-18}$$

当干扰频率等于引信频率时，有

$$k_{\xi}\approx\sqrt{\frac{2}{\pi}}\,\frac{\Delta\Omega}{\Delta\omega_{\mathrm{e}}}\tag{3-19}$$

引信接收的目标回波功率 P_{s} 为

$$P_{\mathrm{r}}=\frac{P_{\mathrm{t}}G_{\mathrm{t}}(\theta_{\mathrm{M}})G_{\mathrm{r}}(\theta_{\mathrm{M}})\sigma\lambda^{2}}{(4\pi)R^{4}}\tag{3-20}$$

式中：P_{t}——引信发射功率；

σ——目标雷达截面；

$G_{\mathrm{t}}(\theta_{\mathrm{M}})$——发射天线在目标方向的增益；

$G_{\mathrm{r}}(\theta_{\mathrm{M}})$——接收天线在目标方向的增益；

r——目标距离。

由此可得信干比表达式：

$$P_{\mathrm{s}}/P_{\mathrm{j}}=\frac{P_{\mathrm{t}}G_{\mathrm{t}}(\theta_{\mathrm{M}})G_{\mathrm{r}}(\theta_{\mathrm{M}})\sigma R^{2}}{4\pi P_{\mathrm{g}}G_{\mathrm{g}}(\theta)G_{\mathrm{t}}(\theta_{\mathrm{j}})r^{4}\gamma_{\mathrm{g}}k_{\xi}}\tag{3-21}$$

3.脉冲多普勒引信在噪声调频下干扰的信干比

对于脉冲多普勒引信可求得频谱系数 $k_{\xi\mathrm{PD}}$ 为

$$\left.\begin{aligned}k_{\xi\mathrm{PD}}&=\frac{\tau}{4T^{2}}\left(\operatorname{erf}\frac{\Delta\omega+\Delta\Omega}{\sqrt{2}\,\Delta\omega_{\mathrm{e}}}-\operatorname{erf}\frac{\Delta\omega-\Delta\Omega}{\sqrt{2}\,\Delta\omega_{\mathrm{e}}}\right)+\\ &\frac{\tau^{2}}{2T^{2}}\sum_{N=1}^{\infty}\left[\frac{\sin(N\omega_{0}\tau/2)}{N\omega0\tau/2}\right]^{2}\operatorname{erf}\frac{\Delta\omega'+\Delta\Omega}{\sqrt{2}\,\Delta\omega_{\mathrm{e}}}-\\ &\operatorname{erf}\frac{\Delta\omega'-\Delta\Omega}{\sqrt{2}\,\Delta\omega_{\mathrm{e}}}\\ \Delta\omega'&=\omega_{\mathrm{c}}-\Delta p+N\omega_{0}\end{aligned}\right\}\tag{3-22}$$

式中：ω_{0}——脉冲重复角频率；

ω_{c}——干扰载波角频率；

ω_{p}——引信载波角频率；

N——大于零的正整数；

T ——脉冲周期；

R ——脉冲宽度。

当 $N > 1$ 时，有

$$k_{\xi \mathrm{PD}} = \frac{\tau^2}{4T^2}\left(\mathrm{erf}\,\frac{\Delta\omega + \Delta\Omega}{\sqrt{2}\,\Delta\omega_e} - \mathrm{erf}\,\frac{\Delta\omega - \Delta\Omega}{\sqrt{2}\,\Delta\omega_c}\right) \tag{3-23}$$

由于 $\dfrac{\tau^2}{T^2} \ll 1$，所以脉冲多普勒引信的频谱系数远小于连续波多普勒引信(假定它们有相同的带宽)。因此，当脉冲多普勒引信的峰值功率与连续波相同时，脉冲多普勒引信具有较高的信干比。

4.伪随机码引信在噪声调频干扰下的信干比

伪随码引信的频谱系数为

$$\left.\begin{aligned} k_\xi = & \frac{1}{2\sqrt{2}P^2}\left(\mathrm{erf}\,\frac{\Delta\omega + \Delta\Omega}{\sqrt{2}\,\Delta\omega_c} - \mathrm{erf}\,\frac{\Delta\omega - \Delta\Omega}{\sqrt{2}\,\Delta\omega_e}\right) + \\ & \frac{P+1}{2P^2}\sum_{N=1}^{\infty}\left[\frac{\sin(N\pi/P)}{N\pi/P}\right]^2\left(\mathrm{erf}\,\frac{\Delta\omega + \Delta\Omega}{\sqrt{2}\,\Delta\omega_e} - \mathrm{erf}\,\frac{\Delta\omega' - \Delta\Omega}{\sqrt{2}\,\omega_e}\right) \\ \Delta\omega' = & \omega_c - \omega p + N2\pi/P_{t0} \end{aligned}\right\} \tag{3-24}$$

式中：t_0——码元宽度；

P ——码长。

由此可知，与连续波多普勒引信比，脉冲多普勒引信和伪码引信均具有好的抗干扰能力。

(三)回答式欺骗干扰对防空导弹引信的影响

回答式欺骗下扰信号的特点是波形、频率、多普勒频率均与目标回波信号相同，只是由于转发时需要延时(为 0.2～0.4 μs 量级)，故比目标回波稍有滞后。当频谱系数 $k_\xi = 1$ 时，引信对回答式干扰的信干比，只受引信距离截止特性影响，其表示式为

$$P_s/P_j = \frac{P_t G_t(\theta_M) G_r(\theta_M)\sigma R^2 F^2(r)}{4\pi P_g G_g(\theta)\gamma_g r^4 F^2(R + \Delta R_0)} \tag{3-25}$$

式中：$F(r)$、$F(R + \Delta R)$ ——引信距离截止函数，又称距离律方程：

$$\Delta R_0 = \frac{1}{2}c\tau_0 \tag{3-26}$$

式中：τ_0——转发延时，$\tau_0 = 0.2 \sim 0.4\ \mu\mathrm{s}$；

c ——电波传播速度(光速) $3 \times 10^8\ \mathrm{m/s}$。

故

$$\Delta R_0 = 30 \sim 60$$

对于不同的引信体制距离截止函数不同，例如对于连续波多普勒引信则有

$$F^2(r) = F^2(R + \Delta R_0) = 1 \tag{3-27}$$

对于脉冲多普勒引信则有

$$F^2(r) = \sum_{N=-\infty}^{\infty} q^2 r_r(r - Nr_T - 2r_t) \tag{3-28}$$

式中：N ——正整数；

r_T ——脉冲周期对应的距离；

r_r ——脉冲宽度对应的距离；

$r-Nr_T-2r_t$ ——三角形函数，可表示为

$$qr_r(r-2r_r)=\begin{cases}1-\left|\dfrac{r-2r_r}{r_r}\right|, & r_r\leqslant r\leqslant 3r_r\\ 0, & |r-2r_r|>r_r\end{cases} \tag{3-29}$$

对于伪随机码引信，有

$$F(r)=\begin{cases}1-\dfrac{P+1}{Pt_0}|\tau-Pkt_0|, & 0\leqslant|\tau-Pkt_0|\leqslant t_0 \text{ 且 } k=0,1,2,\cdots\\ -1/P, & \text{其他}\end{cases}$$

当干扰机位于引信截止区时，由于 $F(R)\approx 0$，干扰对引信的影响则很小，信干比接近无限大。当目标携有干扰机时，$r=R$，$G_r(\theta_M)=G_t(\theta_j)$，式(3-22)变为

$$P_s/P_j=\frac{P_tG_t(\theta_M)\sigma F^2(r)}{4\pi P_gG_g(\theta)\gamma_g r^2F^2(R+\Delta R_0)} \tag{3-30}$$

由于转发信号滞后目标信号 30～60 m，当目标信号进入引信工作区（非截止区）时，转发信号仍处在引信截止区，故转发干扰只对引信产生很小影响。因为 $F(R+\Delta R_0)\approx 0$，$F(r)\gg F(R+\Delta R_0)$，所以具有良好距离截止特性的引信对回答式干扰有良好的抗干扰能力，尤其是当截止特性为不模糊的锐截止时更是如此。

第五节　人为无源干扰对防空导弹引信的影响

一、无源干扰分类及特点

人为无源干扰主要是人为投放的偶极子箔条云和人为投放的无源诱饵假目标。

无源箔条干扰主要是在一定空域中，施放由电偶极子反射体组成的干扰云。其长度一般为被干扰系统波长的 1/2，为使其在较宽的频带范围内产生有效反射，偶极子的长度常常不一样，投放散播后受空气浮力，在空中可飘浮很长时间。由于受空气扰动和风力影响，因此在很大空间范围内形成干扰云。

无源诱饵假目标多为平面角反射器、三角形角反射器和龙伯透镜等。这些诱饵假目标都被装在发射器中发射出去，以使导弹跟踪假目标或使引信“早炸”。

诱饵假目标干扰的特点是在空间滞留时间短，故对防空导弹引信威胁较低，散射的方向较窄和成本昂贵。

箔条云干扰的特点是干扰的频率较宽、覆盖的区域大，散射方位也大，在空间飘浮的时间长，经济实用。箔条云的反射特征与目标反射的有用信号非常接近，从而对防空导弹引信具有极大的危害作用。

二、箔条云对引信的干扰作用

箔条云的干扰可分近区和远区两种情况，前者系指引信和载体进入箔条云中，后者是引信载体远离箔条云飞过的情况。最可能出现的情况是，引信载体由远区逐渐接近箔条云，继而进入箔条云中，而后飞出干扰云。

根据相关文献，远区和近区的分界线 $L_{c_{\min}}$ 为

$$L_{c_{\min}} \approx 0.7/\sqrt[3]{\rho_c} \tag{3-31}$$

式中：ρ_c ——箔条云的空间密度。

当引信到干扰云的距离 $L > L_{c_{\min}}$ 时为远区情况，干扰的瞬时值接近正态分布；当 $L \leqslant L_{c_{\min}}$ 时为近区情况，干扰作用为一些单个干扰元素在一定距离上与引信相作用的结果。下面对远、近区情况加以阐述。

（一）远区情况

根据电磁场散射理论及箔条偶极子在空间分布的概率特性，单根箔条偶极子平均有效散射面积为

$$\overline{\sigma_j} \approx 0.17\lambda^2 \tag{3-32}$$

式中：λ ——引信工作波长。

由此推导出引信接收箔条云散射的总平均功率 $\overline{P_j}$ 为

$$\overline{P_j} = \frac{P_t \lambda^2 \rho_c \overline{\sigma_j}(R_{j\max} - R_{j\min})}{(4\pi)^3 R_{j\max} R_{j\min}} \int_0^{2\pi} \int_{-\pi/2}^{\pi/2} G_r(\theta,\varphi) G_t(\theta,\varphi) \sin\theta \mathrm{d}\theta \mathrm{d}\varphi \tag{3-33}$$

式中：P_t ——引信发射功率；

$G_t(\theta,\varphi)$ ——发射天线增益函数；

$G_r(\theta,\varphi)$ ——接收天线增益函数；

R_j ——引信至箔条云中心的距离；

$R_{j\min}, R_{j\max}$ ——引信至箔条云的最小和最大距离。

箔条云散射信号包络起伏的归一化频谱密度函数为

$$G(F) = \exp\left(-\frac{\lambda^2 F^2}{10V_r}\right) \tag{3-34}$$

式中：F ——箔条云引起的起伏频率；

V_r ——箔条云相对引信的径向速度。

$G(F)$ 与 F、λ 的关系如图 3-2 所示。

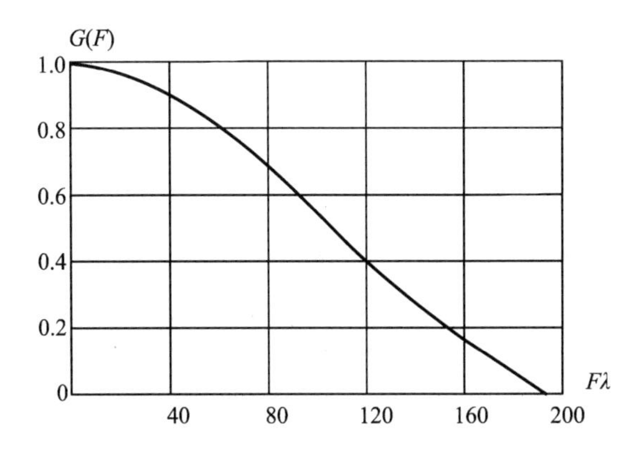

图 3-2　箔条云散射信号包络起伏的频谱密度函数

利用箔条反射振幅分布的概率特性，根据随机变量函数的变换特性，可以求得箔条回波功

率起伏的概率分布密度函数。然后可求得箔条云的平均散射功率，结合功率起伏的密度函数求得其均方值，这样箔条云的回波功率特征就全部已知，若以 $P(P_j)$ 表示，则引信在远区受箔条云干扰而启动的概率为

$$P = P(P_j \geqslant P_s) = \int_{P_s}^{\infty} (P_j) \mathrm{d} P_j = 1 - \int_0^{P_s} P(P_j) \mathrm{d} P_j \tag{3-35}$$

式中：P_s——引信启动的灵敏度。

式(3-35)非常清楚地表明了箔条云的干扰作用，因为回波信号的功率电平超过引信灵敏度电平的概率，就是引信受干扰被启动的概率。

(二)近区情况

这种情况相当于引信非常靠近箔条云或在箔条云中穿行的情况。由于引信同此单个干扰主体在一定距离上相遇而使引信受到干扰，这时一般假定单个箔条的反射信号足以使引信启动。因此干扰问题归结为引信在均匀分布的箔条云中飞行时，在启动距离上遇到一个箔条云的概率研究，一般用泊松分布描述。相关文献给出了引信在箔条云近区受干扰而启动的概率：

$$P_{cj} = 1 - \exp(-1.295 R_0^2 \lambda \rho_c L / \sqrt{\sigma_e}) \tag{3-36}$$

式中：R_0——引信对正常目标的作用距离；

σ_e——在正常作用距离 R_0 上，使引信启动所对应得雷达散射截面积；

L——在干扰区内，引信解除保险后的弹道长度。

三、无源诱饵假目标对引信的干扰作用

诱饵假目标用于同时干扰制导系统和引信，其反射信号有时比真实目标强得多，特征非常类似“点目标”。它对引信的干扰作用，主要表现在假目标飞行到引信波束范围后，其反射信号达到或超过引信的启动电平而使其“早炸”。

由于诱饵假目标在空中停滞时间很短，载机携带有限、成本较高，加之对反射特性的研究已臻于完善，故本节对其不做具体研究。

第六节　自然环境背景干扰对引信的影响

一、云、雨、雪、雾对引信的干扰作用

云、雨、雪、雾是防空导弹引信的主要环境背景干扰源，引信对这些干扰的对抗性能，决定了引信的全天候工作能力。

表 3-1 给出了云、雨、雾散射系数 η 与工作频段的关系。

云、雨、雾的干扰与箔条干扰类似，一般有远区和近区之分。但近区研究目前尚缺乏足够的试验数据，此外，对远、近区的分界线尚未给出像箔条云干扰那样的定量公式。

根据云、雨、雾散射系数的定义，云、雨、雾的平均散射面积 $\bar{\sigma}_e$ 为

$$\bar{\sigma} = \eta \int_{r_{\min}}^{r_{\max}} \int_0^{2\pi} \int_{\theta_1}^{\theta_2} R^2 \sin\theta \mathrm{d}\theta \mathrm{d}\varphi \mathrm{d}R \tag{3-37}$$

式中：θ_1、θ_2——引信天线方向图半功率点与弹轴夹角；

$r_{\max}$——引信有效照射和接收的最大距离；

r_{min}——云、雨、雾距引信的最小距离(满足远区条件)；

η——单位体积的散射面积。

式(3-37)仅考虑被引信天线照射到的情况。

表 3-1　云、雨、雾散射系数 η 与工作频段的关系

降水强度/(mm·h^{-1})			η/(m^2·m^{-3})				
			波段				
			S	C	X	Ku	Ka
雨	毛毛雨	0.25	−102	−91	−82	−64	−57
	小雨	1.0	−92	−81.5	−72	−54	−47
	中雨	4.0	−83	−72	−62	−46	−39
	大雨	16.0	−73	−62	−53		−32
雾 133 m 可见度			−120	−110	−100		
浓云			−118	−108	−98		

r_{max} 的取值是尚待研究的问题，相关文献认为由于引信的作用距离 R_0 有限，远处云、雨的回波信号比近处小得多，故取 $r_{max}=10R_0$，对于 r_{max} 的取值，缺少必要的参考资料，考虑到远区引信载体尚未进入云雨中的情况，一般取 $r_{min}=(3\sim5)R_0$。据此给出引信天线不同波束宽度时，不同波段上的云、雨、雾散射面积 σ_e(见表 3-2)。计算中 $R_0=15$ m，天线最大增益方向与弹轴的夹角为 65°。

表 3-2　不同波段的云、雨、雾散射面积

降水强度/(mm·h^{-1})			引信波束宽					单位
			波段					
			S	C	X	Ku	Ka	
			20°	15°	10°	5°	3°	
雨	毛毛雨	0.25	−39.57 1.1×10^{-4}	−28.85 1.3×10^{-3}	−20.16 9.63×10^{-3}	−2.51 0.56	4.34 2.72	dBm^2 m^2
	小雨	1.0	−29.57 1.1×10^{-3}	−19.35 1.16×10^{-2}	−10.16 9.63×10^{-2}	7.49 5.61	14.34 27.16	dBm^2 m^2
	中雨	4.0	−20.57 8.78×10^{-3}	−9.85 0.10	−0.16 0.96	15.49 35.41	22.34 171.40	dBm^2 m^2
	大雨	16.0	−10.57 8.78×10^{-2}	0.15 1.04	8.84 7.65	21.34 136.14	29.34 859.01	dBm^2 m^2
浓云			−57.57 1.75×10^{-6}	−47.85 1.64×10^{-5}	−38.16 1.53×10^{-1}			dBm^2 m^2
雾 133 m 可见度			−55.57 2.78×10^{-6}	−55.85 2.6×10^{-6}	−36.16 2.42×10^{-4}			dBm^2 m^2

目前防空导弹引信设计中，最小雷达截面一般为 0.1 m^2。在表 3－2 计算中，假定引信作用距离为 15 m，云、雨、雾的等效反射中心位于 105 m，反射信号约比在 15 m 时同样大小截面反射信号强度小 25.35～35.35 dB。由表 3－2 知，在频率低于 X 波段（包括 X 波段）时，可以完全不考虑云、雨、雾对引信的影响；对于 Ku 波段除大雨外，基本上可不考虑云、雨、雾的影响。但 8 mm 以上波段必须考虑云、雨、雾的影响。

根据云、雨、雾的平均雷达截面，利用引信的雷达方程，可以求得云、雨、雾回波信号的平均功率电平。与箔条云的反射一样，其回波信号幅度服从瑞利分布。因此，可以采用箔条云远区情况的方法，求得引信受云、雨、雾干扰而启动的概率特性。

对于引信在云、雨、雾中穿行的近区情况，尚缺少试验数据，需进一步分析研究。这方面的工作，特别是对于高频段工作的引信（如 Ku 和 Ka 波段）尤为重要。

二、地、海杂波对引信的干扰作用

防空导弹攻击低空或掠海目标时，地、海杂波将对引信产生较为严重的干扰作用。因此引信对地、海杂波有无良好的对抗能力，是决定防空导弹是否具有良好低空作战性能的重要因素之一。

（一）地、海杂波的散射特性

1.地面杂波散射特性

当把地面散射作为干扰杂波考虑时，不仅要考虑天线主波束的影响，同时还要考虑天线旁瓣的影响。由于天线方向性函数的复杂性以及交会姿态的不同，因此地面散射形成的回波功是一个复杂函数，一般可用一个面积分表示：

$$P_r = \frac{P_t}{(4\pi)^3}\int_s \frac{G_t(\theta,\varphi)G_r(\theta,\varphi)\lambda^2\sigma_0}{R^4}\mathrm{d}S_e \tag{3-38}$$

式中：P_t ——引信发射机出口功率；

λ ——工作波长；

$G_t(\theta,\varphi)$、$C_r(\theta,\varphi)$ ——收发天线增益函数；

R ——引信至照射单元点的距离；

S_e ——地面被照射的有效面积；

σ_0 ——地面散射系数。

对于未经调制的简单连续波防空导弹引信，有效照射面积即为天线波束照射面积；对于经受复杂调制的引信（如脉冲或脉冲多普勒，以及伪随机码调制的引信），S_e 还与调制脉宽、码元宽度等有关。散射系数 σ_0 一般由测试确定。表 3－3 和图 3－3 分别给出不同地面特性的 σ_0 平均值，以及几种不同地面特性在不同入射角时 σ_0 的变化曲线。

表 3-3　$\theta=15°\sim70°$ 之间的 η 值 ($\eta=60/\sin\theta$)

地面目标特征	η_m(平均值)		η_{max}(最大值)	
沙漠和道路	0.05	13.01 dB	0.1	−10.0 dB
耕地	0.016	−17.95 dB	0.1	−10.0 dB
旷野和公路	0.031	−15.05 dB	0.1	−10.0 dB
有树的小山	0.05	−13.01 dB	0.25	−6.02 dB
城市	0.063	−12.01 dB	0.5	−3.01 dB

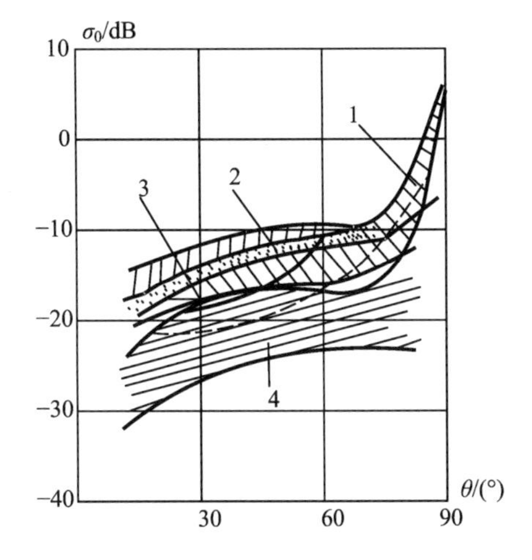

图 3-3　σ_0 随不同地面和入射角 θ 的变化曲线

1—城市；2—沙漠；3—森林；4—农田

地面散射是由大量散射单元组成的，这些单元不仅形状和特性不同，且其间的距离也是随机的，同时散射回波相位是不相关的，与箔条云情况类似，其回波信号包络的概率密度函数服从瑞利分布。对于较复杂的某地地面，用韦伯分布描述其概率分布密度函数更合适，即

$$W(u)=\begin{cases}\dfrac{n}{\gamma}\left(\dfrac{u}{\gamma}\right)^{n-1}\exp\left(-\dfrac{u}{\gamma}\right)\eta, & u\geqslant 0\\ 0, & u<0\end{cases} \tag{3-39}$$

式中：$W(u)$——概率密度函数；

u——杂波包络幅度；

γ——与瑞利分布 σ 相对应的，表示强度的标量参数；

η——地面形状系数。

当地面粗糙程度很小时，其分布接近正态分布。

2.地面杂波的频谱特性

当导弹攻击低空目标(见图 3-4)时，引信天线的主瓣和副瓣均可照射到地面，并接收地面反射的杂波。其频谱特性主要取决于导弹相对照射地面飞行产生的多普勒频率，导弹与地面各散射单元间(如森林、植被等)的相对运动引起的回波幅度起伏，各散射单元因粗糙不平的距离起伏引起的幅度起伏(这种起伏亦引起多普勒频率的扩展)。同时，各散射单元相对引信的视线角很宽，故杂波引起的多普勒频移分布在较宽的频带上，图 3-4 以脉冲多普勒引信为例，给出了杂波和信号的综合频谱图。

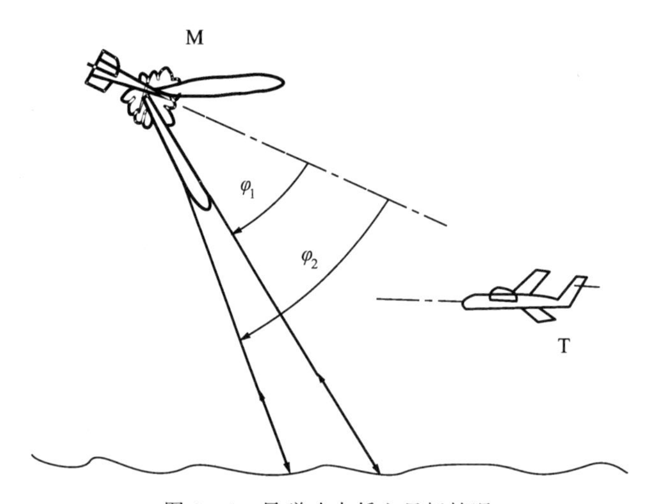

图 3-4　导弹攻击低空目标情况

φ_1、φ_2—天线主波束的两个角度；M—导弹；T—目标

如果忽略各散射单元之间的相对运动，以及因地面粗糙不平引起的频率影响，那么杂波的频谱宽度 Δf 为

$$\Delta f=\frac{2V_{\mathrm{m}}}{\lambda}(\cos\varphi_1-\cos\varphi_2) \tag{3-40}$$

式中：V_{m} ——导弹飞行速度；

φ_1、φ_2 ——主波束边缘射线与弹体纵轴间的夹角(见图 3-5)。

十分明显，当 φ 值不同时，由于天线增益不同，因此对应的杂波频率和幅度亦不同。用式(3-40)可计算出天线主波束和任意旁瓣波束对应的多普勒频率及其宽度。

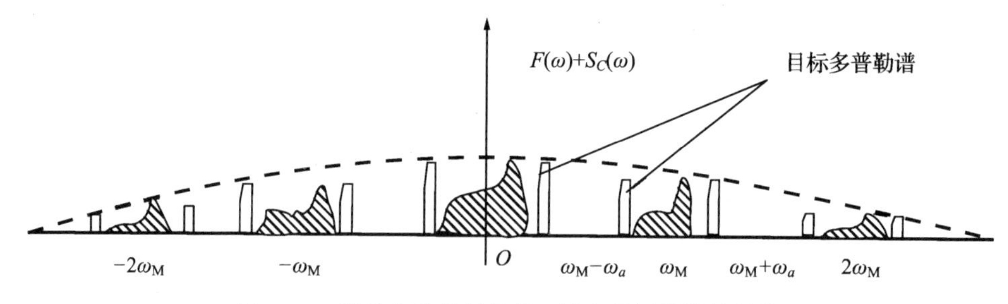

图 3-5　脉冲多普勒引信的杂波和目标信号差频谱

图中阴影区—主瓣杂波和旁瓣杂波

目标由主波束起作用，引起的多普勒频率 f_{dm} 及其宽度 Δf_{dm} 为

$$f_{\mathrm{dm}}=\frac{2V_{\mathrm{r}}}{\lambda}\cos\varphi_0 \tag{3-41}$$

$$\Delta f_{\mathrm{dm}}=\frac{2V_{\mathrm{r}}}{\lambda}\left[\cos\left(\varphi_0-\frac{1}{2}\Delta\varphi\right)-\cos\left(\varphi_0+\frac{1}{2}\Delta\varphi\right)\right] \tag{3-42}$$

式中：φ_0——主波瓣最大增益方向与相对速度矢量的夹角；

$\Delta\varphi$——主波瓣宽度；

V_r——弹目相对速度。

从图 3-5 可知，当目标谱落入杂波频谱范围内时，引信单靠速度分辨，难以从地杂波中把目标信号分离出来，从而影响引信的正常工作。这种情况在空空导弹尾追攻击目标时，因相对速度很低，当杂波信号落入引信的多普勒放大器的通带内时，将导致引信"早炸"。

（二）海面杂波散射特性

海面杂波虽与地面杂波有类似之处，但其特性远比地面杂波复杂得多。根据试验测定，对较低海情状况，海面杂波较地面杂波（同样的照射）大 3～7 dB。海面杂波强度主要受下列因素影响：

(1)地区、季节和时间上的不同；

(2)风、雨、雪等气候因素，特别是风的影响最大；

(3)海情状况及海面情况（如海面有无漂浮物及其他杂物等）；

(4)引信工作频率、极化方向、波束宽度和入射方向等。

海面杂波的起伏远比地面大得多，这是因为散射单元间的激烈相对运动，改变了引信与各散射单元间的相对距离，使各散射单元回波的相对相位出现变化，导致合成的回波随时间变化。一般来说，对于宽波束照射较平静的海面情况，回波电压包络幅度服从瑞利分布，引信天线照射区有效散射面积的概率密度分布函数为

$$W(\sigma_e)=\frac{1}{\sigma_e}\exp\left(-\frac{\sigma_e}{\bar{\sigma}_e}\right) \tag{3-43}$$

式中：$\bar{\sigma}_e$——有效散射面积平均值；

σ_e——有效散射面积。

对于窄波束照射情况，回波包络幅度的概率密度函数不符合瑞利分布。试验表明，它更符合对数-正态分布：

$$W(u_m)=\frac{1}{2\sqrt{2\pi}u_m\sigma}\exp\frac{2\left(L_N\dfrac{u_m}{u_2}\right)^2}{\sigma^2} \tag{3-44}$$

式中：u_m——回波电压包络；

$W(u_m)$——概率密度函数；

u_2——u_m 的中值；

σ^2——$L_N u_m^2$ 的标准偏差；

L_N——系统插损。

利用图 3-6 所示的几何关系，可以求得引信接收的海杂波平均散射功率 P 为

$$P=\frac{P_\Sigma\lambda^2}{(4\pi)^3h^2}\int_0^{2\pi}\mathrm{d}\varphi\int_{\pi/8}^{\pi/2}G_r(\theta,\varphi)G_t(\theta,\varphi)\sigma_0\sin^2\theta\cot\theta\mathrm{d}\theta \tag{3-45}$$

式中：h——距海面高度；

P_Σ——引信发射功率；

θ——俯仰角，如图 3-6 所示；

φ ——方位角,如图 3-6 所示。

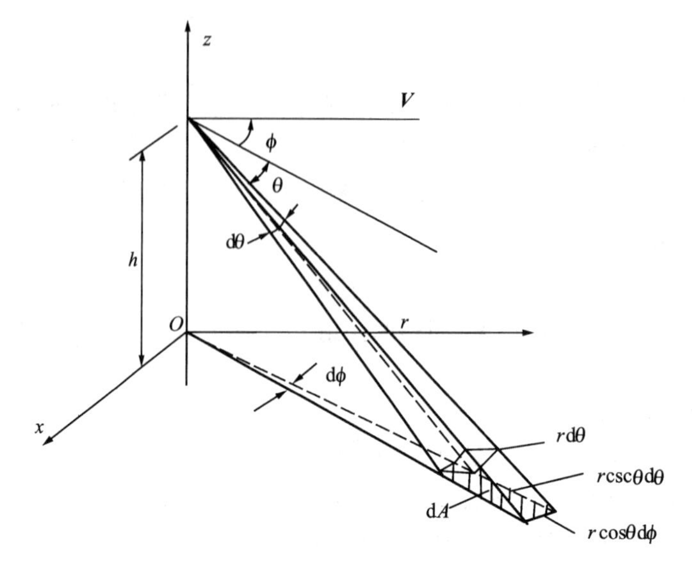

图 3-6 地海杂波概率的几何关系图

h —导弹离地高度;$\boldsymbol{V}$ —导弹速度矢量;r —导弹到 $\mathrm{d}A$ 的距离;φ —导弹纵轴与 $\mathrm{d}A$ 在水平面上的夹角;φ — 导弹纵轴与 $\mathrm{d}A$ 在垂直面上的夹角;$\mathrm{d}A$ —微元面积,其值为 $\mathrm{d}A = r^2\cot\theta\,\mathrm{d}\theta\,\mathrm{d}\varphi$

式(3-45)中积分下限取 $\pi/8$ 而不取零,主要是考虑引信的作用距离小,远距离杂波对引信影响较小,加上当 $\theta \to 0$、h 为恒定时,r 趋于无穷大。

利用等多普勒曲线可求得海杂波的功率谱密度为

$$W(f) = \frac{P_{\sum}\lambda^3}{128\pi^3 h^2 V_{\mathrm{T}}}\int_{\pi/8}^{\pi/2}\frac{G_{\mathrm{r}}(\theta,\varphi)G_{\mathrm{t}}(\theta,\varphi)\sigma_0\sin^2\theta\cot\theta}{\sqrt{\cos^2\theta-\left(\frac{\lambda}{2V_{\mathrm{T}}}\right)^2 f_{\mathrm{d}}^2}}\mathrm{d}\theta \tag{3-46}$$

式(3-45)和式(3-46)计算的复杂性,取决于天线增益函数的复杂程度。

(三)地、海杂波对引信的影响

对防空导弹引信而言,地、海杂波是一种干扰信号。由于它是发射信号的无用反射信号,同时它与目标信号有许多相似之处,因此对引信的危害性极大。对引信的主要影响有:

(1)当杂波信号频率落入引信信号处理通带,且信号足够强时,会使引信“早炸”;

(2)当杂波信号频率不能进入信号处理通带时,强杂波可能使引信接收机饱和,从而使引信失去对较小目标回波信号的放大作用,导弹引信“瞎火”;

(3)对于旁瓣抑制的引信体制,由于地、海杂波的面目标特性,处于旁瓣方位的杂波对天线主瓣具有强烈的抑制作用,这种作用既可能导致引信“瞎火”,亦可能导致引信的启动角增大(后移),使引信启动的适时性受到破坏;

(4)地、海杂波的出现,改变了引信输入与接收机输出的信杂比,从而使引信的启动特性受到破坏,导致引信与战斗部的配合效率大为降低;

(5)对伪随机码连续波引信,由于地、海杂波以面目标特征出现,伪随机码相关函数的非相关副瓣电平增加,主峰和副瓣电平之比降低,使引信抗干扰能力大为降低。

第七节　引信抗干扰性能的评定准则

引信抗干扰性能的评定准则是表征引信抗干扰能力的量度原则和方法，亦是评定引信抗干扰能力和判定引信抗干扰技术指标的重要依据。对防空导弹引信抗干扰性能的评定，通常采用如下几种评定准则：

(1)功率评定准则；

(2)效率评定准则；

(3)转发增益评定准则。

一、功率评定准则

对于阻塞式干扰和扫描干扰，要想达到干扰引信的目的(使其“早炸”)，必须有足够的功率压制引信的功率。引信在多大干扰功率作用下还能正常工作的能力，表明了引信的抗干扰能力。

因此，引信的抗干扰能力可用达到预期干扰效果必需的干扰功率表示。

假定引信接收机启动灵敏度电平为 P_{rs}，根据距离 r_0 的干扰机，为使引信启动必需的发射功率 $P_g(r_0)$ 为

$$P_g=\frac{(4\pi r_0)^2}{G_g(\theta)G_r(\theta_j)r_g k_g\lambda^2}P_{rs} \tag{3-47}$$

式中：$G_g(\theta)$ ——干扰机发射天线在引信方向上的增益；

$G_r(\theta_j)$ ——引信接收天线在干扰机方向上的增益。

对于简单的连续波体制而言，当干扰机中心频率对准引信载频时，得出频谱系数 k_ζ 为

$$k_\zeta\approx\sqrt{\frac{2}{\pi}}\,\frac{\Delta f_d}{\Delta F_e} \tag{3-48}$$

式中：Δf_d ——引信接收机带宽；

ΔF_e ——干扰机噪声调频等效频偏。

利用等效频偏与干扰机等效矩形带宽的关系得到

$$k_\zeta\approx\frac{2\Delta f_d}{\Delta F_{ge}} \tag{3-49}$$

式中：ΔF_{ge} ——干扰机发射信号的等效矩形带宽。

将式(3-49)代入式(3-47)，得

$$P_g=\frac{(4\pi r_0)^2}{G_g(\theta)G_r(\theta_j)\lambda^2 r_g}\left(\frac{\Delta F_{ge}}{2\Delta f_\alpha}\right)P_{rs} \tag{3-50}$$

如果在引信接收机中采用干扰识别和抗干扰电路，并假定其功率改善因子为 δ_r，且引信正常启动信号功率电平为 P_{rs}，那么相同频带内，使引信启动的最小干扰功率电平为

$$P_{gs}=\delta_r P_{rs} \tag{3-51}$$

用 P_{gs} 值代替式(3-50)中的 P_{rs}，则在有抗干扰电路情况下，为达到预期的干扰效果所需最小干扰功率为

$$P_g=\frac{(4\pi r_0)^2}{G_g(\theta)G_r(\theta_j)\lambda^2 r_g}\left(\frac{\Delta F_{ge}}{2\Delta f_\alpha}\right)\delta_r P_{rs} \tag{3-52}$$

由此看出，当引信采用抗干扰电路，并且其功率改善因子为 δ_r（$\delta_r \geqslant 1$）时，在相同条件下，要对引信达到预期的干扰效果，所需最小干扰功率要增加 δ_r 倍。

干扰功率增大，意味着干扰设备的体积、重量增大，成本也增高。特别是飞行器用自卫式干扰机的体积和重量都受到严重限制。另外，功率增大，不仅制造成本增加，也使实现的可能性大为减小。这点对抗干扰十分有利。

二、效率评定准则

对防空导弹引信干扰的目的是使引信"瞎火"，或使引信在目标进入战斗部动态杀伤区之前就启动并引爆战斗部，从而降低引信与战斗部的配合效率，使防空导弹的单发杀伤概率大为降低。效率评定准则就是用干扰作用下与无干扰情况下，引战斗部配合效率降低系数 K_p 评定引信抗干扰性能。

对某一目标，在某一空域点上，防空导弹引信与战斗部配合效率 η 的定义为：配有实际引信的一发导弹，对某目标在某空域点的单发毁伤概率 P_1，与配有理想引信的一发导弹在该点的单发毁伤概率 P_0 的比值，即

$$\eta = \frac{P_1}{P_0} \tag{3-53}$$

当引信受干扰时，反映引信启动特性的概率密度函数将发生变化。配实际引信导弹的单发毁伤概率将变为 P_{1j}。因此，引信在受干扰情况下，引战配合效率可写为

$$\eta_g = \frac{P_{1j}}{P_0} \tag{3-54}$$

由效益评定准则的定义可得效率系数 K_p 为

$$K_p = \frac{\eta_g}{\eta} = \frac{P_{1j}}{P_1} \tag{3-55}$$

因此，只要求得受干扰和未受干扰情况下，单发毁伤概率之比，即可确定引信抗干扰性能情况。显然 $K_p \leqslant 1$，且越接近 1，抗干扰性越好。

当导弹射击的落入概率密度函数和战斗部坐标毁伤概率函数已知时，可以通过绕飞试验和物理仿真，以及计算机数字仿真试验求得引信干扰前后的启动特性的概率分布密度函数。通过图解或数字解，求得受干扰前后的单发毁伤概率，然后通过式(3-55)求得。

三、转发增益评定准则

对回答式欺骗干扰，采用上述功率评定准则不太适合。因为回答式干扰对引信实施干扰的难度，一般来说不在于输出功率的大小，而在于能否实现必需的转发增益。大的转发增益，由于收、发天线之间隔离度不够，容易引起干扰设备自激，从而失去干扰作用。一般情况下，回答式干扰机能做到的转发增益为 90～100 dB。如果干扰引信必需的转发增益越大，表明引信的抗干扰能力越强。因此用转发增益作为引信抗回答式干扰的评定准则。

一般来说，对引信的干扰，只有在引信天线旁瓣范围内才有效。假定携带干扰机的目标，位于引信天线旁瓣内，且距引信为 R_g，在引信方向上干扰机接收天线的增益为 G_{rg}，则干扰机接收到的引信辐射功率 P_{in} 为

$$P_{in}=\frac{P_t G_t(\theta_j) G_{rg} \lambda^2 r_p}{(4\pi R_g)} \tag{3-56}$$

式中：r_p——极化损失系数。

假定干扰机的转发增益为 K_g，把引信接收机看成一个线性系数，并考虑引信的距离截止特性函数 $F(R_g+\Delta R)$，以及对抗回答式干扰电路改善因子 δ_r。为实现干扰，引信收到的干扰功率应满足方程

$$\frac{P_{Iin} K_g G_{tg} M_g G_{rL} \lambda^2 F^2(R_g+\Delta R)}{(4\pi R_j)^2}=\delta_r S_{rmin} \tag{3-57}$$

将式(3-56)代入式(3-57)得

$$K_g=\frac{(4\pi R_g)^4 \delta_r S_{rmin}}{P_t G_{tg} G_{rg} G_t(\theta_j) G_{rL} \lambda^2 r_p M_g F^2(R_g+\Delta R)} \tag{3-58}$$

式中：S_{rmin}——引信接收机灵敏度；

G_{tg}——干扰机发射天线在引信方向增益；

G_{rL}——引信接收天线在干扰机方向增益；

M_g——干扰机功率利用系数；

ΔR——转发延时对应的距离，一般为 30～60 m。

由式(3-57)可看出：

(1)回答式干扰，干扰引信成功的条件与干扰机输出功率无关，仅取决于转发增益大小。当然，干扰机必须在线性区工作，以输出与增益成正比的功率。

(2)为提高引信抗回答式干扰的能力，除尽可能提高线路改善因子外，还应提高引信的距离截止特性，使 $F(R_g+\Delta R)\approx 0$。

(3)降低引信接收天线的旁瓣电平，尽可能减小引信的最大作用距离，以便降低引信发射机功率和接收机灵敏度。

采取措施(2)(3)，可大大提高干扰机所必需的转发增益，增强与改善抗干扰性能。

四、三种评定准则的评述

除了上述已阐明的抗干扰性评定准则外，还有：

(1)信息评定准则；

(2)启动概率评定准则；

(3)经济效益评定准则等。

由于篇幅所限，以及防空导弹引信中，常用的评定准则是上节所述的三种，故对后三种不加详述。

效率评定准则既适用于任何体制的雷达引信，也适于非雷达引信体制。准则的局限性，主要是受试验条件的限制，不仅需要知道战斗部的坐标毁伤概率，以及导弹对某一空域点目标射击时的落入概率密度函数，同时还必须通过绕飞试验或物理仿真，或者包括干扰在内的数学仿真获得受干扰前后的引信启动规律。然后用数字或作图法求得效率系数 K_p。因此，用此方法评定引信抗干扰能力有很大技术难度。

同效率准则相比，功率准则和转发增益准则简便易行。然而，转发增益准则只适于转发式

回答干扰。功率准则除仅适用于扫频、瞄准和阻塞式干扰外，还有下述不足之处：

1）从干扰效果看，干扰功率大小不是唯一的标志。干扰效果还与有无低频调制，以及调制频率和波形等与引信通频带匹配情况有关，因此单凭抗干扰的功率大小就断定抗干扰性也不够全面。

2）当干扰方用全景或搜索式接收机进行频率引导，实现窄带阻塞干扰时，干扰功率密度大为增加，但干扰的总功率不一定很大时，也可取得明显的干扰效果。因此，单凭功率指标并不能直接标明引信抗干扰性能的质量。

可见，各种评定准则均有局限性，目前尚无唯一的最适用评定准则，因此必须根据具体引信体制及要对抗的最主要干扰类型确定评定准则。

第八节　防空导弹引信抗干扰主要技术措施

从引信抗干扰技术考虑，提高引信抗人工干扰及抑制背景干扰的主要技术途径有：

(1)提高引信工作的隐蔽性，给敌方侦测引信参数造成困难，使其难以进行有效干扰；

(2)用直接影响干扰来源的方法降低干扰强度；

(3)增加发射功率，采用锐方向性天线的方法，提高信干比；

(4)改善引信接收机信号检测和信号处理部分，提高引信从干扰中提取有用信号的能力；

(5)优化引信调制波形设计；

(6)利用敌人干扰源作为引信工作信号。

一、提高引信工作隐蔽性的主要措施和方法

1.引信工作频段的选择

把引信的工作波段，选在雷达和通信系统规定的标准波段交接边缘处，并尽可能选择在大气传输窗口之外。因为在标准波段边缘处，微波器件的发展不如标准波段内完备。因此在这些频率处，干扰和侦收设备的制造也较为困难。另外，在大气传输窗口之外，对电波有较大衰减，对远距离侦收和干扰均造成不利影响。引信在短距离工作，大气传输衰减影响甚微。

2.信号调制波形的选择

采用随机噪声，或非周期的，且特征数较多的信号作调制波形。

一般来说，调制信号的特征数越多，信号的隐蔽性越好，敌人侦收和复制模拟的困难越大，产生干扰越困难。因为大部分干扰基本建立在侦收被干扰信号频谱的基础上，分析欲干扰雷达有用工作信号结构，调整干扰机信号进行有效干扰。简单的周期信号谱及其有用工作信号结构，很容易被侦收和预示，因而很容易被干扰。对于非周期的复杂调制信号，侦收预示其频谱，以及收发信号间的特定关系，比周期性信号困难得多，所需时间也长得多。由于引信在弹目交会中多采用晚开机措施，因此干扰者实施有效干扰前就可能被摧毁。另外，采用噪声或非周期的复杂调制信号，有可能使敌方误把引信工作信号视为我方干扰信号而不予以干扰，出于上述考虑，非周期噪声调制引信，以及周期与非周期复合调制引信系统的设计将引起广泛注意。图 3－7 和图 3－8 给出了这两种引信的具体实例。

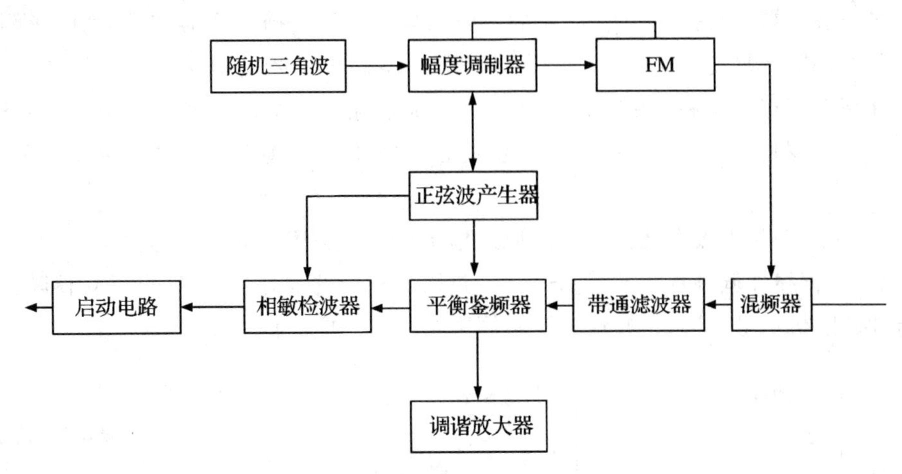

图 3－7　周期加非周期调制引信框图

FM—调频收音机

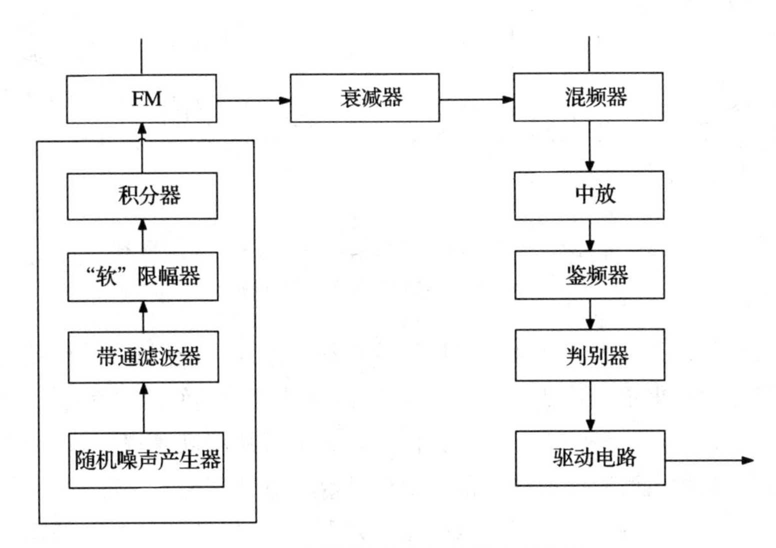

图 3－8　随机噪声调频引信原理框图

图 3－8 是采用随机三角波利用正弦调幅之后，再进行调频的引信系统。在这种系统中，调制信号具有随机、调频、调幅三个特征。混频器输出信号的平均频率 δ_F 为

$$\delta_F = 4\Delta\bar{F} f_m(1 + m\sin\omega t) = \frac{8\Delta\bar{F} f_m R}{c}(1 + m\sin\omega t) \tag{3-59}$$

式中：$\Delta\bar{F}$ ——振荡器的平均频偏；

f_m ——随机三角波平均频率；

m ——正弦调幅指数；

τ ——信号往返目标所需时间；

c ——光速，为 3×10^8 m/s；

R ——引信至目标距离；

ω ——正弦调制角频率。

来自带通放大器信号是角频率为 ω 的正弦信号。由于平衡鉴频器作用，消除了阻塞干扰及围绕鉴频中心频率均匀分布的地(海)杂波信号。不同于正弦调幅频率的一些频率信号(包括干扰)，在调谐到正弦调制频率的调谐放大器中被消除掉。调谐放大器的输出，同来自正弦波发生器的信号在相干检波器中进行同步检波后，得到的多普勒信号输送到启动电路，使引信启动。

图 3-8 是一个随机噪声调频引信的原理框图。系统采用非周期的随机噪声，通过非线性限幅积分后，进行线性调频获得发射信号。通过限幅特性的设计和选择，可以获得随机振幅概率分布特性的随机信号。图 3-9 给出了不同限幅特性对应的概率特性。

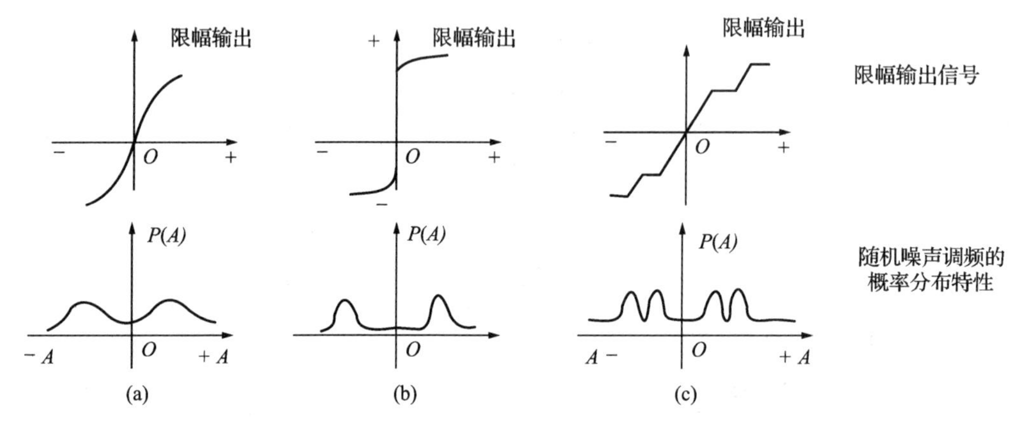

图 3-9 随机噪声调频引信限幅特性和概率分布关系图

(a)软限幅；(b)硬限幅；(c)阶梯形限幅

通过限幅特性的设计可大为增加调制信号的特征量。同时，它的设计使接收系统中混频器输出的功率谱密度获得不同特征。具体来说，它既可获得单峰值的功率谱，也可获得双峰值谱密度。由于系统特点，该谱密度随着交会时，目标的接近从较高频率向较低频率运动，同时谱宽度也随之被压缩。当谱密度的峰值落入中放通带时即得到放大。放大的谱密度当通过平衡鉴频器，且使其输出改变极性时，判别电路做出判别，送出启动信号。如果调制系统设计使混频器输出谱密度具有双峰值，判别电路设计成第一峰值通过预先确定的频率时，使引信启动获得必要条件，其后随着目标不断接近，在第二个谱密度峰值通过上述频率时，才获得启动的充分条件。这样的引信必然具有特殊的抗干扰能力。

3.提高引信工作频率

尽可能把引信工作频率选择在较高的波段上，例如在 Ku 和 Ka 波段上，在这些波段上，不仅使敌方侦收和干扰设备的制造成本提高，同时由于功率器件制造上的困难，难以获得大干扰功率。选择高波段的另一原因是高波段比低波段能容纳更多的引信工作频率，便于引信实现载频扩散，使敌方难于确定引信的工作载频，无法使用效率较高的瞄准干扰。此外，高波段利于对发射信号实施频谱扩展和抑制地海杂波。

4.晚开机

采用晚开机方法，避免过早暴露引信工作频率，例如在弹目交会前 0.1～0.2 s，利用制导系统提供的信息使发射机工作，敌方发现时，来不及干扰就被击毁。

5.低旁瓣的锐方向性天线

采用窄波束和低旁瓣的锐方向性天线,不仅缩小了引信向空间辐射电磁波的范围,亦使弹目交会中,难以从引信天线旁瓣范围侦收引信工作信号和实施有效干扰。

6.采用主被动复合引信

采用主被动复合引信,当主动引信受到干扰时,转入被动引信工作状态,利用目标的物理场或干扰源作为引信工作信号。

7.引信工作频段与敌方雷达或通信频段接近

将引信工作频率选择在敌方雷达或通信的工作频段附近,使敌方因怕干扰自己而不能进行有效干扰。

8.引信工作频段避开我方雷达或通信等频段

引信的工作频段应避开我方雷达、通信和制导系统的工作频段。因为这些设备的工作时间长,易被侦收,也是敌方干扰的重点对象。

9.采用频率自适应调整技术

采用自适应频率调整技术,当受到干扰时,将引信工作频率自动调整到干扰频率和功率的缺口上。

二、迫使干扰源降低干扰功率采用的措施

(1)采用跳频或频率捷变技术,迫使干扰机工作在较宽的频带范围内,降低了干扰机的功率谱密度。

(2)引信发射诱饵假载频,使敌干扰对准诱饵假频率。交会时,引信才工作在真频率上。

三、提高引信发射功率和天线增益

对任何一种干扰,无论从提高引信工作时的信干比,还是从抗干扰功率准则出发,增加引信发射功率和天线增益,都是提高引信抗干扰性能行之有效的方法。信干比和干扰引信所需的最小功率,都与引信发射功率成正比;当收发天线增益相同或采用收发共用天线时,与天线增益二次方成正比,因此,发射功率能提高多少分贝,那么引信就可以在抗干扰上获得多少分贝的收益、提高增益获得的效果更大。此外,由于增益与天线波束宽度成反比关系,因此,提高天线增益也是提高引信方位选择能力的重要方法之一。其技术措施有:

(1)利用功率合成技术提高发射机功率;

(2)采用频谱扩展技术,利用提高平均功率的方法获得较大的信干比;

(3)采用脉冲和脉冲多普勒引信体制,使引信获得较大的峰值功率;

(4)采用低旁瓣、高效率的窄波束锐方向性天线技术;

(5)采用波控技术,既可使引信天线具有波束窄增益高的特点,同时也使波束具有按交会姿态自动调整的特点。

四、提高引信距离和速度选择能力

从抗干扰出发,要求引信具有良好的锐截止距离和速度特性,依据这种特性使引信对预定

距离和速度范围之外的信号具有较强的抑制作用。因此，具有这种特性的引信不仅可以区分像金属箔条这样的消极干扰，同时也可消除预定距离之外的所有背景干扰。另外，利用引信的距离截止特性还可以消除转发式干扰。这是因为任何转发干扰，相对目标的反射信号都有一定延时（没有延时的转发，只能起增强目标反射截面的作用），当转发延时后的距离，在引信预定距离（又称截止距离）之外时，由于距离截止特性的作用，转发干扰失去作用。

引信的距离截止特性，是引信对来自预定距离（速度）范围之外信号抑制能力的全面描述。图 3-10 给出了绝对和非绝对，以及模糊和不模糊的距离截止特性。

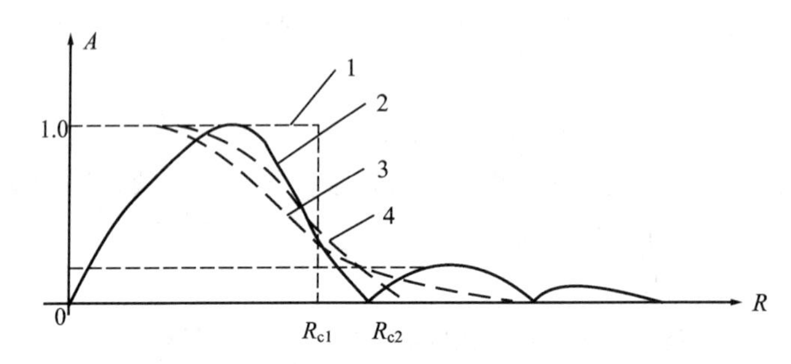

图 3-10　引信距离截止特性不同时，引信接收机相对输出（A）与距离（R）关系

R_{c1}—理想的绝对截止对应的截止距离；R_{c2}—非理想的绝对截止对应的截止距离；

1—理想的绝对截止；2—模糊的截止特性；3—单调的非绝对截止；

4—非理想的绝对截止

理论分析和试验均已证明，引信的距离和速度截止特性与发射机的调制波形有关，对调制波形进行优化设计可以获得良好的甚至是理想的距离（速度）截止特性。

1.特殊波调频引信

特殊波调频引信的原理如图 3-11 所示，它是调制波形优化设计的典型例子。

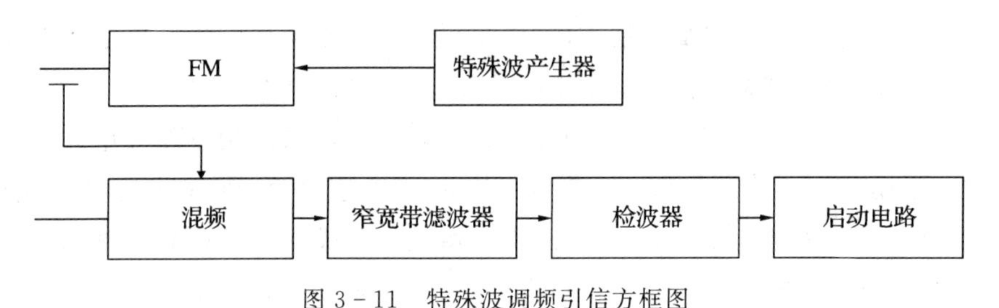

图 3-11　特殊波调频引信方框图

调制波形是利用计算机做反推计算导出的。为得到图 3-12 (c)所示的较理想截止特性，首先根据确定的滤波特性[见图 3-12 (b)的 M 曲线]，然后采用优选法确定引信混频后的差频谱，如图 3-12 (a)所示。

为获得这样的谱，经反推计算得出引信发射机的发射调制波形如图 3-12(b)所示。

数学表达式为

$$u_{(t)}=b\left(1-\frac{2t}{\tau_0}\right)^{\frac{1}{2}}\times\sum_{N=-\infty}^{\infty}\delta(t-NT_0) \tag{3-60}$$

式中：b ——调制脉冲幅度；

τ_0 ——调制脉冲宽度；

T_0 ——调制脉冲周期。

这种引信在目标反射下工作时，混频后的差频信号谱如图 3－12（a)所示。该频谱随弹目接近由较高频率向低频移动。在引信最大作用距离上，频谱的最大值恰落入窄带滤波器的中心频率上，因此输出信号突然增大(在此之前为零)，随交会时弹目距离接近，频谱最大值移至较低频率，窄带滤波器中只存在幅度较低的频率分量。然而，由于距离接近，信号幅度增强，增强的程度恰好补偿频谱下移时幅度下降程度，故滤波器的输出值几乎维持不变，直至目标接近零的距离上。由于频谱压缩，最高频率分量已低于窄带滤波器频率，滤波器的输出很快变为零，从而得到图 3－12（c)所示接近理想的接收机相对输出距离截止特性。

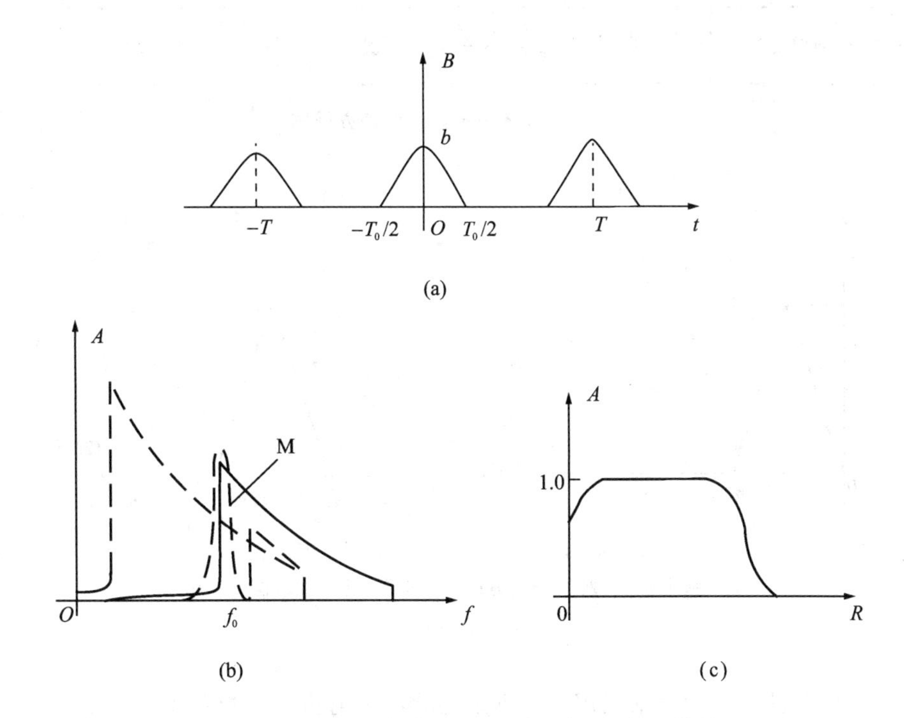

图 3－12　特殊波调制波形、差频谱和接收机输出特性图

(a)差频频谱图；(b)调制波形；(c)接收机相对输出的距离截止特性；

M—滤波器特性图；f_d—滤波器下限截止频率；A—接收机相对输出功率；

b—调制波形的幅度；T_0—调制波形脉冲宽度；T—调制波形周期

单片微机的发展，使特殊波的产生成为可能。在非模糊的范围内，这种引信可得到近于绝对截止的距离特性。然而，由于调制波形的周期性，用这种方法获得的截止特性仍是模糊的。为获得不模糊的距离截止特性，必须采用非周期的随机噪声调制波形。

在随机噪声调频引信系统设计中，通过对调制噪声谱密度的设计，不仅可得到不模糊的距离截止特性，还可得到绝对的距离截止特性。

2.脉冲多普勒引信

脉冲多普勒引信既具有良好的距离截止特性，又具有良好的速度分辨能力。图 3－13 和图 3－14 是脉冲多普勒引信的方框图和距离截止特性图。

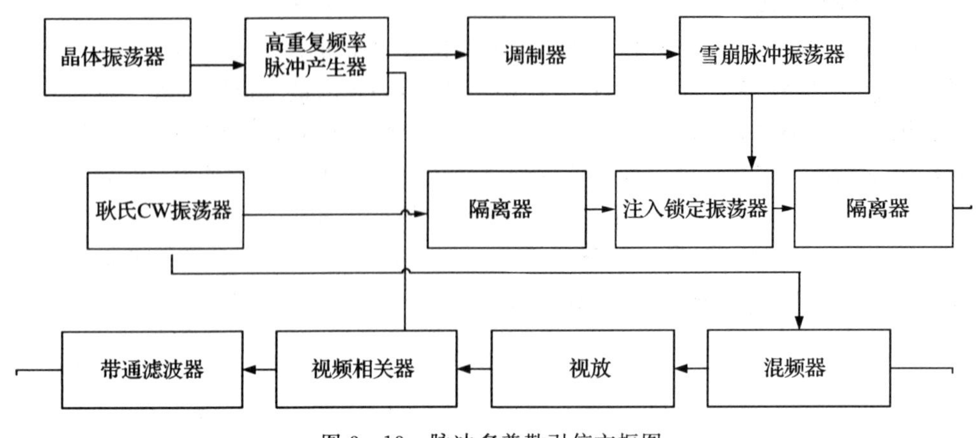

图 3-13 脉冲多普勒引信方框图

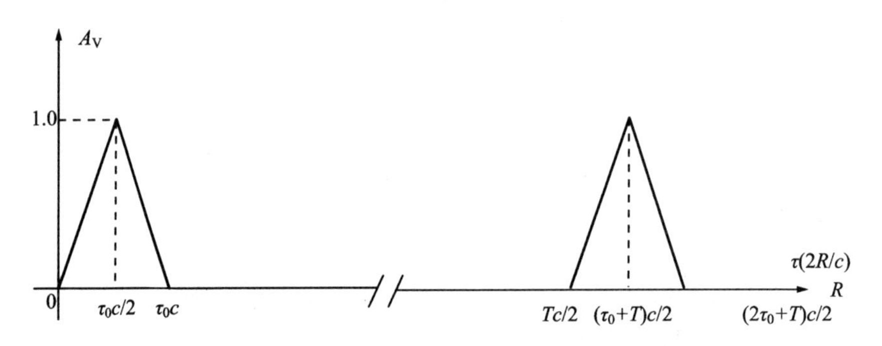

图 3-14 脉冲多普勒引信距离截止特性图

T —脉冲重复周期；c —光速；A_V —引信接收机相对输出功率；

τ_0 —脉冲宽度；R —距离

图 3-14 的脉冲多普勒引信系用注入锁定的脉冲发射机及稳定的 CW 本振信号，在混频后获得相干视频信号。该信号在相关器中，同适当延时的视频脉冲进行相关处理后，送入多普勒滤波器，经滤波获得多普勒信号输入引信启动电路。其抗干扰的主要特点是：

(1)可同时获得距离和速度分辨特性。

(2)可以获得较大的峰值功率。

(3)在采用纳秒脉冲时，相关函数类似狄拉克函数，不仅有良好的距离截止特性，而且基底为零。

(4)采用相关接收技术，即使在较低的输入信干比条件下，仍可获得较高的输出信干比。

脉冲多普勒引信的不足之处，是为避免速度测量的模糊性，必须采用高重复频率，致使引信的模糊距离小，抗干扰性能下降。

3.伪随机码引信

伪随机码引信原理如图 3-15 所示。

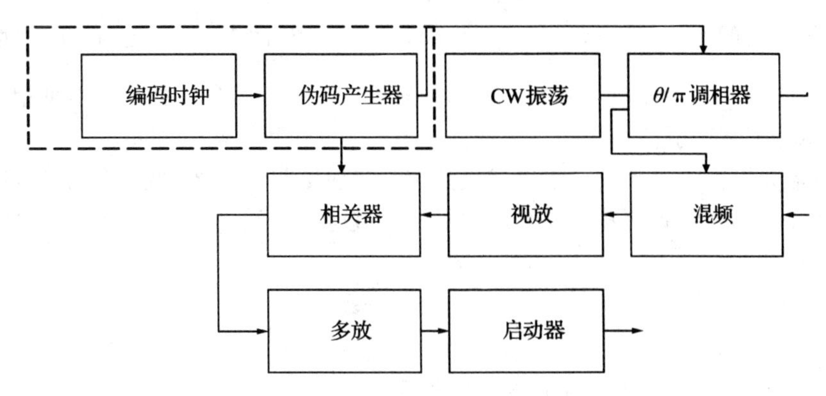

图 3-15　伪随机码引信原理图

系统用伪随机码对连续波进行 θ/π 调相获得发射信号，经目标反射后的信号，在混频器中同 CW 本振信号差拍获得二重相位编码的多普勒信号，然后在相关器中，同本地码进行相关处理和多普勒滤波获得需要的多普勒信号。相关器的输出，包括相关的多普勒成分和不相关的编码成分，它们在滤波器中被分离出来，仅当回波延时和本地码延时完全相同时，相关器输出的不相关部分才为零，相关多普勒最大；当二者延时不同时，随延时增大，相关幅度减小，不相关成分增大。当延时相差一个码元宽度时，相关分量为零，不相关分量最大。这些分量在滤波器中予以清除。这种相关作用建立了如图 3-16 所示的引信距(矩)离律特性。

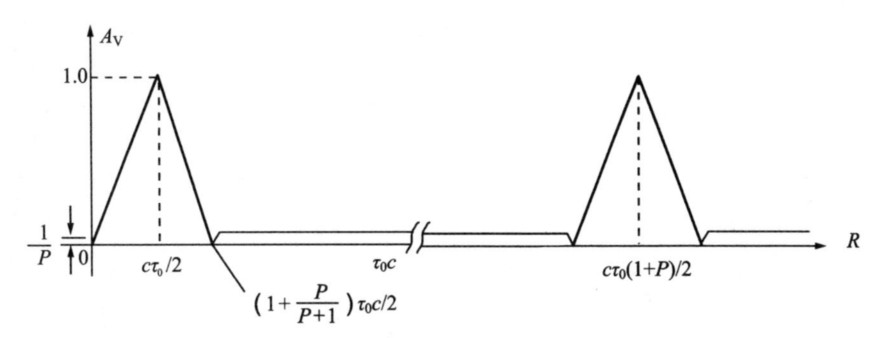

图 3-16　伪随机码引信的相关器输出特性(未涉及雷达方程因子)

τ_0 —码元宽度；P —码长；c —光速；R —弹目距离；

$\frac{1}{P}$ —相关器输出的基底；A_V —相关器相对输出功率

伪随机码引信的抗干扰特点有：

(1)用适当长的码长 P，可在相当大的距离内获得不模糊的距离测量。

(2)利用小的码元宽度可得到好的距离分辨率，且可得到一定的速度分辨能力。

(3)自相关函数具有类似狄拉克函数的特征，因此具有良好距离截止特性。

(4)采用相关接收技术，对杂波干扰具有较强的对抗能力。

(5)便于控制和调整引信参数。

例如，编码时钟、编码类型、本地码延时等均易于按指令控制。这种控制使引信在抗干扰上获得许多新特性。

伪随机码引信的不足，是距离截止特性的基底不为零，而由 $\frac{1}{P}$ 决定，而 P 的增大往往受最高多普勒频率限制。因此位于非相关区的强转发干扰和强背景干扰仍可能使引信“早炸”。

为克服脉冲多普勒引信和伪随机码引信的不足，可采用伪码和脉冲多普勒引信复合调制引信技术，以增大模糊距离和减小距离截止特性的基底影响。总之，为提高引信的距离截止特性，各种特殊波和几种调制信号的复合调制引信是值得研究的。

习　题

1.防空导弹引信技术抗干扰措施和手段有哪些？
2.防空导弹引信抗干扰重要性如何体现？
3.引信工作特点对干扰与抗干扰的影响有哪些？
4.无源干扰如何分类？各自有什么特点？
5.有源干扰如何分类？各自有什么特点？
6.引信抗干扰性能评定准则有哪些？

第四章　连续波多普勒引信

连续波多普勒无线电引信是无线电引信的一种，它是利用弹目接近过程中电磁波的多普勒效应工作的无线电引信。这种引信是最早使用的一种无线电引信，第二次世界大战期间在防空导弹上得到广泛应用。这种引信具有结构简单、体积小、成本低等特点。本章主要介绍连续波多普勒引信的基本概念、特点、类型以及工作原理。

第一节　多普勒无线电引信的探测原理

一、多普勒效应及多普勒频率

（一）多普勒效应

连续波多普勒引信是非调制连续波体制的主动型无线电引信的简称。它的工作原理是依弹目相对运动时必然存在的电磁波多普勒效应。当发射机与接收机之间存在相对运动时，接收机接收到的振荡信号频率与发射机发出的振荡信号频率存在个频率差，这种现象称为多普勒效应。这一频率差称为多普勒频率。其表达式为当防空导弹和目标存在相对运动时，有如下两种情况：

（1）相向运动：接收的频率 $f_j >$ 振荡源的频率 f_0。

（2）背向运动：接收的频率 $f_j <$ 振荡源的频率 f_0。

也可以描述为：

（1）距离变小时，接收的频率 $f_j >$ 振荡源的频率 f_0。

（2）距离变大时，接收的频率 $f_j <$ 振荡源的频率 f_0。

需要说明的是，两者的相对运动是指有径向运动。也就是说，两者的距离必须有变化，即必须有接近速度。如果两者相对做圆周运动，虽然存在相对运动，但两者之间的距离没有变化，接近速度为零，那么不存在多普勒效应。

（二）主动式多普勒引信基本原理

对于主动式多普勒频率而言，发射信号频率与目标反射的回波信号频率不同，而且存在二次接收的过程，即发射信号先被目标接收——属于第一次接收，然后目标反射信号相当于目标是发射机，被引信的接收机所接收——属于第二次。这导致发射信号与目标反射频率的差频多了 2 倍的关系，如图 4 - 1 所示。

上面包括两个过程：导弹发射频率 f_0，目标接收频率 f_1；目标发射频率 f_1，导弹接收频率 f_2。

多普勒频率 f_d：

$$f_d = f_2 - f_0 \tag{4-1}$$

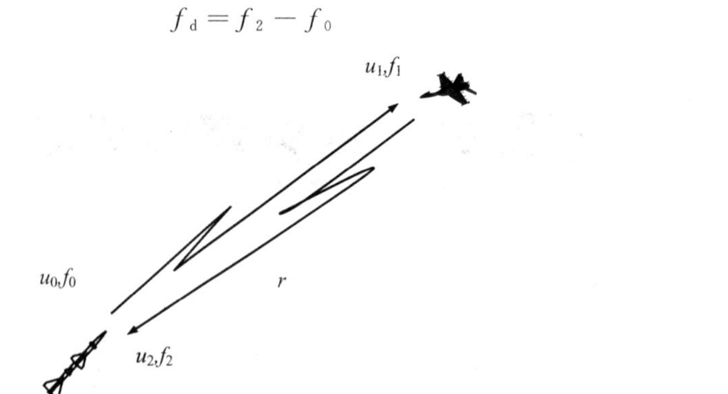

图 4-1　二次接收示意图

假设发射机发射出去的电磁波为正弦信号：

$$u_0(t) = u_0 \sin(\omega_0 t + \varphi_0) \tag{4-2}$$

式中：u_0——发射信号振幅；

ω_0——发射信号角频率；

φ_0——初始角相位。

一次接收信号为 $u_1(t)$：

$$u_1(t) = u_1 \sin\left[\omega_0\left(t - \frac{r}{c}\right) + \varphi_0\right] \tag{4-3}$$

式中：c——光速；

u_1——发射信号振幅；

r——弹目距离；

φ_0——初始角相位。

一次接收信号角频率 ω_1 为

$$\omega_1 = \frac{\mathrm{d}}{\mathrm{d}t}\left[\omega_0\left(t - \frac{r}{c}\right) + \varphi_0\right] = \omega_0 - \frac{\omega_0}{c}\frac{\mathrm{d}r}{\mathrm{d}t}$$

因为 r 越来越小，即 $\frac{\mathrm{d}r}{\mathrm{d}t} < 0$，则有

$$\frac{\mathrm{d}r}{\mathrm{d}t} = -V_j$$

所以：

$$\omega_1 = \omega_0 + \frac{\omega_0}{c}V_j = \omega_0\left(1 + \frac{V_j}{c}\right) \tag{4-4}$$

同理，二次接收信号角频率 ω_2 为

$$\omega_2 = \omega_1\left(1 + \frac{V_j}{c}\right) = \omega_0\left(1 + \frac{V_j}{c}\right)^2 = \omega_0 + \frac{2\omega_0}{c}V_j + \omega_0\frac{V_j^2}{c^2} \tag{4-5}$$

由于 $c \geqslant V_j$，故第三项可以忽略，则

$$\omega_2 = \omega_0 + \frac{2\omega_0}{c}V_j \tag{4-6}$$

$$f_2=f_0+\frac{2f_0}{c}V_j=f_0+\frac{2V_j}{\lambda_0} \tag{4-7}$$

多普勒频率 f_d：

$$f_d\ \frac{2V_j}{\lambda_0}=\frac{2V_r}{\lambda_0}\cos\alpha \tag{4-8}$$

这导致发射信号与目标反射频率的差频多了 2 倍的关系，为

$$f_d=\frac{2V_j}{\lambda_0}=\frac{2V_r\cos\alpha}{\lambda_0} \tag{4-9}$$

式中：V_r ——弹目相对速度；

V_j ——弹目接近速度；

α ——弹目相对速度与弹目连线之间的夹角；

λ_0 ——引信发射信号工作波长。

二、多普勒频率与弹目距离的关系

由式(4－9)可以看出，如果发射信号频率一定，多普勒频率随引信与目标的接近速度 V_j 的变化而变化，而 V_j 又取决于弹目的速度及弹目交会条件，因此多普勒频率的变化可以反映弹目接近速度信息和方位信息。

根据第一章我们在弹目交会图已经推导得出：

$$f_d=\frac{2}{\lambda_0}\sqrt{V_M^2+V_T^2-2V_MV_T\cos q}\sqrt{1-\left(\frac{\rho}{r}\right)^2} \tag{4-10}$$

在一次具体的拦截过程中，上式中的 V_M、V_T、λ_0 和 q 都是一定的，f_d 仅取决于弹目距离 r 和脱靶量 ρ。当弹目距离很远时，即 $r\gg\rho$ 时，多普勒频率最大，可表示为

$$f_{dmax}=\frac{2}{\lambda_0}\sqrt{V_M^2+V_T^2-2V_MV_T\cos q} \tag{4-11}$$

于是式(4－11)可改写成

$$f_d=f_{dmax}\sqrt{1-\left(\frac{\rho}{r}\right)^2} \tag{4-12}$$

可见，多普勒频率 f_d 与引信工作频率 f_0、导弹及目标的速度 V_M 和 V_T、交会角 q 以及 ρ/r 有关。

多普勒频率随弹目距离的变化情况如图 4－2 所示。

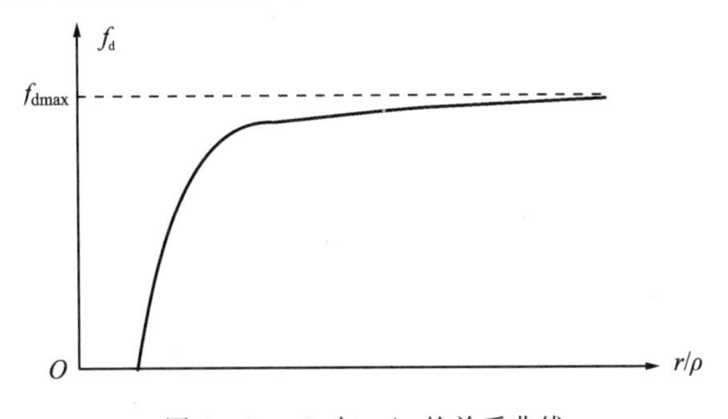

图 4－2　f_d 与 r/ρ 的关系曲线

由图 4－2 可以看出：

当 $r > 2\rho$ 时，f_d 变化很小，并趋近于 f_{dmax}；

当 $r < 2\rho$ 时，f_d 下降很快；

当 $r = \rho$ 时，$f_d = 0$。

当弹目之间的距离由最近（$r = \rho$）继续增大时，f_d 也由零开始增大。因此，在 $r = \rho$ 附近 f_d 有急剧的变化，变化最大的区间在 $r < 2\rho$ 范围内。

利用上述多普勒频率变化的规律，通过选择多普勒频率可以控制引信起爆时弹目间的相对位置。换句话说，利用多普勒频率信息，可判别导弹的脱靶点位置，在相对速度比战斗部破片速度低得多的情况下，获得起爆战斗部的最佳位置。

三、弹目接近过程多普勒频率的变化规律

大多数无线电近感引信都利用了多普勒频率信息，例如连续波多普勒引信、调频多普勒引信、脉冲多普勒引伪码调相多普勒引信等。连续波多普勒引信具有以下特点：

（1）在引信工作的条件下，目标不能视为点目标，因此多普勒信号是具有一定宽度的频谱而不是单一频率的信号。多普勒信号的频谱特性取决于天线参数、目标类型及交会条件等。

（2）弹目交会时振幅与弹目距离的二次方成反比，由于弹目交会时弹目距离逐渐变小，因此振幅逐渐变大。

（3）弹目交会时弹目距离逐渐变小，则多普勒频率逐渐变小，且 $r < 2\rho$ 时变化剧烈。

（4）弹目交会时信号持续时间与目标几何尺寸成正比，与弹目相对速度成反比，与天线波瓣宽度成正比；

（5）与引信辐射功率成正比。

四、连续波多普勒引信基本原理

利用多普勒信号变化规律，通过选择多普勒频率、幅度或持续时间可以控制引信起爆时弹目间的相对位置。

1.幅度定位多普勒引信

幅度定位多普勒引信原理框图如图 4－3 所示。利用多普勒幅度变化规律，通过选择多普勒幅度可以控制引信启动时弹目相对位置，即利用多普勒幅度信息，判别导弹的脱靶点位置。多普勒幅度最大时即为最佳起爆位置，在相对速度比破片速度低得多的情况下，接近脱靶点就是起爆战斗部的最佳位置。

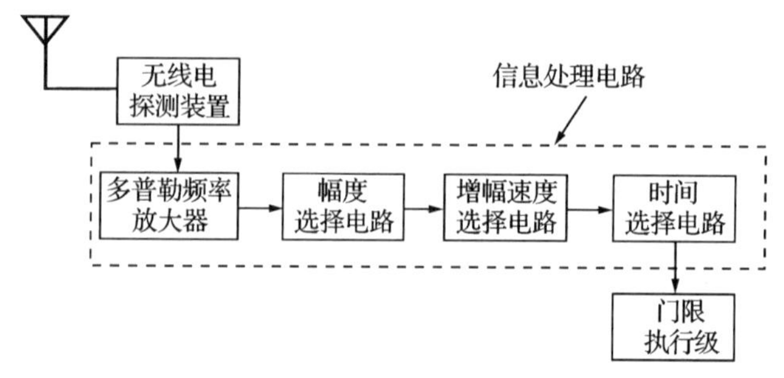

图 4－3　幅度定位多普勒引信原理框图

其缺点：目标大小和形状的变化都可能引起启动点的变化。

2.频率定位多普勒引信

频率定位多普勒引信原理框图如图 4－4 所示。利用多普勒频率变化规律，通过选择多普勒频率可以控制引信启动时弹目相对位置，即利用多普勒频率信息，可判别导弹的脱靶点位置。在相对速度比破片速度低得多的情况下，接近脱靶点就是起爆战斗部的最佳位置。

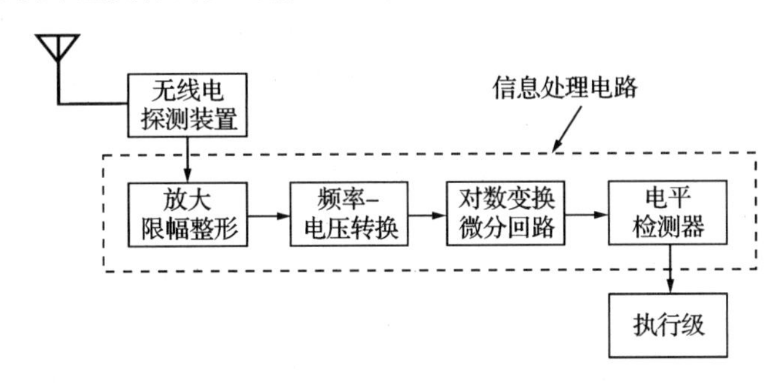

图 4－4　频率定位多普勒引信原理框图

大多数无线电近感引信都利用了多普勒频率信息，如连续波多普勒引信、调频多普勒引信、脉冲多普勒引信、伪码调相多普勒引信。

第二节　主动式连续波多普勒引信

主动式连续波多普勒体制有超外差外差式和自差式。自差式是指接收和发射系统共用作为探测装置，收发天线通用。外差式是指发射和接收系统独立，收发天线分离。

一、外差式连续波多普勒引信工作原理

1.组成

外差式主动连续波多普勒引信基本组成是连续波发射机、发射天线、定向耦合器、接收天线、高频放大器、混频器、带通放大器、信号处理器和执行级等。外差式主动连续波多普勒引信的原理方框图如图 4－5 所示。

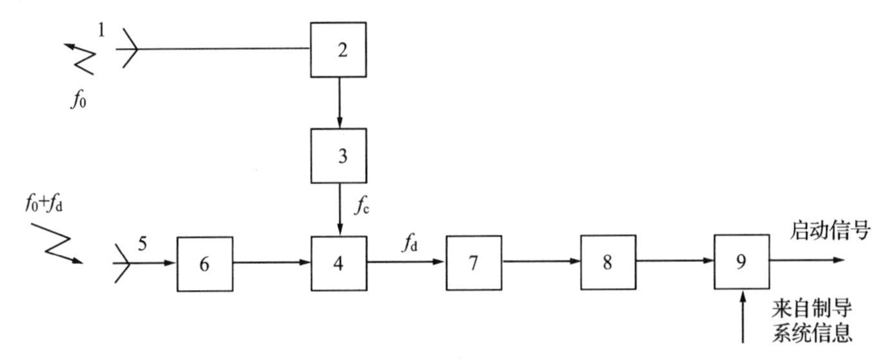

图 4－5　外差式连续波多普勒引信原理方框图

1—发射天线；2—连续波发射机；3—定向耦合器；4—混频器；5—接收天线；6—高频放大器；7—多普勒带通放大器；8—信号处理器；9—启动指令产生器

2.结构特点

发射机和发射天线构成发射系统，混频器和接收天线构成接收系统，发射机提供发射信号同时提供一部分能量作为本振信号，因此二者有功能上的联系。发射与接收系统在结构上是各自独立的。

3.工作原理

发射机频率为 f_0 的射频振荡信号，通过发射天线向目标辐射，从目标反射的回波信号被接收天线接收，其频率为 f_0+f_d，该信号通过滤波器被预先选频，与来自定向耦合器的部分发射信号(称为本振信号)一起加到混频器中，经混频、检波和滤波，便得到本振信号与回波信号的差频信号，即多普勒信号。此信号加到带通放大器，进行放大并选择所需的多普勒频率信号，而后加到信号处理器，进行频域、时域和振幅处理，获得必需的弹目交会信息，与来自制导系统的有关信息(如相对速度、脱靶量及脱靶方位等)一起加到执行级，产生最佳起爆信号，经安全执行机构引爆弹丸或战斗部。图 4-6 为对地多普勒引信工作原理波形图。其混频器输出的多普勒信号幅度随弹目距离接近而增加，当达到预定电压 U_{d0} 时，引信就输出起爆信号。U_{d0} 定义为低频启动灵敏度。

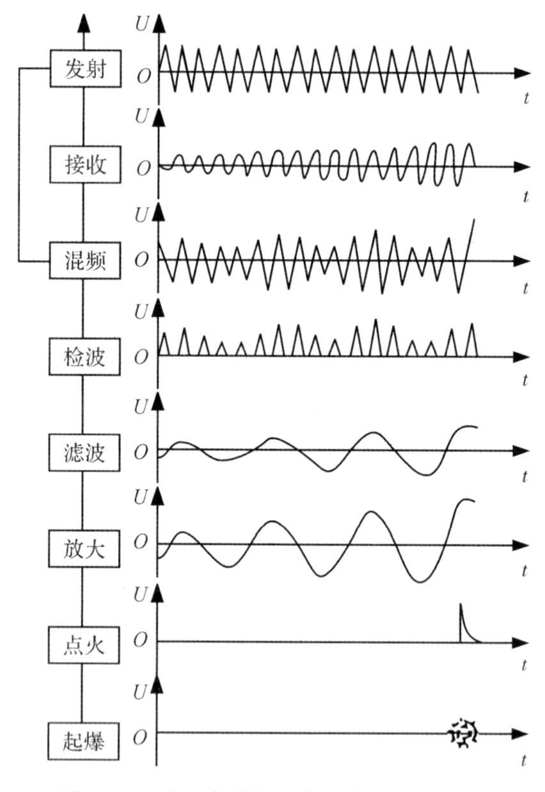

图 4-6　对地多普勒引信工作原理波形图

4.外差式多普勒引信作用距离公式

拦截空中目标时，假设目标为点目标，则外差式多普勒引信作用距离公式为

$$R_0=\sqrt[4]{\frac{P_t\lambda^2D_tF_t^2(\varphi)D_rF_r^2(\varphi)\sigma}{64\pi^2P_s}} \tag{4-13}$$

式中：P_t ——引信的辐射功率；

D_t ——发射天线方向性系数；

$F_t(\varphi)$ ——发射天线方向性函数；

D_r ——接收天线方向性系数；

$F_r(\varphi)$ ——接收天线方向性函数；

σ ——目标的雷达截面积；

P_s ——接收机功率灵敏度：即引信执行级动作，混频器输入端所需的最小功率；

φ ——目标方向角。

R_0 显然是 φ 的函数，不同的 φ 角对应不同的作用距离。如果用低频启动灵敏度 U_{d0} 表示作用距离：

$$U_{d0}=K_{CM}\sqrt{P_s} \tag{4-14}$$

其中系数 K_{CM} 可由实验确定，则式(4－13)变为

$$R_0=\sqrt[4]{\frac{P_t\lambda^2 D_t F_t(\varphi)D_r F_r^2(\varphi)\sigma K_{CM}^2}{64\pi^3 U_{d0}^2}} \tag{4-15}$$

二、自差式连续波多普勒引信工作原理

1.组成

自差式主动连续波多普勒引信主要包括自差收发机、带通放大器、信号处理器和执行级，其原理方框图如图 4－7 所示。

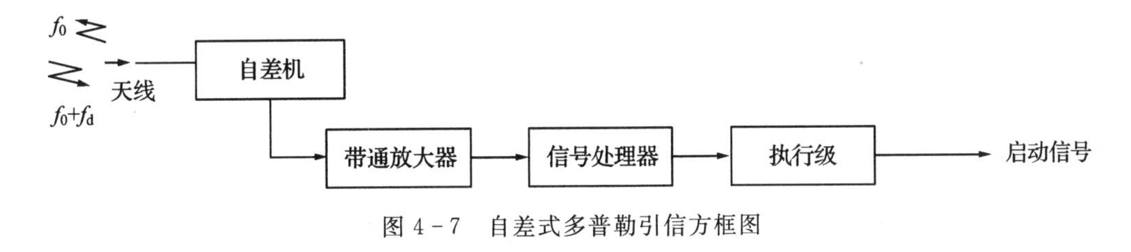

图 4－7　自差式多普勒引信方框图

2.结构特点

由于引信的炸点距目标较近，目标对引信反射信号与对雷达的相比要强得多，故可采用低灵敏度(毫伏级)的接收机，低灵敏度接收机对混频器性能要求不高。为了减少元件、简化线路，可以使发射系统与接收系统共用。这样的接收-发射机称为自差收发机或自差机。

3.工作原理

发射系统和接收系统共用，确切地说是振荡器与混频器共用。从发射角度看，它是振荡器；从接收角度看，它是自激式混频器。用这种观点看自差机，它的工作原理与外差式完全一样。

如果把自差机看作振荡器加检波器，自差机振荡时在天线上产生电动势 E_A（见图4－8）。相距为 r 的目标反射信号在天线上引起附加的电动势 e_A，e_A 与 E_A 之间的相位差取决于距离 r，并且在自差机与目标接近过程中，当 r 改变值 $\Delta r=\frac{\lambda}{2}$ 时，该相位差改变 2π（此时全部波程变化为 λ）。因此，e_A 与 E_A 之间的相位差在弹目接近过程中周期变化，同时，引起天线中的电流以相同频率周期变化。这种周期变化便产生了原有振荡的周期。其调制频率即是多普勒

频率，通过检波得到多普勒信号。

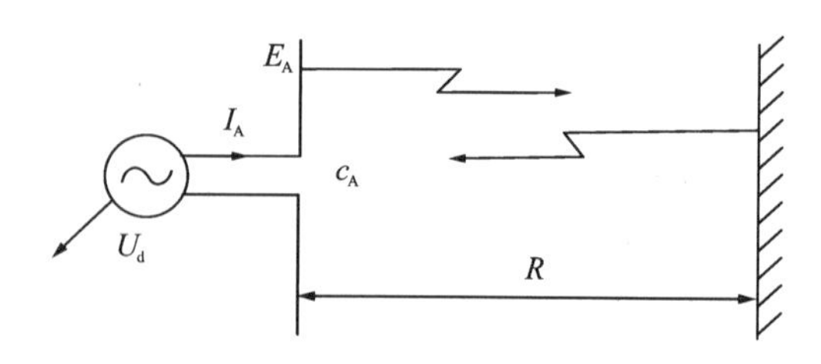

图 4－8　自差式多普勒引信与目标相互作用

4.自差式多普勒引信作用距离公式

对空中目标射击，假设目标为点目标，则自差式多普勒引信对目标作用距离公式为

$$R_0 = \sqrt[4]{\frac{S_A \lambda^2 D F^2(\varphi)\sqrt{\sigma}}{4\pi\sqrt{\pi}U_{d0}}} \tag{4-16}$$

式中：S_A——引信高频灵敏度，S_A 定义为

$$S_A = U_{dm} / \frac{\Delta R_{\Sigma}}{R_{\Sigma}} \tag{4-17}$$

式中：U_{dm}——自差机输出的有用信号幅值；

R_{Σ}——天线辐射电阻；

ΔR_{Σ}——天线辐射电阻变化量。

三、主动式连续波多普勒引信特点

(1)防空导弹引信常用外差式，常规弹药引信常用自差式。超外差式在引信中不常用，主要是线路结构复杂，发射机对接收泄露引起的中频放大器饱和问题难于克服。另外，由于防空导弹引信是近程雷达(作用距离仅几米至几十米)，因此没必要采用灵敏度较高但结构复杂的超外差接收机。外差式连续波多普勒引信线路结构简单，又有较高的接收机灵敏度(与自差式相比)，因此防空导弹很早就采用这种引信，如苏联的 SAM－2 防空导弹和我国的两种防空导弹都采用了外差式主动连续波多普勒引信。

(2)连续波多普勒引信难于得到距离信息，距离截止特性较差，低空工作性能和抗干扰能力也都较差。此外，发射信号通过导弹蒙皮反馈到接收系统的泄露信号影响较大，可能导致误爆。因此，在较高级的防空导弹中已较少采用连续波多普勒体制。

习　　题

1.什么是多普勒效应？

2.简述主动式多普勒引信基本原理。

3.简述多普勒频率随弹目距离的变化情况。

4.弹目接近过程多普勒频率的变化规律是什么？

5.简述连续波多普勒引信基本原理。

6.主动式连续波多普勒体制有哪些类型？

第五章 调频引信

调频引信是指利用频率调制原理制造的导弹引信，其主要特点是目标发射信号与发射信号同时加到接收机的混频器上，由于发射信号对发射信号在时间上有延迟，接收机接收到的发射信号的频率与发射信号的频率有差异，经混频后产生反映导弹和目标距离信息的差频信号，进而确定导弹和目标之间的方位，当目标进入预定范围时，起爆战斗部。本章主要介绍调频引信发展概况、调频系统信号分析方法、调频测距引信原理以及调频多普勒引信原理。

第一节 调频引信概述

连续波多普勒引信若无任何调制，则无法获得距离信息，也难于解决发射系统泄漏对接收系统的影响，同时耐振性也较差，所以在20世纪50年代以后，国内外都大力开展了调频引信的研制工作，如美国早期的“波马克”地空导弹采用了正弦调频边带引信，法国的“马特拉530”空空导弹采用正弦调频宽带引信，法国与德国联合研制的“罗兰特”采用了特殊波调频引信，以色列的“美洲虎”空空导弹采用了多调制频率的正弦波调频边带引信。我国在20世纪60年代以来，研制的几种地空导弹型号中也采用了正弦调频边带引信。

调频无线电引信是一种发射信号频率按调制信号规律变化的等幅连续波无线电引信。图5-1为调频无线电引信原理方框图。

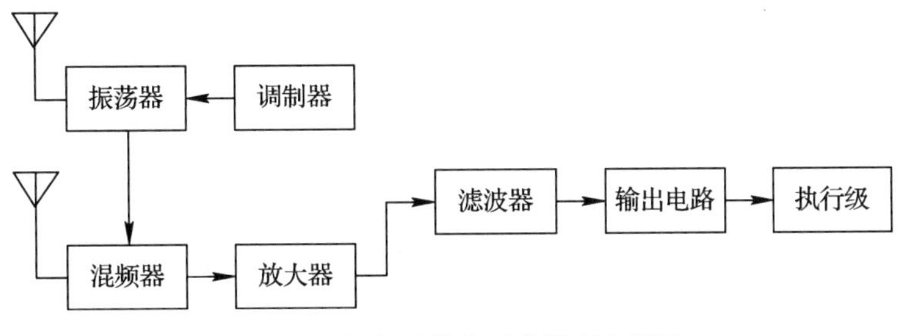

图5-1 调频无线电引信原理方框图

该调频系统发射信号的频率是时间的函数，在无线电信号从引信发射到遇目标后返回这段传播时间内，发射信号已经发生了变化，于是导致回波信号频率与发射信号频率不同。两者之间差值的大小与引信到目标间的距离有关，测定其频率差，便可得到引信到目标的距离。这种测距方法称为调频测距。它在连续波雷达和无线电调频高度表等领域内得到广泛的应用。但对无线电引信来说，应用这种原理时，还要考虑到引信本身的特点，这些特点是：

(1)引信的作用距离小。用调频测距时,所测得的距离是离散的,而不是连续的。这种测距的离散性将引起与距离无关的固定误差,此误差对普通雷达来说,其相对值甚小,因此可以忽略,但对调频引信来说,因其作用距离小,相对值就比较大。当调频测距的离散性与引信的作用距离可以比拟时,这就造成引信工作的"盲区",即存在作用距离的下限,弹目间距离小于此下限时,引信就无法测距。因此,在选择调频引信的参数时应该尽可能缩小此"盲区"。

(2)弹目之间存在着高速的相对运动,由于多普勒效应使目标的回波信号产生一个多普勒频移,这将严重影响引信的精度。因此,在选择引信参数时,必须尽可能降低多普勒频率的影响。

(3)目标的轮廓尺寸可以与引信作用距离相比拟时,目标上不同的部位到引信的距离相对地说相差很大,从而使引信接收机混频器输出的差频有一个散布。在设计接收机的放大器通带时,必须考虑差频的这种散布。

对调频系统所获得的信号采用不同方式进行处理,可以设计出各种不同类型的调频引信。常见的有调频测距引信、调频多普勒引信和调频比相引信等。

防空导弹中,采用的调频引信有以下四种基本类型。

一、三角波或锯齿波线性调频测距引信

发射机被三角波或锯齿波线性调频,通过测量目标回波信号频率与发射信号频率间的频差 f_R,测量弹目之间的距离 R,计算式为

$$R = \frac{c f_R}{4 \bar{W} F_M} \tag{5-1}$$

式中:F_M ——调制频率;

$\bar{W}$ ——调频频偏;

c ——光速。

由于目标通过引信波束的距离,在很大的范围(从几米到几十米)内变化,接收机通带较宽,为了保证测距精度,调制指数要求较大,故而寄生调幅也较大,易产生误动作信号,所以在防空导弹中基本上不再采用。

二、正弦调频多普勒边带引信

发射机被正弦波调频,在接收机中目标回波信号与部分发射信号混频,其输出包含多普勒频率信号及调制频率各次谐波加减多普勒频率的边带信号,选取其中一个边带进行窄带放大,在第二混频器中与调制频率的倍频信号进行混频,就可获得目标的多普勒信号,这种体制可消除发射机泄漏的影响,需要的调制指数较小,有一定程度的距离截止性能,有较好的耐振性能和低噪声性能。线路结构简单,因此以这种体制为基础的引信在防空导弹中得到了广泛的应用。

三、多调制频率的正弦调频边带引信

多个不同频率的正弦波经幅度加权相加后,对发射机进行调频,在接收机中回波信号与部分发射信号混频,其输出信号加到中心频率为调制频率某次谐波的窄带放大器中放大,在二次

混频器中获得多普勒信号，这种引信的基本特点如二所述，但由于采用了多个调制频率及不同的调制指数对发射信号进行调频，与单个正弦波调制频率的调频引信比，它有较尖锐的距离截止特性，并有较好的抗干扰性能和低空工作性能。国产防空导弹中多数采用了这种体制的引信。

四、特殊波调频引信

这种引信的调制信号不是通常的正弦波或三角波，而是特殊的波形，如“罗兰特”导弹引信采用的调制波形，在一个周期内为

$$u(t)=K\mathrm{e}^{\left(\frac{\pi\Delta F}{T}\right)t^2} \tag{5-2}$$

式中：$u(t)$ ——调制电压；

K ——幅度常数；

ΔF ——调频频偏；

T ——调制周期。

这种体制的优点是引信有良好的距离截止特性，在大于 20 m 的弹目距离上，距离衰减特性下降至－30 dB。由于采用了恒虚警电路处理和警戒支路通道，引信具有抗转发欺骗和杂波阻塞干扰的能力，以及良好的低空工作性能。

美国的一种防空导弹用特殊波调频引信，调制信号为指数曲线，数学计算证明以 $t^{2/3}$ 上升或下降的调制波形，可获得接近理想的振幅-距离特性，如图 5－2 中的曲线 a 所示。

为便于实现，具体装置中选择了 $t^{1/2}$ 上升或下降的调频波形，即在一个调制周期 T_{m} 内，发射机频率先随 $t^{1/2}$ 上升，而后随 $(T_{\mathrm{m}}-t)^{1/2}$ 下降，可获得接近于理想的振幅-距离特性，如图 5－2中曲线 b 所示。

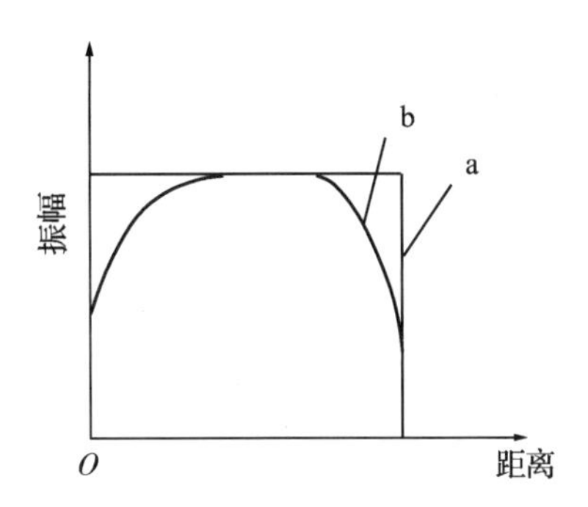

图 5－2 美国某特殊波调频引信振幅-距离特性

a—理想的振幅-距离特性；b—特殊波调频引信的振幅-距离特性

从图 5－2 可见，它具有尖锐的距离截止特性和较小的信号振幅动态范围，有很强的抗干扰能力，特别是抗转发式干扰的能力。

以上四种调频引信实际上是两种基本形式，一种是以正弦波调制为基础的调频引信，一种是以各种特殊波调制为基础的引信。由于前者构造较简单且易于实现，得到了广泛应用，后者有较前者更好的距离截止特性，与窄脉冲引信比较易于实现，特别是在毫米波段，由于不需要毫米波高速调制器件，所以易于实现。

第二节　调频系统信号的分析

信号是运载信息的工具，电路是对信号进行某种加工处理的具体结构，系统则是信号所通过的全部电路。因此系统必须满足给定的信号形式与传输处理的要求而具有相应的功能和传输特性。为了实现系统的功能与特性，则要求电路具有一定的结构与参数。因此在研究调频系统之前，必须首先对其信号进行分析。

一、差频信号的频谱分析

引信所发射的信号不包含任何有关目标的信息，目标的信息是在发射信号被目标反射的过程中获得的，因而它只包含在反射信号内，通常称反射信号为回波信号。调频引信一般是从回波信号与发射信号混频后所得到的差频信号中提取目标信息的，因此，着重分析差频信号的频谱。

下面讨论正弦调制下的情况。这时调频信号的频率按以下规律变化：

$$\omega=\omega_0+\Delta\omega\cos\Omega t \tag{5-3}$$

式中：ω_0——未调时的角频率；

$\Delta\omega$——调频波的角频偏；

Ω——调制信号角频率。

振荡器电压的相位是

$$\begin{aligned}\varphi&=\int_0^t\omega\,\mathrm{d}t\\&=\int_0^t(\omega_0+\Delta\omega\cos\Omega t)\,\mathrm{d}t\\&=\omega_0 t+\frac{\Delta\omega}{\Omega}\sin\Omega t\end{aligned} \tag{5-4}$$

而引信的发射信号为

$$u_{\mathrm{t}}=U_{\mathrm{tm}}\sin\left(\omega_0 t+\frac{\Delta\omega}{\Omega}\sin\Omega t\right) \tag{5-5}$$

由于信号在引信与目标之间往返传播而产生时间延迟 τ：

$$\tau=\frac{2R}{c} \tag{5-6}$$

式中：R——引信与目标间的距离；

c——电波传播速度(光速)。

从而使引信接收的回波信号相位移对应的时间间隔不是像发射电压的 $(0-t)$，而是 $[0-(t-\tau)]$，即回波信号相位是

$$\varphi_{\mathrm{r}}=\int_0^t\omega\,\mathrm{d}t=\omega_0(t-\tau)+\frac{\Delta\omega}{\Omega}\sin\Omega(t-\tau)$$

回波信号为

$$u_{\mathrm{r}}=U_{\mathrm{rm}}\sin\left[\omega_0(t-\tau)+\frac{\Delta\omega}{\Omega}\sin\Omega(t-\tau)\right] \tag{5-7}$$

将上述发射信号与回波信号同时加入混频器，并以幂级数形式表示混频器中非线性器件的特性曲线，则混频器输出的差频信号只与两个输入的信号一次乘积项有关，可表示为

$$u_{\mathrm{i}}=2KU_{\mathrm{rm}}U_{\mathrm{tm}}\left\{\sin\left(\omega_0 t+\frac{\Delta\omega}{\Omega}\sin\Omega t\right)\cdot\sin\left[\omega_0(t-\tau)+\frac{\Delta\omega}{\Omega}\sin\Omega(t-\tau)\right]\right\} \tag{5-8}$$

式中：K ——与混频器非线性器件特性及具体电路有关的系数。

令 $U_{\mathrm{im}}=KU_{\mathrm{tm}}U_{\mathrm{rm}}$ ，经三角函数变换，并只取差频项，可以得到

$$u_{\mathrm{i}}=U_{\mathrm{im}}\left\{\cos\omega_0\tau\cdot\cos\left[\frac{2\Delta\omega}{\Omega}\sin\frac{\Omega\tau}{2}\cos\Omega\left(t-\frac{\tau}{2}\right)\right]-\sin\omega_0\tau\cdot\sin\left[\frac{2\Delta\omega}{\Omega}\sin\frac{\Omega\tau}{2}\cos\Omega\left(t-\frac{\tau}{2}\right)\right]\right\} \tag{5-9}$$

应用已知关系式：

$$\cos(Z\cos X)=J_0(Z)+2\sum_{n=1}^{\infty}J_{2n}(Z)(-1)^n\cos 2nX$$

$$\sin(Z\sin X)=-2\sum_{n=1}^{\infty}J_{2n-1}(Z)(-1)^n\cos(2n-1)X$$

将式(5-9)展开可得

$$\begin{aligned}u_{\mathrm{i}}=&U_{\mathrm{im}}\left\{J_0\left(\frac{2\Delta\omega}{\Omega}\sin\frac{\Omega\tau}{2}\right)\cos\omega_0\tau+2\cos\omega_0\tau\sum_{n=1}^{\infty}J_{2n}\left(\frac{2\Delta\omega}{\Omega}\sin\frac{\Omega\tau}{2}\right)\cdot\right.\\&(-1)^n\times\cos 2n\Omega\left(t-\frac{\tau}{2}\right)+2\sin\omega_0\tau\sum_{n=1}^{\infty}J_{2n-1}\left(\frac{2\Delta\omega}{\Omega}\sin\frac{\Omega\tau}{2}\right)\cdot\\&\left.(-1)^n\times\cos(2n-1)\Omega\left(t-\frac{\tau}{2}\right)\right\}\\=&U_{\mathrm{im}}\left\{J_0(Z)\cos\omega_0\tau+2J_1(Z)\sin\omega_0\tau\cos\Omega\left(t-\frac{\tau}{2}\right)-\right.\\&2J_2(Z)\cos\omega_0\tau\cos 2\Omega\left(t-\frac{\tau}{2}\right)-2J_3(Z)\sin\omega_0\tau\cos 3\Omega\left(t-\frac{\tau}{2}\right)+\\&\left.2J_4(Z)\cos\omega_0\tau\cos 4\Omega\left(t-\frac{\tau}{2}\right)+\cdots\right\}\end{aligned} \tag{5-10}$$

式中：J_n ——第一类 n 阶贝塞尔函数；

Z —— $Z=\frac{2\Delta\omega}{\Omega}\sin\frac{\Omega\tau}{2}$ ，贝塞尔函数的自变数。

当不考虑引信与目标间的相对运动时，在式(5-10)中各项最后一个括号内的，$\tau/2$ 只确定各次谐波分量的初始相位，可不考虑。于是混频器输出端的差频信号具有离散的频谱，各次谐波的频率是调制频率的整数倍。其 n 次谐波的振幅为

$$U_n=2U_{\mathrm{im}}J_n(Z)\begin{matrix}\sin\\ \cos\end{matrix}\omega_0\tau \tag{5-11}$$

由式中可见，延迟时间 τ 通过贝塞尔函数的自变数三角函数因子 $\begin{matrix}\sin\\ \cos\end{matrix}\omega_0\tau$ 同时影响 U_n 的大小，因而 U_n 的大小取决于延迟时间 τ 。当然，对于各次谐波来说 τ 对 U_n 的影响不同，因尽管贝塞尔函数和三角函数的自变数对所有谐波来说都一样，但贝塞尔函数本身对不同的谐波来说具有不同的阶，正弦和余弦三角函数也随谐波次数的增大而交替变化。

如果用引信与目标之间的距离 R 来表示 τ，则式(5-3)变为

$$U_n = 2U_{\mathrm{im}} J_n\left(\frac{2\Delta\omega}{\Omega}\sin\frac{\Omega R}{c}\right)\frac{\sin}{\cos}\left(4\pi\frac{R}{\lambda_0}\right) \tag{5-12}$$

在一般情况下，U_n 与 R 的这种关系相当复杂。但为消除非单值性，实际上在大多数情况下选择 Ω 值时，应满足条件

$$\Omega\frac{R}{c} \ll 1$$

或者

$$\tau \ll T$$

式中：T——$T=\frac{2\pi}{\Omega}$ 是调制周期。

于是有 $\sin\frac{\Omega R}{c}\approx\frac{\Omega R}{c}$，将此式代入式(5-11)得

$$U_n \approx 2U_{\mathrm{im}} J_n\left(\frac{2\Delta\omega}{\Omega}R\right)\frac{\sin}{\cos}\left(4\pi\frac{R}{\lambda_0}\right) \tag{5-13}$$

式中：λ_0——对应于中心频率 $\omega_0(f_0)$ 的波长。

有时引用“调制波长”的概念，即

$$\lambda_M = c/\Delta F$$

式中：$\Delta F=\Delta\omega/2\pi$，于是式(5-12)可写成

$$U_n = 2U_{\mathrm{im}} J_n\left(4\pi\frac{R}{\lambda_M}\right)\frac{\sin}{\cos}\left(4\pi\frac{R}{\lambda_0}\right) \tag{5-14}$$

分析式(5-6)中谐波振幅与距离 R 的关系，可知 n 次谐波振幅与距离 R 的关系为一个被 n 阶贝塞尔函数调制并具有快速正弦或余弦振荡的形势，如图 5-3 所示。

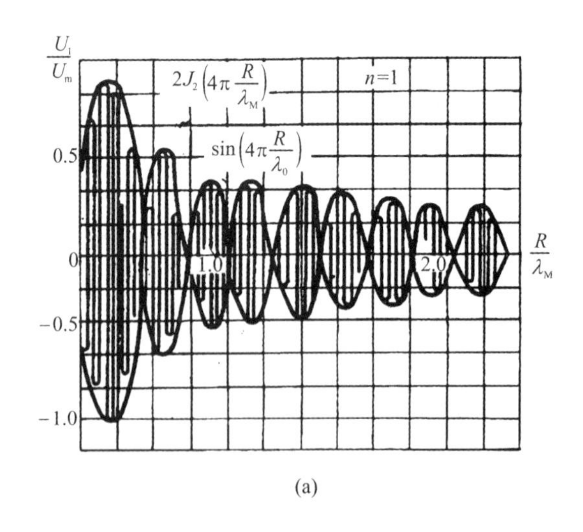

(a)

图 5-3 差频信号谐波振幅

(a)1 次谐波

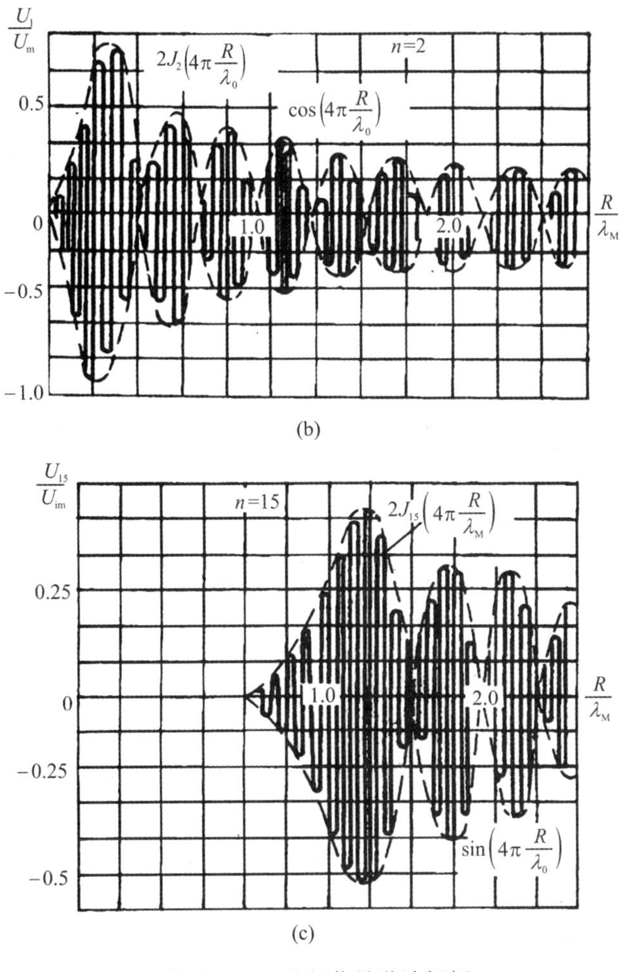

续图 5-3　差频信号谐波振幅

(b)2 次谐波；(c)15 次谐波

谐波振幅在空间的变化周期等于 $\lambda_0/4\pi$，此值很小，也就是说，在引信接近目标过程中，各次谐波的振幅快速地“波动”，以致能够容易地分离它们的“包络”。对于谐波振幅的这种快速“波动”来说，没有什么实际意义，通常只考虑谐波振幅的“包络”按相应的 n 阶贝塞函数的规律变化，如图 5-4 所示。

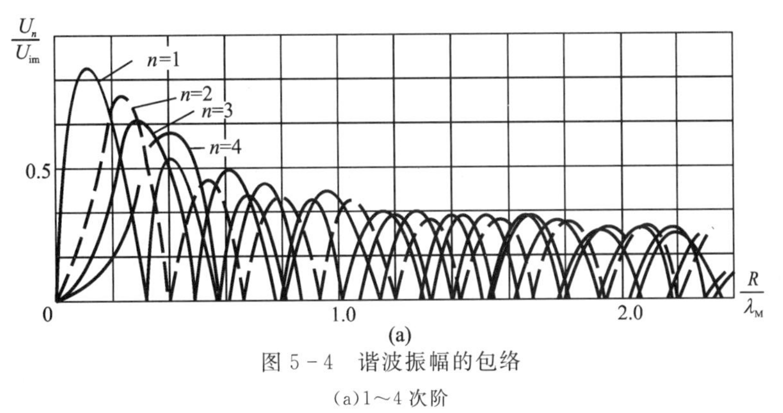

图 5-4　谐波振幅的包络

(a)1～4 次阶

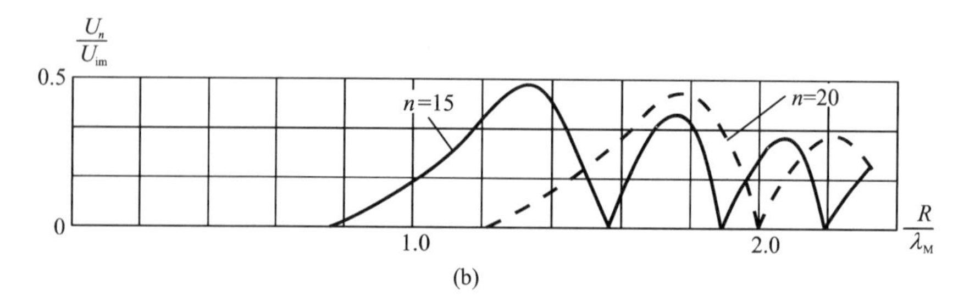

续图 5－4　谐波振幅的包络

(b)15 和 20 次阶

图中曲线表明，差频信号谐波振幅决定于引信到目标之间的距离：各次谐波振幅的最大值出现在各个不同的距离上，如 1 次谐波振幅的最大值在 $R \approx 0.17\lambda_M$ 处，2 次谐波振幅最大值在 $R \approx 0.26\lambda_M$ 处，3 次谐波振幅最大值在 $R \approx 0.44\lambda_M$ 处，15 次谐波振幅最大值在 $R \approx 1.37\lambda_M$ 处，20 次谐波振幅最大值在 $R \approx 1.78\lambda_M$ 处。可见其规律是随着频率的增高，振幅最大值所对应的距离也增大。同时，也可看出，在上述正弦调制频率的情况下，每个谐波的振幅与距离 R 之间的关系没有急剧的变化，并且在每个距离上，不同的谐波振幅差别也不大。因此，在利用谐波振幅进行测量或者确定距离时，一般不选择正弦调制，而选择比较复杂的直角锯齿波调制，以得到谐波振幅与距离有较明显的关系。

上述分析是在不考虑多普勒效应的情况下进行的，而实际上引信工作时与目标之间总是存在着相对运动的，也就必然产生多普勒效应。此效应使混频器输出端差频信号的频谱发生变化。

如果引信与目标之间距离 R 以弹目接近速度 V_j 变化时，即

$$R = R_0 - V_j t \tag{5-15}$$

式中：R_0——开始观察目标时的距离。

将式(5－15)代入下式

$$\tau = \frac{2R}{c}$$

得

$$\tau = \frac{2R_0}{c} - \frac{2V_j}{c} = \tau_0 - \frac{2V_j}{c}t \tag{5-16}$$

将式(5－16)代入式(5－10)得

$$\begin{aligned} u_i = U_{im}\Big\{ & J_0(Z)\cos\omega_0\left(\tau_0 - \frac{2V_j}{c}t\right) - 2J_1(Z)\sin\omega_0\left(\tau_0 - \frac{2V_j}{c}t\right) \cdot \\ & \cos\Omega\left(t - \frac{\tau}{2}\right) - 2J_2(Z)\cos\omega_0\left(\tau_0 - \frac{2V_j}{c}t\right)\cos 2\Omega\left(t - \frac{\tau}{2}\right) + \\ & 2J_3(Z)\sin\omega_0\left(\tau_0 - \frac{2V_j}{c}t\right)\cos 3\Omega\left(t - \frac{\tau}{2}\right) + \\ & 2J_4(Z)\cos\omega_0\left(\tau_0 - \frac{2V_j}{c}t\right)\cos 4\Omega\left(t - \frac{\tau}{2}\right) + \cdots \Big\} \end{aligned}$$

利用三角函数和差化积的关系式可将上式变为

$$u_i = U_{im}\Big(J_0(Z)\cos\Big(\omega_0\tau_0 - \omega_0\frac{2V_j}{c}t\Big) - J_1(Z)\Big\{\sin\Big[\omega_0\Big(\tau_0 - \frac{2V_j}{c}t\Big) + \Omega\Big(t - \frac{\tau}{2}\Big)\Big] +$$

$$\sin\Big[\omega_0\Big(\tau_0 - \frac{2V_j}{c}t\Big) - \Omega\Big(t - \frac{\tau}{2}\Big)\Big]\Big\} - J_2(Z)\Big\{\cos\Big[\omega_0\Big(\tau_0 - \frac{2V_j}{c}t\Big) + 2\Omega\Big(t - \frac{\tau}{2}\Big)\Big] +$$

$$\cos\Big[\omega_0\Big(\tau_0 - \frac{2V_j}{c}t\Big) - 2\Omega\Big(t - \frac{\tau}{2}\Big)\Big]\Big\} + \cdots\Big)$$

如考虑到 $\omega_0 \gg \Omega$ ，忽略 $\frac{n\Omega\tau}{2}$ 各项，则

$$u_i = U_{im}\{J_0(Z)\cos(\Omega_d t - \omega_0\tau_0) - J_1(Z)[\sin((\Omega - \Omega_d)t + \omega_0\tau_0) - \sin((\Omega + \Omega_d)t + \omega_0\tau_0)] - J_2(Z)[\cos((2\Omega - \Omega_d)t + \omega_0\tau_0) + \cos((2\Omega + \Omega_d)t + \omega_0\tau_0)] + \cdots\} \tag{5-17}$$

由式(5－17)可知，在考虑多普勒效应的情况下，在混频器输出的差频信号中，每个频谱分量可“分解”为两部分，这两部分成对地具有相等振幅而频率与相应频率差一个多普勒频率 $\Omega_d = 2\omega_0 V_j / c$ 。也就是说，在调制频率或其谐波频率上没有能量分布，而是在调制频率每个谐波的周围都出现一对频率为 $n\Omega \pm \Omega_d$ 的边频。由于具有多普勒频移的频率分量的出现，我们能测量或确定接近目标的速度。这样，在差频信号中既包含距离的信息，又包含目标速度的信息。

由以上分析可得出以下的几点结论：

(1)周期调频系统的差频信号频谱是离散的，在不考虑多普勒效应时，各次谐波分量的频率为 $n\Omega$ ，两谱线的间隔是 Ω 。如考虑多普勒效应时，在各次谐波频率周围出现一对频率为 $n\Omega \pm \Omega_d$ 的边带。

(2)各次谐波及其边带的幅度均随距离按相应阶贝塞尔函数变化。各次谐波幅度最大值对应于不同的距离，而高次谐波幅度最大值对应的距离较大，低次谐波幅度最大值所对应的距离较小。

(3)差频信号的频谱是随引信与目标之间的距离而变的，当距离较大时，差频信号频谱主要频率分量的频率较高。当距离较小时，差频信号频谱主要频率分量的频率较低。

二、差频信号的时域分析

对差频信号进行分析可利用两种方法，前面已利用频谱法对其进行分析。一般来说，频谱法是精确的。另一个方法是时域法，这是一种近似的方法，但比较直观。在大多数实际条件下，应用时域法已能满足精确度的要求。下面就用时域法来分析调频引信的信号。

1.信号的时间-频率曲线

图 5－5 为锯齿波调频时信号的时间-频率曲线图。图(a)为发射与接收信号的时间-频率曲线，其中实线所示为发射信号频率 f_t ，虚线为回波信号频率 f_r ，载波频率为 f_0，最大频偏为 ΔF ，调制信号周期为 T 。图(b)为混频器输出端差频信号 u_i 的时间-频率曲线，其中 f_i 表示差频频率，f_i' 为 $nT \sim nT + \tau$ 期间的差频。图(c)为混频器输出端差频信号电压 u_i 与时间的曲线。

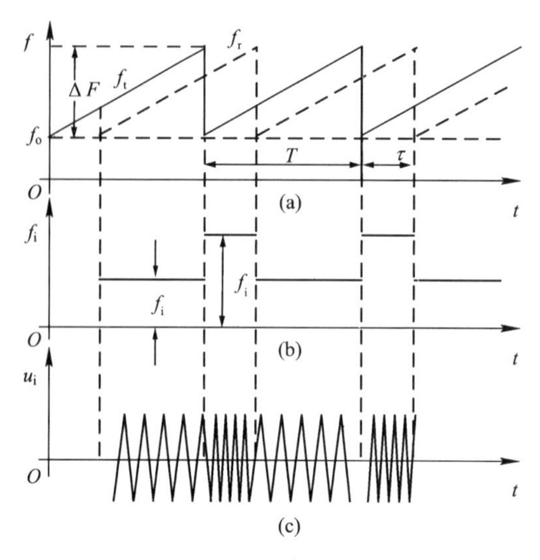

图 5－5　时间-频率曲线

由图 5－5 可求得

$$f_i = \frac{\Delta F}{T}\tau = \frac{2\Delta F}{cT}R \tag{5-18}$$

$$R = \frac{Tc}{2\Delta F}f_i \tag{5-19}$$

从式(5－19)可看出，当调制参数 T 和 ΔF 一定时，差频 f_i 与距离 R 成正比，只要测出 f_i 值就可得到相对应的距离 R 。

图 5－6 为三角波调频时信号的时间-频率曲线图。与上述锯齿波调频相类似，也可求出差频频率。

$$f_i = \frac{4\Delta F}{T}\tau = \frac{8\Delta F}{cT}R \tag{5-20a}$$

或

$$R = \frac{cT}{8\Delta F}f_i \tag{5-20b}$$

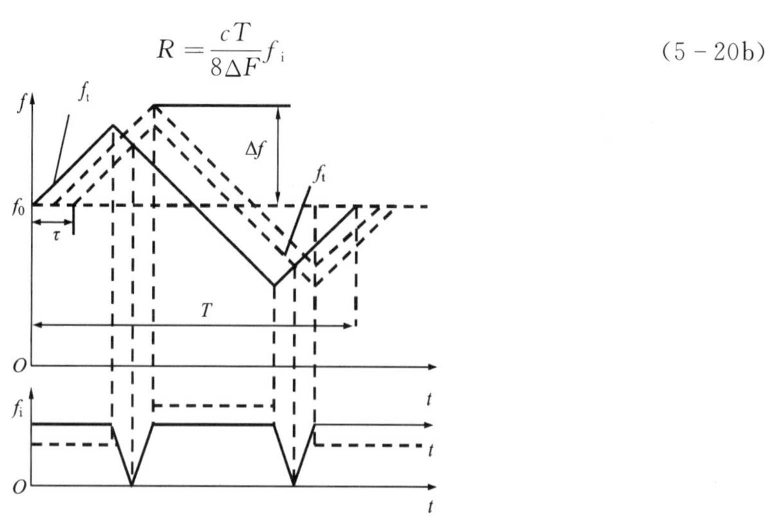

图 5－6　三角波调频时间-频率曲线

三角波调频与锯齿波调频均为线性调频，仅关系式稍有不同。

图 5－7 为正弦波调频时信号的时间-频率曲线图。

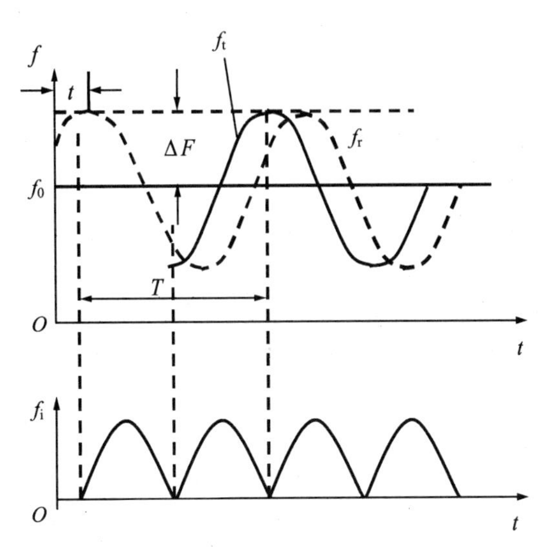

图 5－7　正弦调频的时间-频率曲线

发射信号频率为

$$f_t = f_0 + \Delta F \cos \Omega t \tag{5-21}$$

回波信号频率为

$$f_r = f_t(t-\tau) = f_0 + \Delta F \cos \Omega (t-\tau) \tag{5-22}$$

混频器输出端差频信号频率为

$$\begin{aligned} f_i &= |f_t - f_r| \\ &= |\Delta F[\cos \Omega t - \cos \Omega (t-\tau)]| \\ &= \left| -2\Delta F \sin \frac{\Omega t + \Omega (t-\tau)}{2} \sin \frac{\Omega t - \Omega (t-\tau)}{2} \right| \\ &= \left| -2\Delta F \sin\left(\Omega t - \frac{\Omega \tau}{2}\right) \sin \frac{\Omega \tau}{2} \right| \end{aligned} \tag{5-23}$$

通常 $\frac{\Omega \tau}{2} \ll 1$，则 $\sin \frac{\Omega \tau}{2} \approx \frac{\Omega \tau}{2} \ll 1$

$$\begin{aligned} f_i &\approx 2\Delta F \frac{\Omega \tau}{2} \sin\left(\Omega t - \frac{\Omega \tau}{2}\right) \\ &= \frac{2\Delta F \Omega}{c} R \sin\left(\Omega t - \frac{\Omega \tau}{2}\right) \\ &= \frac{4\pi \Delta F}{Tc} R \sin\left(\Omega t - \frac{\Omega \tau}{2}\right) \end{aligned} \tag{5-24}$$

由式(5－14)可见，差频频率 f_i 是按正弦规律变化的，其最大值为

$$f_{im} = \frac{4\pi \Delta F}{Tc} R \tag{5-25}$$

在调制参数一定的条件下，差频频率最大值 f_{im} 也是与距离 R 成正比的。

2.差频公式的分析

在三种不同调制规律下推导出的差频公式都明确给出了差频信号频率 f_i 与距离 R 呈正比的关系，这些就是调频测距的基本原理。但上述的关系式并不是准确的，而只是近似的。

由上述差频信号的时间-频率曲线可看出，在锯齿波与三角调频时，存在一些不规则区，这些不规则区间内，差频频率不能由差频公式求出，它们与距离也无直接关系，出现了与差频公式 f_i 的完全不同的频率 f_i'。使差频信号频率不是单一的，而是存在不同频率的两部分，同时也不能随距离变化而连续地变化。这样，导致差频频率也随时间按一定规律周期性地变化。在正弦波调制时更为明显，其差频信号频率是以 Ω 为角频率按正弦规律变化的。可认为，差频信号是一个调制频率为 Ω 的调制信号，其频谱是离散的，其中只含有调制频率 Ω 整数倍的频率分量。因此只有当所测距离上的差频 f_i 与某次谐波相对应，并且能量正好集中于该次谐波上时，差频公式才准确。从这个分析很明显地看出，通过对调制规律及其参数进行选择的方法，可以减小这些差频公式的近似性所带来的误差。例如，频率的调制为锯齿波规律时，如增大 T，使 $\tau \ll T$ 减小不规则区，就能提高差频公式的精确度。实际上 $\tau \ll T$ 这个不等式一般来说是可以得到相当的满足。因此，这种时域分析法及其差频公式还是经常采用的。

上述分析是在没有考虑系统与目标之间相对运动的条件下进行的，如果考虑引信与目标之间的相对运动，将使差频信号发生变化，从而影响差频公式的精确度。当引信与目标之间具有相对运动时，回波信号相对于发射信号的延迟时间 τ 将是时间的函数，即 τ 是随时间而变化的。在发射信号的一个调制周期 T 内，τ 将变化 $2V_j T/c$，若弹目接近速度 V_j 为 Ma，则在一个调制周期内 τ 变化为 $2\times10^{-6}T$ 数量级。τ 的这种变化对差频频率产生两方面的影响：一方面使发射信号频率相对于反射信号频率的变化不再是确定不变的，而是随时间变化的；另一方面将使回波产生多普勒频移。这样必将影响回波信号及差频信号的时间-频率曲线也发生变化。因此，根据差频公式对调频引信的时域分析法只是近似的。

第三节　调频测距引信

这种引信是在上述时间-频率曲线分析法的基础上设计出来的。由差频公式给出了差频 f_i 与距离 R 成正比的关系。当给定最佳起爆距离 R_0 时，就可以求出相应差频 f_{i0}。在引信电路中可以设置中心频率为的带通滤波器或放大器等，其目的是让我们所需要的差频信号通过，抑制其他频率的信号。在弹目接近过程中，弹目距离 R 连续地变化，差频 f_i 也随之变化，直到距离 $R=R_0$ 时，差频 $f_i=f_{i0}$，目标处于弹的有效伤范围内，放大器的输出端才有一定幅度的差频信号 f_{i0} 输出，送入执行级使引信作用。差频信号起了定距的作用。

根据对差频公式的分析，f_i 与 R 呈正比的关系是近似的，差频信号频谱是离散的，因而其谱线恰好处在最佳起爆距离 R_0 所对应的频率上的可能性是较小的，因此存在一定测距误差。同时还要消除多普勒效应的影响等，这些会使电路复杂化。

一、调频测距引信实例

法国的 P1E2 型引信是配用于“马特拉”空空导弹用的一种微波调频测距引信。

(一)“马特拉”空空战斗部系统

该导弹战斗部系统由四部分组成：无线电引信部分、可变延时机构、保险机构与弹头部分。

无线电引信部分及可变点火延时机构的作用是探测目标并保证导弹在弹道上最有利炸点爆炸，如图 5-8 所示。

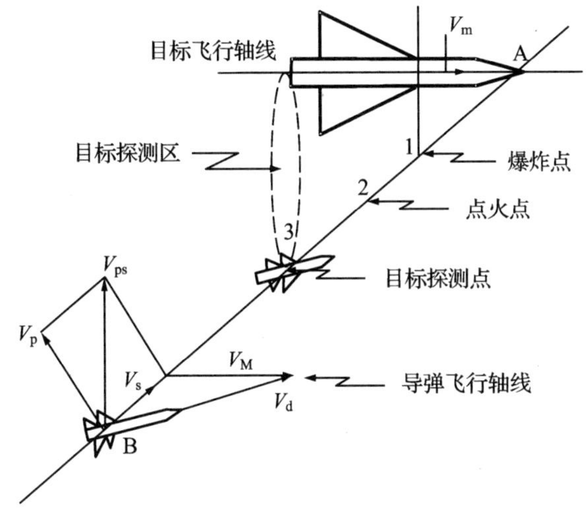

图 5-8 弹目交会状况

敌方目标 A、我方导弹 B、目标速度 V_M，导弹速度 V_d，导弹相对于目标的速度 V_s，静止爆炸破片的速度 V_p，相对于目标破片速度 V_{ps}，而 V_{ps} 是由 V_p 及 V_s 合成的。对一定的交会条件，在相对弹道上，可以确定一个最有利炸点，使目标的要害部位处于杀伤破片的最大密度方向上。最有利炸点 1 确定后，就能很方便求出点火点 2，因从点火点到导弹爆炸点是有一定的时间的，它包括引信在内的整个导弹战斗部的传火系、传爆系所需的时间。这个时间是个常量，因而点火点 2 的位置是随相对速度 V_s 的不同而不同，通常根据最大相对速度来确定点火点 2 的位置。在目标的探测点 3 一定的情况(该点由引信辐射场确定)下，为了保证最有利爆炸点的位置，对于较小的相对速度采用可变点火延时机构来补偿由于相对速度的差异而引起的炸点误差。可变点火延时机构的延长时间，是在导弹发射前飞机驾驶员根据目标和射击情况进行装定。导弹如能直接命中目标，则无线电引信将不起作用，而通过触发开关使雷管起爆。如导弹不能直接命中目标，无线电引信探测目标位置，并使导弹在有利炸点爆炸。如无线电引信没有作用，经过 25 s 以后，自炸开关闭合，使雷管起爆实现自炸。

(二)引信的组成及基本原理

图 5-9 为该引信组成的方框图。

引信的无线电部分主要由以下几部分组成：发射系统由速调管、摆频信号发生器及调节器等组成。速调管微波振荡源产生微波振荡，由一个真空五极管构成的电容三点振荡器作为摆频信号发生器，产生正弦振荡，将此正弦调制信号加于速调管反射极，便可得到正弦波调频振荡，其大部分能量经波导管耦合到发射天线。接收系统有两组接收天线和两组接收电路。接收电路由滤波器和混频器组成。其他系统还有中放级、低放级及电源等。

(三)引信的基本原理

图 5-10 为调频引信信号波形图。

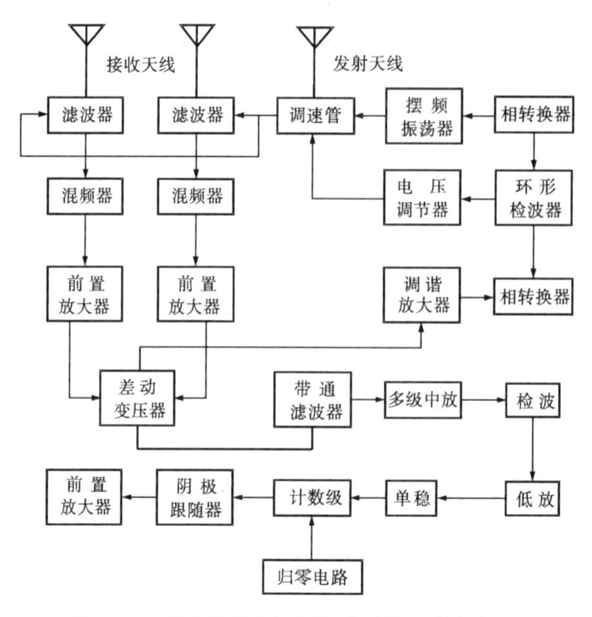

图 5-9 “马特拉”空空导弹引信组成方框图

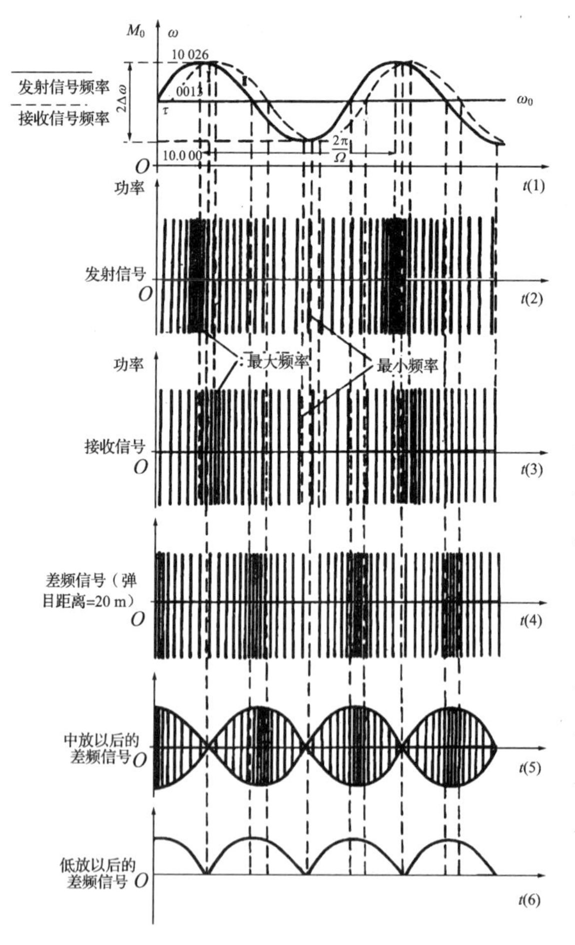

图 5-10 调频引信信号波形图

引信的基本原理是利用从目标反射回来的回波信号与发射信号的差频信号而工作的。为了简化分析，先忽略由于弹目相对运动而产生的多普勒效应的影响，发射信号是由发射速调管产生的一个具有适当功率、频率被调制的 3 cm 信号。频率调制的包络线如图 5－10 中第一条曲线的实线所示，由于频率调制是正弦电压控制的，因此包络线为正弦曲线。

发射信号的波形如图 5－10 中第二条曲线所示。由于信号在弹目之间往返传播而产生的时间延迟 τ ，回波信号频率调制的包络线也偏离了一个 τ 值，如图 5－10 中第一条曲线的虚线所示。发射与回波信号在混频器中混频得到差频信号，其波形如图中第四条曲线所示。

设 ω_0 为微波信号的角频率，$\Delta\omega$ 为调频波的角频偏，Ω 为调制信号角频率，该引信的调制频率为 $F=110$ kHz，频偏 $\Delta F=13$ MHz。由图 5－10 可以看出，差频信号是一个频率波调制的等幅信号。对于每一个调制信号周期，差频信号的频率两次通过零点，两次通过最大值。可见，这个差频信号具有 $2F$ 的调制频率，即 $2F=220$ kHz。

由图 5－10 中曲线及前面推导出的差频公式可以看到，差频信号的频率是与 τ 成正比的，也即与弹目间距离 R 成正比，同时也是频偏 ΔF 的函数。频偏和其他参数都经过适当选择，从而当弹目距离为 2 m 时，差频信号频率由 0 伸展到 100 kHz。当弹目距离为 10 m 时，差频信号频率由 0 伸展到 500 kHz。当弹目距离为 20 m 时，差频信号频率由 0 伸展到 1 MHz。若只考虑差频最大值，则有如下关系：

弹目距离 2 m——差频最大值 100 kHz；

弹目距离 10 m——差频最大值 500 kHz；

弹目距离 20 m——差频最大值 1 MHz。

即一个差频信号频率对应于一个距离，这就是调频测距引信的基本原理。

“马特拉”空空导弹要求引信在弹目间距离为 2～20 m 间能确保导弹爆炸。如何实现这个要求呢？这就要靠引信电路来实现。

根根上述弹目距离为 2～20 m 时，所对应的差频最大值为 0.1～1 MHz，这就要求放大器的通带应在此频带范围。同时为了保证在 2～20 m 时能起爆战斗部，要求放大器的频率特性曲线不是线性的。

下面进一步探讨放大器在通带范围内的频率特性。

设引信作用时放大器输出电压 U_{om} 为

$$U_{om}=KU_{im} \tag{5-26}$$

式中：U_{im} ——放大器输入端的差频信号电压；

K——放大电路的放大倍数。

由前面分析差频信号可知，U_{im} 与所接收的目标回波信号 U_{rm} 成比例，而 U_{rm} 又与目标反射电场分量 E_r 成比例，因而

$$U_{im}=\alpha E_r \tag{5-27}$$

式中：α ——比例系数。而对于空中目标，其反射电场是与距离的二次方成反比的，即

$$E_r=\frac{\beta}{R^2} \tag{5-28}$$

式中：β ——比例系数。因此可将 U_{im} 表示为

$$U_{im}=\alpha_0\frac{\beta}{R^2} \tag{5-29}$$

由差频公式可知差频频率是与距离 R 成正比的，

$$f_{im}=\gamma R \tag{5-30a}$$

或

$$R=\frac{f_{im}}{\gamma} \tag{5-30b}$$

式中：γ ——比例系数。将上述关系式代入式(5－26)中得

$$U_{om}=K\cdot\alpha\beta\gamma^2\cdot\frac{1}{f_{im}^2} \tag{5-31a}$$

或

$$K=\frac{U_{om}}{\alpha\beta\gamma^2}\cdot f_{im}^2 \tag{5-31b}$$

由于要求引信在 2～20 m 范围内作用，因而在给定的 2～20 m 作用距离内，放大电路的输出差频信号 U_{om} 应是等幅的，即 U_{om} 不应随距离 R 而变化，即 U_{om} 应为常量，则式(5－31)中 U_{om} 也为常量，那么电路放大倍数 K 与差频频率 f_{im}^2 成正比，也就是说要求放大倍数随频率的增高而成平方关系上升，即每倍频增益提高约 12 dB。而这种按二次方律上升的频率特性的放大电路是通过适当选择电路元件来实现的。

上面对放大器频率特性的分析也可以这样来解释：在 0.1～1 MHz 频带范围内，放大器增益是每一倍频程 12 dB。它的输出信号幅值直接依赖于输入信号的频率，因此该放大器起了一个鉴频器的作用。也就是说，它能将等幅的但频率是变化的差频信号，转换为幅度变化的信号。当差频达到最大值时，增益也处于最大值，此时幅度最大。当差频接近于零时，增益接近零，幅度也接近于零。故放大器的输出波形如图 5－10 中的第五条曲线所示，再经检波低放，就变成如图 5－10 中的第六条曲线所示。由于差频信号的最大频率随弹目距离的增加而增加，而放大器的增益随频率增加而增加，且遵循每一倍频增益 12 dB 的规律。因此该放大器对差频信号的增益随弹目距离增加而增加，又因距离和差频之间有一定的线性关系，所以也适用于每倍距离增益 12 dB 的规律。另外，从目标反射回来的回波功率与距离成反比，因为考虑一个来回的功率损失，所以它按照 $1/R^4$ 的规律变化。也就是说，接收到的回波信号电压，在每倍距离上，以 12 dB 的规律在减少。例如，弹目距离由 10 m 增至 20 m，功率损失为 12 dB，但放大器增益增加 12 dB，总的结果为零。由于上述两方面的作用，在弹目距离为 2～20 m 之间时，放大器输出信号的幅度基本上是不变的。

在弹目距离小于 2 m 时，放大器增益会迅速下降，但这没有关系，可以由被引信探测的目标表面的增大而得到补偿。而在弹目距离大于 20 m 时，灵敏度迅速降低，因差频超过 1 MHz 时，增益将以每倍频 25～35 dB 降低。

以上讨论是在不考虑多普勒效应的情况下进行的，这不符合实际情况。当引信与目标相对运动时，被接收的信号频率比发射的信号频率要大，它们相差一个多普勒频率 f_d 。如考虑多普勒效应，就应在原来接收信号频率上加一个 f_d 的频率，如图 5－11 所示。

图 5－11 中曲线 1 实线表示发射信号调频包络线，虚线表示接收信号调频包络线，虚线向右偏移时间 τ 。该曲线与不考虑多普勒效应时图 5－10 中曲线 1 相比较是不同的。如果在调制包络线的第一个半周期中多普勒频率是被叠加在差频信号上，那么第二个半周期中它被从差频信号中减去。而多普勒频率 f_d 决定于弹目接近速度 V_j ，在“马特拉”导弹的战术运用条

件下，V_j 在 100～1 500 m/s 的范围内，则对应的 f_d 为 6.5～100 kHz。例如，弹目距离 R 为 10 m，接近速度 1 500 m/s，在不考虑多普勒效应时最大差频为 500 kHz。在考虑多普勒效应时，则差频信号最大差频数为：在第一个半周期内 500 kHz－100 kHz＝400 kHz；在第二个半周期内 500 kHz＋100 kHz＝600 kHz。

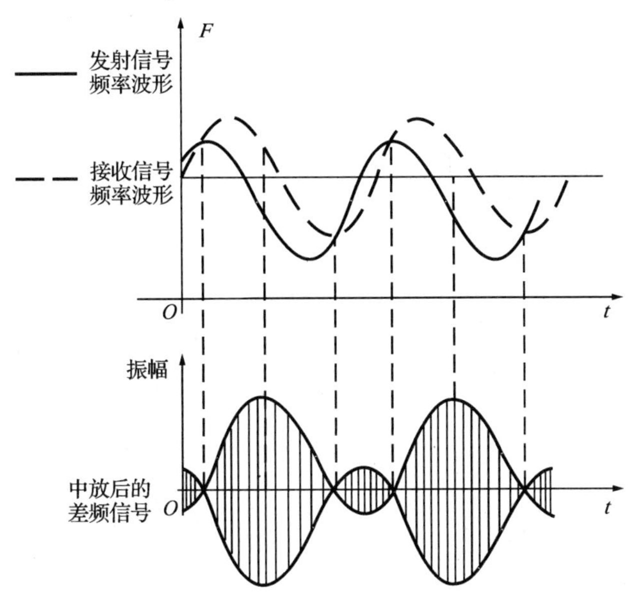

图 5－11　考虑多普勒效应的信号波形图

在频率调制包络的每半个周期中，差频信号按上述两个频率依次变化。经过放大后，它使差频信号产生一种双重频率调制，如图 5－11 中的曲线 2 所示。其基本重复频率是 220 kHz，但也有 110 kHz 的过调制。通过一个选频放大器，可以把 220 kHz 的基本频率选出来，而把 110 kHz 的信号滤除出去。因此可认为多普勒效应对引信的正常工作影响很小。然而，由于有多普勒效应的存在，差频信号的频谱要扩展一些，由计算将扩展到 0.115～1.1 MHz。故放大器的通频带也需修正，以适应此频率的扩展。

差频信号经过上述中频放大后，再经过检波，就变成一个 220 kHz 的信号。前面已经分析过，由中放输出的信号其幅度应不受弹目距离的影响。但实际上由于种种原因，其幅度还是有些变化，为了保证后面线路工作的稳定，经过检波及低频放大以后的信号还须要再生一次（即整形）。低频放大器是选择性的，其频率响应曲线的中心在 220 kHz，它能选出有益信号而排除包括多普勒信号在内的其他干扰。

经过低放后的有益信号，推动一个单稳态多谐振荡器以便得到一个有固定幅度和脉冲宽度的方波，此方波的幅度及其宽度与 220 kHz 的有益信号的幅度无关，这就是再生了的低频有益信号，如图 5－12 中曲线 2 所示。

此信号给一个“计数”电容器充电，当充电电压达到点火电压时，闸流管导通，执行级工作。此过程如图 5－12 中曲线 3 所示。在递增充电过程中，充电时间常数是很小的，而放电时间常数是很大的，因而某些单个的、杂散的干扰信号，由于积累的原因，在一定时间后也可能导致足够大的充电电压而使执行级工作。为了解决这一个问题，用一个“归零脉冲”使“计数”电容周期地放电。因此要求信号的稠密度必须是大的，使其在两个“归零脉冲”之间能给“计数”电容器充电到点火电压，而单个的杂散信号达不到点火电压。但由于有益信号的出现与“归零脉冲”不是同步的，就有可能产生在有益信号充电还未达到点火电压之前“归零脉冲”就来抵消它。这就要求信号有个持续时间，而这个持续时间足以使电容器再充电到点火电压。因此信号的持续时间应该大约为“归零脉冲”周期的两倍，信号持续时间与弹目相对速度、交会条件以及目标尺寸、天线波束宽度等有关。在该引信中，信号的最小持续时间是 1.1 ms，因此“归零脉冲”的周期取为 500 μs。

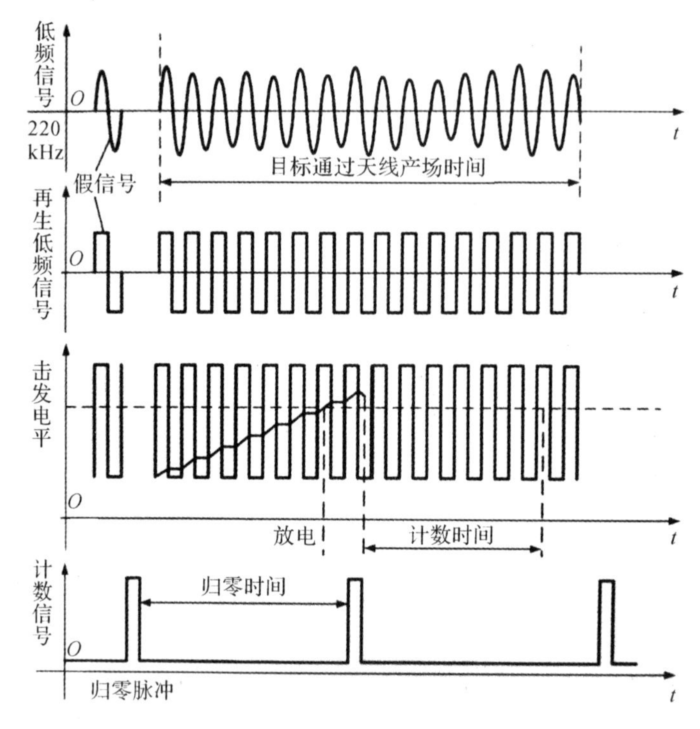

图 5-12　低频及计算信号波形图

该引信有一对发射天线和一对接收天线，它们径向对称地沿着弹圆柱的母线分别装在弹体的两侧，发射天线与接收天线间互成 90°。每个天线的结构是一个沿着轴线开有许多横槽的矩形波导管所形成的裂缝天线。这样的开槽波导在赤道面上产生一个圆形方向图，在子午面上的方向图不是垂直于导弹轴，而是向前倾斜一个角度 φ 。在该引信中 $\varphi=60°$，如图5-13所示。

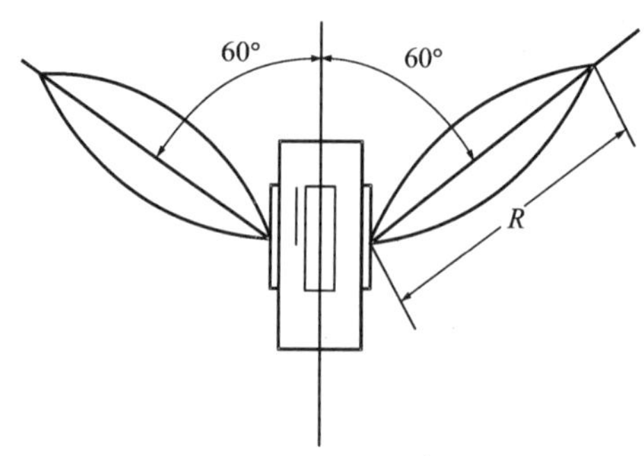

图 5-13　天线安装示意图

二、调频测距引信调制参数的选择原则

在差频公式中，调制频偏值 ΔF 和调制周期 T 似乎是相互独立的，而且可以任意选择。但实际上对调制系统的参数选择要受到一系列限制的。

(一)频偏 ΔF 的选择原则

1.要避免寄生调幅的影响

由于调频发射机有寄生调幅存在，在没有反射信号的情况下，混频器输出端也具有调制频率 Ω 及其谐波分量的输出。虽然在设计调频系统时，采取各种减小寄生调幅的方法：如选择适当的振荡器；使用平衡混频器；设置限幅器；对寄生调幅进行负反馈等，但仍不能完全消除寄生调幅。因此，在选择系统参数时，要考虑尽量减少寄生调幅的影响。为此要求混频后的差频信号的频率与产生寄生调幅的调制频率相差较远，即

$$f_{\mathrm{i}}=mf \tag{5-32}$$

当 $m\gg 1$ 时，可实现 f_{i} 与 f 相差较远。

以锯齿波调制为例，将式(5－10)代入式(5－32)，得

$$\Delta F=\frac{mc}{2R_{\min}} \tag{5-33}$$

为了确定 ΔF 值的下限，式中采用引信工作时弹目距离的最小值 $R_{\min}$。$R_{\min}$ 越小，要求的频偏越大。对于近炸引信来说，是属于典型的近距离工作，例如取 $R_{\min}=15$ m，并取 $m=10$，那么要求频偏为 $\Delta F=100$ MHz。这么大的频偏必将在技术上为实现调频测距引信带来特殊困难。

2.要减小固定误差

根据对差频信号的分析可知，其频谱是离散的，其中只有频率为调制频率 f 整数倍的调制分量，即差频信号只能为 f 的整数倍。因此在大多数情况下，用调频信号测量距离不是连续的，而是离散的，此离散性引起与距离无关的误差，常称这种误差为固定误差。在测量远距离时，固定误差的相对值一般地说甚小，没有什么实际意义。但随距离的减小，固定误差的相对值就可能达到百分之几十，而在近炸引信条件下，测量距离的离散性就变得与弹目相互作用距离本身可以比拟的了。这样，就有可能出现在给定距离内无法测定而漏过目标的危险。因此，就要对信号及其参数加以选择。

固定误差的大小等于调制频率所对应的距离。以正弦波调制为例，根据式(5－11)可得

$$R=\frac{cT}{4\pi\Delta F}\cdot f_{\mathrm{im}} \tag{5-34}$$

当 $f_{\mathrm{im}}=nf$ 和 $f_{\mathrm{im}}=(n+1)f$ 时，所对应的距离差为

$$\Delta R=\frac{cT}{4\pi\Delta F}[(n+1)f-nf]=\frac{cT}{4\pi\Delta F}\cdot f=\frac{c}{4\pi\Delta F} \tag{5-35}$$

ΔR 即为固定误差，其大小是与调制频偏成反比关系的。例如：当 $\Delta F=1$ MHz 时，$\Delta R=24$ m；当 $\Delta F=20$ MHz 时，$\Delta R=1.2$ m。由此可见，要减小固定误差，就要增大调制频偏。

在设计引信时，一般常给定测距误差 ΔR，这时调制频偏 ΔF 必须满足下式：

$$\Delta F\geqslant\frac{c}{4\pi\Delta R} \tag{5-36}$$

3.要虑具体电路实现的可能性以及天线频带宽度等的限制

(二)调制频率 f 的选择原则

1.要尽量减小差频不规则区间

如前所述,由于差频频率不规则区的存在,导致差频信号具有许多谐波分量和离散的频谱,从而影响利用差频公式测距的精确度。只有无限增大调制周期 T,并使 $T \to \infty$ 时,才可使差频信号对于任何距离均为单一频率,而且此频率可随距离连续地变化。因此,在选择调制频率时应尽量使不规则区在一个调制周期内占较小的比例,即

$$T = n\tau$$

式中:n ——常数且 $n \gg 10$。将 $\tau_{max} = 2R_{max}/c$ 代入上式可得

$$f = \frac{c}{2nR_{max}} \tag{5-37}$$

2.消除非单值所产生的距离模糊

在周期性调制的情况下,差频公式还不能单值地确定引信到目标间的距离,因为根据它们不能区分延迟时间为 τ、$T+\tau$、$2T+\tau$、…、$nT+\tau$ 时所对应的距离。也就是说,在相差距离为 $\Delta R = cT$ 值和其倍数 $n\Delta R$ 时,所对应的差频 f_i 值都是相同的,这样就产生了距离模糊。

为了消除距离模糊,在选择调制频率时,应使调制周期足够大,一个调制周期所对应的距离大于可能测得的距离变化范围。设 R_0 为系统能够测出的距离范围,应使这个可能测得的距离变化范围小于 cT,即

$$R_0 < \Delta R = cT$$
$$f < c/R_0$$

式中:R_0——引信的作用距离。

这实际上就是要求在距离 $(R_0 + \Delta R)$ 上的最大可能回波信号电压 $U_{rm}(R_0 + \Delta R)_{max}$ 应该比在距离 R_0 上的最小可能回波信号电压 $U_{rm}(R_0)_{min}$ 还要小。

3.减小多普勒效应的影响

在前面已分析过当弹目间有相对运动时,由于延迟时间 τ 的变化及多普勒效应的存在,使差频信号的频谱发生变化,特别是多普勒频率的出现,将给信号处理造成困难或引起距离误差。因此,应该使差频频率尽量与多普勒频率相差较远,即

$$f_i \gg f_d$$

例如,采用锯齿波调频时,有

$$f_i = \frac{2\Delta F}{c} \cdot fR$$

$$f_d = \frac{2V_j}{\lambda_0}$$

则有下列关系式:

$$f \gg \frac{V_j c}{\lambda_0 \Delta F R_{min}} \tag{5-38}$$

第四节　调频多普勒引信

调频多普勒引信又称正弦调频边带引信,是在差频信号频谱分析基础上进行设计的一种引信。根据对差频信号的频谱分析可知,在弹目之间存在相对运动时,差频信号的频谱发生了

变化。在正弦波调制的情况下，差频为 $n\Omega \pm \Omega_d$ 的边带。调频多普勒引信与前述调频测距引信根本不同之处就是要想法取出差频信号中的多普勒信号，利用多普勒信号中所含有的距离信息或速度信息使引信作用。

一、调频多普勒引信的原理

该引信一般原理方框图如图 5－14 所示。

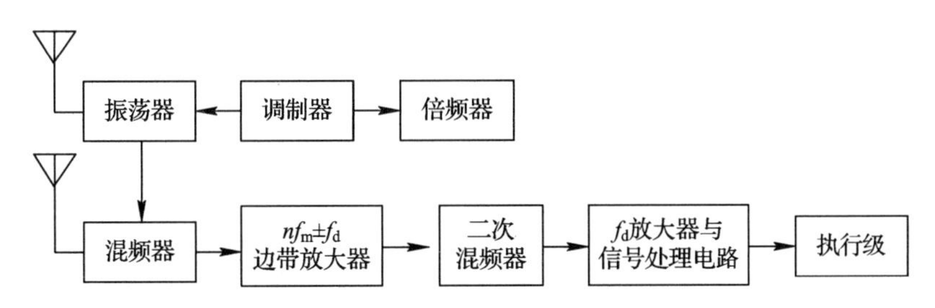

图 5－14　调频多普勒引信原理方框图

在此系统中，混频器输出端接有边带放大器，可选择出某一边带信号，输入二次混频器，与来自调制信号发生器并经过 n 倍倍频的相应次谐波信号进行二次混频，便可得到多普勒信号，再经过放大与信号处理，便可推动执行级使引信作用。若输入信号幅度恒定，输出边带信号幅度［根据式(5－17)］为

$$U_n = U_{im} J_n \left(\frac{2\Delta\omega}{\Omega} \sin \frac{\Omega\tau}{2} \right) = U_{im} J_n (Z) \tag{5-39}$$

式中：$\tau = 2R/c$ 。可见，多普勒振幅具有距离信息。只要适当地选择调制参数和边带谐波次数就可以利用上述关系来控制引信的作用距离。但通常还是利用多普勒信号所具有的速度信息来控制引信的作用。

由前面分析我们知道混频器输出边带信号为

$$\begin{aligned} u_i = U_{im} \{ & J_0(Z)\cos(\Omega_d t - \omega_0 \tau_0) - J_1(Z)[\sin((\Omega - \Omega_d)t + \omega_0\tau_0) - \\ & \sin((\Omega + \Omega_d)t + \omega_0\tau_0)] - J_2(Z)[\cos((2\Omega - \Omega_d)t + \omega_0\tau_0) + \\ & \cos((2\Omega + \Omega_d)t + \omega_0\tau_0)] + \cdots \} \end{aligned} \tag{5-40}$$

其频谱如图 5－15 所示。

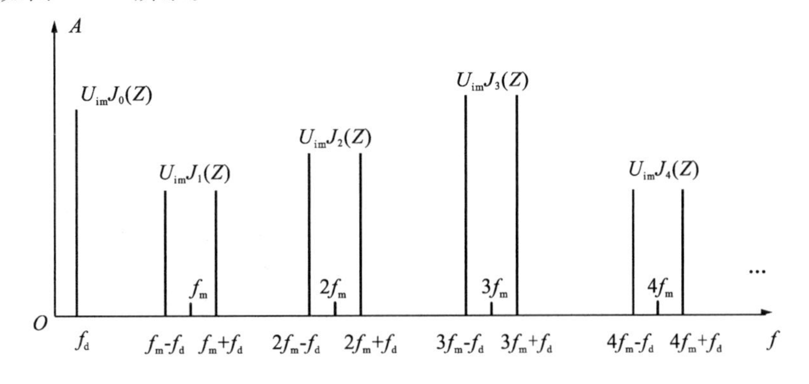

图 5－15　混频器输出边带信号的频谱

这种引信取其 n 次边带信号，其频率为 $n\Omega \pm \Omega_d$，进行中频放大，这样就避开了大量的低频振动噪声的影响，因而它具有低噪声的特点。此外，从分析可见，混频器输出信号包含有多普勒频率 Ω_d 及 $\Omega \pm \Omega_d$、$2\Omega \pm \Omega_d$、$3\Omega \pm \Omega_d$、… 成分，其个成分振幅除与反射信号强度有关的 U_{im} 外，还被第一类贝塞尔函数 $J_0(Z)$、$J_1(Z)$、… 加权。选频放大器只选 $n\Omega \pm \Omega_d$（即 $nf_m \pm f_d$）边带信号，这些信号被 $J_n(Z)$，当距离 $R \approx 0$ 时，$Z \approx 0$，$J_n(Z) \approx 0(n \neq 0)$，因此发射机对接收机的泄漏被抑制掉，这种体制可以减小泄漏的影响。但这种引信也存在问题，就是调频使接收信号能量分散在各个边带上，而引信所利用的只是某次边带功率，因此造成功率损失，又称为选频损失。

若选频放大器选取 $nf_m \pm f_d$ 成分（双边带），可推导出选频损失为

$$\alpha_n = 10\lg \frac{1}{2J_n^2(Z)} \tag{5-41}$$

若选频放大器选取单边带 $nf_m + f_d$ 或 $nf_m - f_d$ 成分，可推导出选频损失为

$$\alpha_n = 10\lg \frac{1}{J_n^2(Z)} \tag{5-42}$$

由于 $J_n(Z)$ 随 n 值增大而减小，因此选择的 n 值越大，即谐波次数越高，选频损失越大。

二、调频多普勒引信参数的选择

下面以正弦波调频为例来分析其选择原则。

（一）谐波次数的选取

调频多普勒体制的引信经常只取其差频频谱中某次谐波的一个边带来工作，那么选几次为好呢？可从以下几方面来考虑。

1.功率损失较小

由前面对差频信号频谱分析可知，各次谐波振幅均受到相应阶贝塞尔函数的调制，而各阶贝塞尔函数曲线将随其阶数的增高而降低。因此，各次谐波功率也将随谐波次数的增高而降低。从减小功率损失来考虑，应选择较低次的谐波分量为好。

2.取得一个合适的边带频率

一般来说，边带频率取得较高一些对避开大量的低频振动噪声更有利。而通常调制频率 f 不能取得很高，但又要使边带频率 $n\Omega \pm \Omega_d$ 不很低，所以应选较高次的谐波分量。

3.减小噪声的影响

通过对考虑噪声时发射信号与回波信号混频后的差频信号进行分析，发现噪声的影响将随谐波次数的增高而减小。因此从减小噪声的角度出发应选择次数较高的谐波。

4.减小选频损失的影响

由于 $J_n(Z)$ 随 n 值增大而减小，因此选择的 n 值越大，即谐波次数越高，选频损失越大。从这点出发要求选择较低次的谐波分量。

根据以上所述，选取的谐波次数通常在三次（$n=3$）以上。

（二）调制频率的选择

在选择调制频率时，应考虑两个方面。一方面，为了消除非单值性，调制频率应满足

$$R_0 < \Delta R = cT$$

即
$$f < \frac{c}{R_0}$$

另外，为了能滤除相邻谐波，调制频率还应满足
$$f \gg f_d$$

（三）调制指数 m_f 的选择

在差频信号的频谱中，n 次谐波边带振幅为
$$U_n = U_{im} J_n \left(\frac{2\Delta\omega}{\Omega} \sin \frac{\Omega\tau}{2} \right) \tag{5-43}$$

式中：$\Delta\omega/\Omega = m_f$，$m_f$ 为调制指数。由式(5-43)可见，在一定条件下，m_f 的大小将决定贝塞尔函数自变量的大小，因而直接影响边带功率的大小。为减少信号能量的损失，选择调制指数时，应使所选取的谐波分量能取得最大值。为此首先求出相应阶贝塞尔函数取得最大值 $J_n(Z)_{max}$ 时的自变量值 Z_0，然后使
$$2m_f \sin \frac{\Omega\tau}{2} = Z_0 \tag{5-44}$$
$$m_f = \frac{Z_0}{2\sin \frac{\Omega R_0}{c}} \tag{5-45}$$

式中：R_0——给定的引信作用距离。

习　　题

1.调频引信有哪些特点？
2.调频引信有哪些类型？
3.简述周期调频系统的差频信号频谱特点。
4.周期调频系统的差频信号振幅有哪些特征？
5.简述调频测距引信基本原理。
6.简述调频多普勒引信基本原理。

第六章　比相引信

比相引信是利用相位干涉仪测角原理设计的一种引信体制。它经常能同时获得目标的角度、速度等信息来控制引信作用，主要分为主动式、半主动式和被动式等几种类型。比相引信可以采用连续波体制或脉冲体制，因此具有较强的抗目标自卫式干扰的能力，是一种抗干扰引信体制。反辐射导弹和防空导弹中的被动引信通常采用比相引信。本章主要介绍比相引信的发展概况、基本原理以及主要类型等相关内容。

第一节　比相引信概述

一、特点

比相是指通过沿弹轴配置并相隔一定距离的两组接收天线所接收信号进行相位比较，从而得到目标角度的信息。比相引信一般都有两个相同的接收机通道。为了在弹的前半球区不出现相位模糊，且能连续测角，相位比较接收天线之间的距离通常小于或等于工作波长，而且收发天线都具有宽波束方向图。

比相引信是利用两根天线接收到的回波信号相位差而不是幅度来检测目标，而相位差仅取决于目标的角位置，比相引信能精确地测定目标相对于弹轴的角位置，从而实现较理想的引战配合。然而，引信是超近程雷达，体目标效应引起的相位闪烁和信号幅度起伏均很大，使得比相引信的这一优点不能得到充分的发挥。

二、基本原理

引信的作用主要是根据目标对导弹的相对位置来确定起爆时机。目标对导弹的位置可用直角坐标系表示，也可用极坐标系表示。在平面极坐标系中，通常用两个参数表示目标的位置：一个是距离 r ，另一个是角度 φ ，如图 6－1 所示。

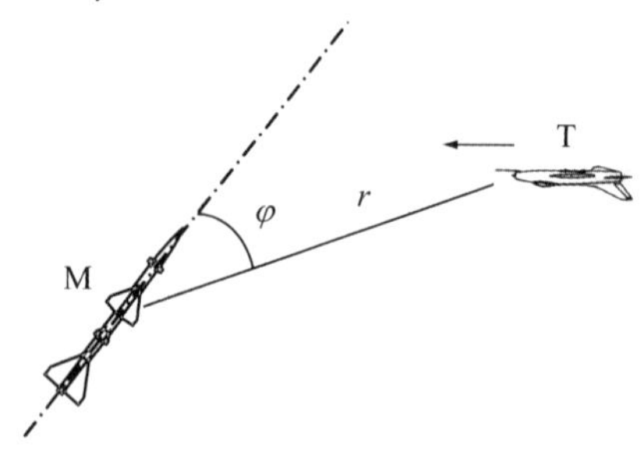

图 6－1　目标对导弹位置示意图

在很多引信中，对距离的选择是根据引信的灵敏度来确定的，而对角度的选择，只能由天线方向图大致确定。由于目标信号振幅的起伏、引信灵敏度大小的差异以及天线方向图的非直线性等因素的影响，所测的 φ 值变化范围较大。这样，就使引信与战斗部的配合效率下降。为了提高引战配合效率，要求对 φ 的确定越精确越好。因此，常将雷达测角技术应用到引信中来，产生一种比相引信，其原理可用图 6－2 来说明。

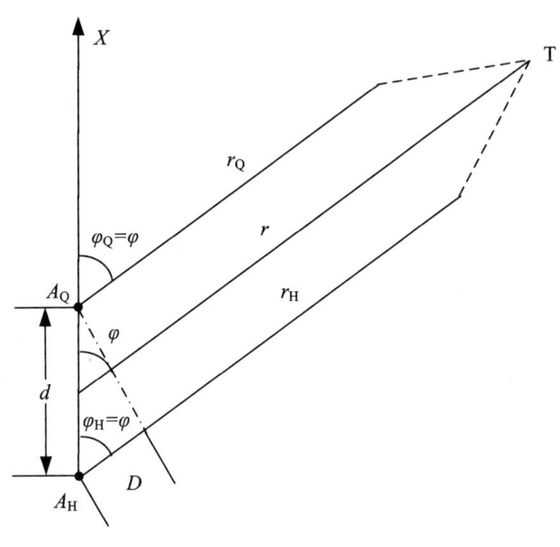

图 6－2　比相引信原理图

图 6－2 为比相引信原理图，图中给出了两组接收天线与目标的相对信置，其中：

T——目标；

A_Q ——前接收天线；

A_H ——后接收天线；

d ——两个接收天线中心间的距离；

φ ——弹目连线与弹轴间的夹角，称为目标视角；

φ_Q ——前接收天线的目标视角；

φ_H ——后接收天线的目标视角；

r ——天线到目标的距离，又称目标线长度；

r_Q ——前接收天线目标线长度；

r_H ——后接收天线目标线长度；

D ——两个天线到目标的路程差。

为分析问题简单起见，认为目标是点目标，而且天线到目标的距离远大于两接收天线间的距离。

因为

$$d \ll r_Q,\quad d \ll r_H$$

所以近似有

$$\varphi_Q=\varphi_H=\varphi\ ,\ r_Q \,/\!/\, r_H$$

从 T 到 A_Q、A_H的行程差为

$$D=\Delta r=r_{H}-r_{Q}=d\cos\varphi \tag{6-1}$$

行程差引起的相位差为

$$\Delta\varphi=\frac{2\pi}{\lambda}\Delta r=\frac{2\pi}{\lambda}d\cos\varphi \tag{6-2}$$

式中：$\varphi=0°\sim90°$，$\Delta\varphi$ 是 φ 的单值函数。

结论：通过引信启动时 $\Delta\varphi$ 的选择就可进行启动角度的选择。

第二节　比相引信的基本类型

鉴相器是比相引信必不可少的部件，它可以设置在微波部分，也可以设置在中频或低频（多普勒频率）部分。按照鉴相器安装位置，比相引信主要分为以下三种基本类型。

一、高频比相引信

1.原理

高频比相引信原理框图如图 6-3 所示。

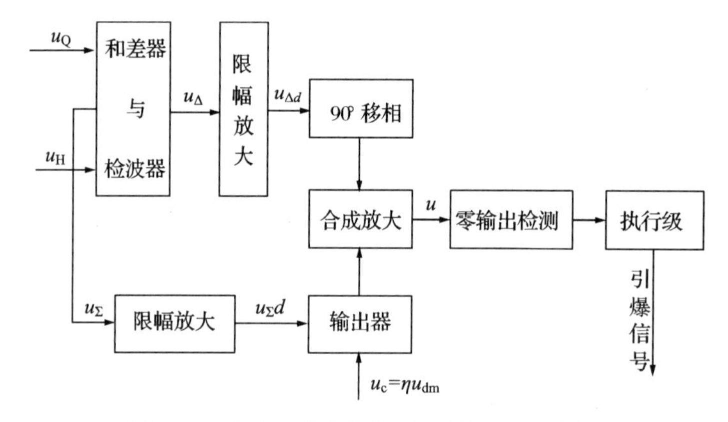

图 6-3　和差合成式高频比相引信原理方块图

设前、后接收天线接收到的信号分别为

$$u_{Q}=U_{m}\sin(\omega_{0}t+\varphi) \tag{6-3}$$

$$u_{H}=U_{m}\sin(\omega_{0}t+\varphi-\Delta\varphi) \tag{6-4}$$

式中：

$$\Delta\varphi=\varphi_{Q}-\varphi_{H} \tag{6-5}$$

为了进行比相，将 u_{Q}、u_{H} 分别送到和差器的两个输入端，和差器分别输出和信号与差信号。利用和差化积三角公式

$$\sin\alpha+\sin\beta=2\sin\frac{\alpha+\beta}{2}\cos\frac{\alpha-\beta}{2} \tag{6-6}$$

$$\sin\alpha-\sin\beta=2\cos\frac{\alpha+\beta}{2}\sin\frac{\alpha-\beta}{2} \tag{6-7}$$

可求得和信号与差信号为

$$
\begin{aligned}
u_{\Sigma} &= u_{\mathrm{Q}} + u_{\mathrm{H}} \\
&= U_{\mathrm{m}} \sin(\omega_0 t + \varphi) + U_{\mathrm{m}} \sin(\omega_0 t + \varphi - \Delta\varphi) \\
&= 2U_{\mathrm{m}} \cos \frac{\Delta\varphi}{2} \sin(\omega_0 t + \varphi - \frac{\Delta\varphi}{2})
\end{aligned} \tag{6-8}
$$

$$
\begin{aligned}
u_d &= u_{\mathrm{Q}} - u_{\mathrm{H}} \\
&= U_{\mathrm{m}} \sin(\omega_0 t + \varphi) - U_{\mathrm{m}} \sin(\omega_0 t + \varphi - \Delta\varphi) \\
&= 2U_{\mathrm{m}} \sin \frac{\Delta\varphi}{2} \cos(\omega_0 t + \varphi - \frac{\Delta\varphi}{2})
\end{aligned} \tag{6-9}
$$

检波限幅后得低频且幅度相同的和信号、差信号：

$$u_{\Sigma d} = U_{\mathrm{dm}} \cos \frac{\Delta\varphi}{2} \tag{6-10}$$

$$u_{\Delta d} = U_{\mathrm{dm}} \sin \frac{\Delta\varphi}{2} \tag{6-11}$$

$u_{\Delta d}$ 移相 $\pi/2$ 后与 $u_{\Sigma d}$ 合成，得

$$u_d = u_{\Delta d}\big|_{90^\circ} + u_{\Sigma d} = 2U_{\mathrm{dm}} \cos \frac{\Delta\varphi}{2} \tag{6-12}$$

其中 $\Delta\varphi = \frac{2\pi}{\lambda} d \cos\varphi$。选 $d=\lambda$ 得相位电压，并用 u_φ 表示为

$$u_\varphi = u_d = 2U_{\mathrm{dm}} \cos(\pi \cos\varphi) \tag{6-13}$$

当 $\varphi = 0^\circ \sim 90^\circ$，相位电压 u_φ 是 φ 的单值函数，如图 6-4 所示。

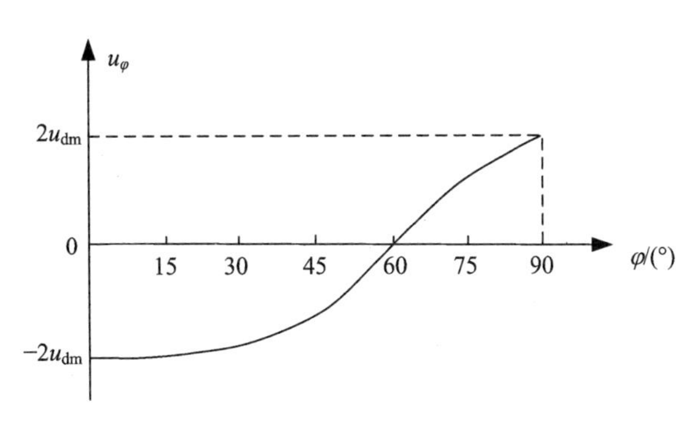

图 6-4　相位电压曲线

因此，可以通过启动时 u_φ 的选择实现启动角的选择。但是，在实际应用中，通常是选择一些特殊点。从图 6-4 中可以看出，当 $\varphi=60^\circ$ 时，$u_\varphi=0$。因此，将 u_φ 送至零输出器(过零检测器)，并将过零检测器输出加至执行级，便可保证 $\varphi=60^\circ$ 时引信输出起爆指令。

2.最佳起爆角控制

实际引信中，为了更好地实现引战配合，最佳起爆角不一定是 60°，而应由战斗部及弹目交会参数等确定。因此，应根据实际情况将过零点移动到所需位置。为此，在合成放大器中引入以 η 为变量的控制电压 $u_c = \eta\, u_{\mathrm{dm}}$。这时，$u_\varphi - \varphi$ 曲线随着 η 值的不同而上下移动，进而使曲线的过零点左右移动，如图 6-5 所示。

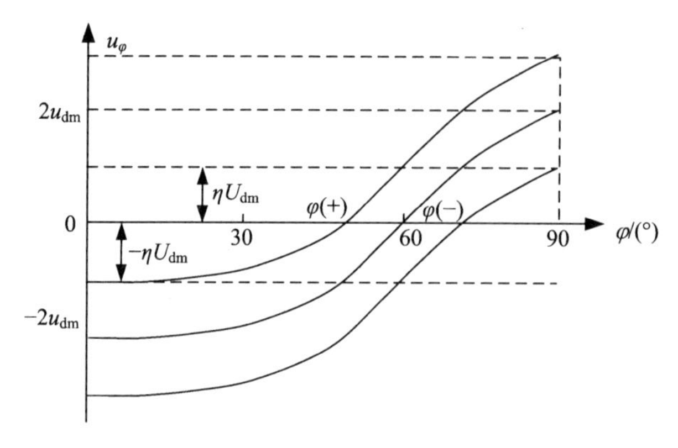

图 6-5　控制电压对 u_φ 的影响

η 值根据实际情况确定，可通过遥控或预先装定实现。

二、中频比相引信

1.工作过程

所谓中频比相引信，是指引信前、后接收天线的接收信号分别经过混频、放大后获得中频信号，然后将两路中频信号加到中频鉴相器，鉴相器输出相位电压信号而使引信启动的比相引信。

因为相位电压是两路中频信号相位差的函数，而两路中频信号相位差又是目标视角的函数，所以相位电压又是目标视角的函数。因此，选择某一相位电压作为引信启动条件，就可以实现定角启动。中频比相引信的原理如图 6-6 所示。

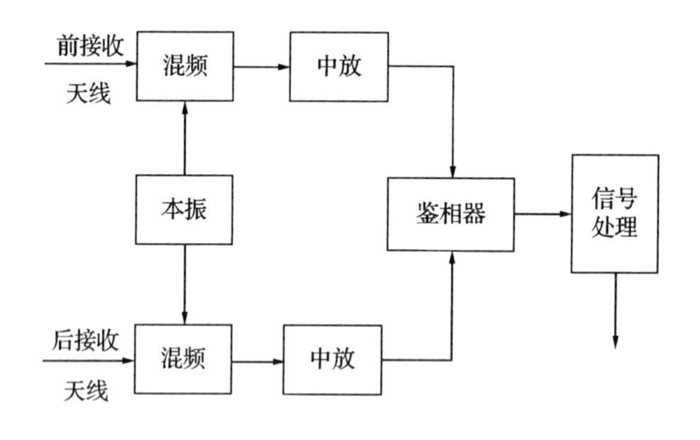

图 6-6　中频比相引信原理框图

中频比相引信比高频比相引信具有较高的灵敏度和较大的线性范围。但由于鉴相前信号经过混频、放大，前、后两个接收信号之间的相位关系可能发生变化。因此，在设计中要充分保证前后两个支路的幅频特性和相频特性的一致性。

2.中频鉴相器

中频比相引信的核心组件是，其原理电路如图 6-7 所示。

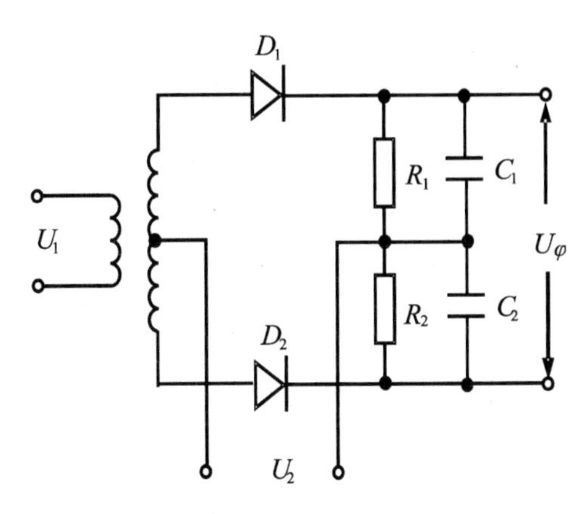

图 6 - 7 鉴相器原理图

从电路图中可以看出：U_1 反相加到两个晶体；U_2 同相加到两个晶体。

因此，D_1 晶体所加电压为 U_1+U_2，D_2 晶体所加电压为 U_2-U_1。

$$U_1=U_{1\mathrm{m}}\cos(\omega_1 t+\varphi_1)=U_{1\mathrm{m}}\cos\varphi_1 \tag{6-14}$$

$$U_2=U_{2\mathrm{m}}\cos(\omega_2 t+\varphi_2)=U_{2\mathrm{m}}\cos\varphi_2 \tag{6-15}$$

鉴相处理分三部分进行：

(1) D_1、D_2 二次方律检波；

(2) R_1C_1、R_2C_2 滤波；

(3)低频信号相减得输出。

二次方律检波只对振幅进行。在图 6 - 8 所示的 $\triangle OBC$ 中，$\beta=\psi_1-\psi_2$，由余弦定理得

$$|\dot{U}_2+\dot{U}_1|=\sqrt{U_{1\mathrm{m}}^2+U_{2\mathrm{m}}^2-2U_{1\mathrm{m}}U_{1\mathrm{m}}\cos(\psi_1-\psi_2)} \tag{6-16}$$

在图 6 - 8 所示的 $\triangle OAB$ 中，$\alpha=180°-\beta=180°-(\psi_1-\psi_2)$，由余弦定理得

$$|\dot{U}_2-\dot{U}_1|=\sqrt{U_{1\mathrm{m}}^2+U_{2\mathrm{m}}^2+2U_{1\mathrm{m}}U_{1\mathrm{m}}\cos(\psi_1-\psi_2)} \tag{6-17}$$

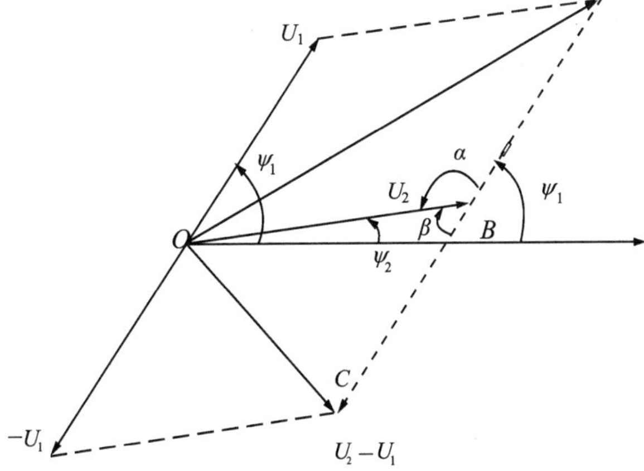

图 6 - 8 电压合成示意图

检波和滤波后有

$$u_{d1}=K'\ |\dot{U}_2+\dot{U}_1|^2 \tag{6-18}$$

$$u_{d2}=K'\ |\dot{U}_2-\dot{U}_1|^2 \tag{6-19}$$

$$u_{\varphi}=u_{d1}-u_{d2} \tag{6-20}$$

取 $U_{1m}=U_{2m}=U_{dm}$ ，$\omega_1=\omega_2$，$\varphi_1-\varphi_2=\Delta\varphi$ ，则有

$$u_{\varphi}=KU_{dm}^2\cos(\varphi_1-\varphi_2)=KU_{dm}^2\cos(\frac{2\pi}{\lambda}d\cos\varphi) \tag{6-21}$$

当 d/λ 小到一定值时，u_{φ} 是 φ 的单值函数。

因此，对 u_{φ} 进行过 0 检测，可实现定角起爆。

三、低频比相引信

低频比相引信的原理如图 6-9 所示。与中频比相引信不同之处有：

(1)在中放后加检波器，将中频变低频；

(2)中频鉴相改为低频鉴相。

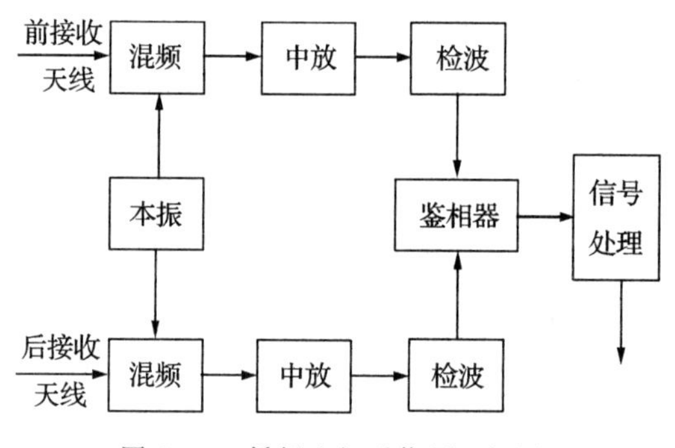

图 6-9　低频比相引信原理框图

习　　题

1.比相引信有哪些特点？

2.简述比相引信的基本原理。

3.比相引信有哪些基本类型？

4.简述高频比相引信实现原理。

第七章　脉冲无线电引信

脉冲无线电引信是一种发射信号具有一定重复周期的高频脉冲的无线电引信。一般的脉冲引信工作原理类似于脉冲测距雷达。发射装置通过天线发射一定脉宽及重复周期的矩形脉冲串，其一部分能量被目标反射，引信接收到的目标反射脉冲在时间上比发射脉冲滞后一个时间 τ，即 $\tau=2R/c$，它正比于引信到目标的距离 R。利用从反射信号中提取距离等信息来控制引信作用。本章主要介绍脉冲测距引信和脉冲多普勒引信。

第一节　脉冲测距引信

一、脉冲测距引信特点

脉冲无线电引信只在脉冲持续期间内发射高频能量，因而可在平均功率较小的条件下，具有较高的峰值功率，从而能达到较大的作用距离，同时也有利于抗干扰。这种引信可采用“距离门”等措施进行测距选择，使其距离截止特性好。此外，它还可以通过脉冲宽度选择以及编码等措施来提高抗干扰能力。如果直接利用脉冲测距，那么要求接收与发射系统之间隔离完善，又因引信作用距离小，则要求调制脉宽很窄等。这些均会给系统的实施带来一定的困难。脉冲引信按其工作原理可分为脉冲测距引信、脉冲多普勒引信和脉冲比相引信等。

二、脉冲测距引信基本原理

引信每隔一段时间发射一次短促的高频脉冲，碰到目标后产生反射，一部分能量回到引信的接收机，到达接收机的反射脉冲比发射脉冲滞后 Δt。我们知道，发射的高频脉冲信号是由一系列高频频谱组成的。根据电磁波在空间传播的等速性和直线规律，所有频谱分量均以同一速度和同一时间到达目标，也以同一速度和同一时间到达接收机，所以由目标返回的信号仍保持原来的脉冲形式，即反射信号与发射信号相比只有时间滞后而无波形失真。于是，反射信号与发射信号之间的时间间隔 Δt 直接反映出电波往返传播的时间间隔。只要能测出 Δt，即可确定弹目距离 R_0。

下面以一个较简单的脉冲测距引信原理方框图 7－1 来说明脉冲测距引信的基本工作原理。

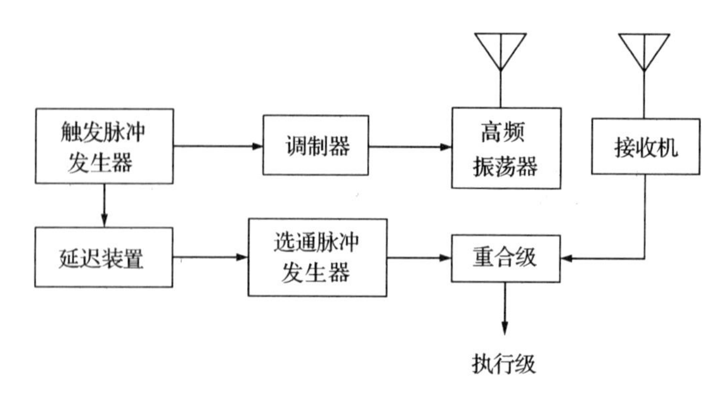

图 7-1　脉冲测距引信原理方框图

各部分脉冲波形如图 7-2 所示。触发脉冲发生器产生重复周期为 T 的窄脉冲如图 7-2 (a)所示。这些脉冲控制调制器产生脉宽为 τ、重复周期为 T 的矩形脉冲,如图 7-2 (b)所示。这种矩形脉冲又用来调制发射机的高频振荡,形成了向外发射的高频脉冲,如图 7-2 (c)所示。同时触发脉冲又通过延迟装置延迟一个时间 Δt,如图 7-2 (d)所示。然后将延迟后的脉冲送入选通脉冲发生器,使其产生一定脉宽的矩形选通脉冲,如图 7-2(e)所示。

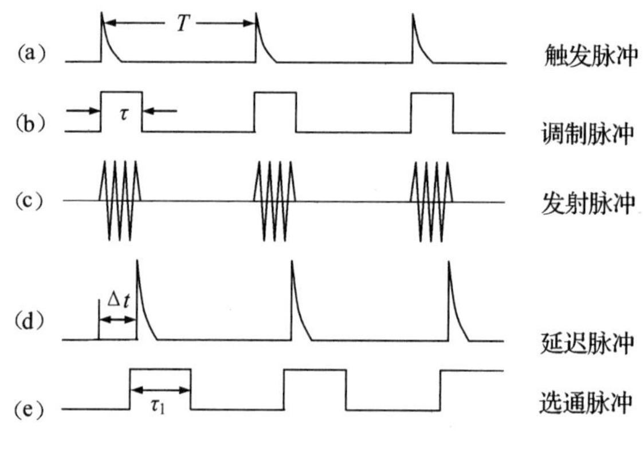

图 7-2　脉冲测距引信各部分波形

选通脉冲前沿与延迟脉冲前沿相重合,因此选通脉冲相对于发射脉冲也延迟了时间 Δt。而延迟时间 Δt 及选通脉冲宽度是根据引信作用距离来给定的。也就是说,由触发脉冲产生的选通脉冲限定了引信起爆时弹目间的距离。将此选通脉冲送入重合级,同时由接收机接收的反射脉冲也送入重合级。只有在选通脉冲工作期间,反射脉冲到达重合级时,重合级才输出一个启动信号,使引信起爆。引信的作用距离 R_0 可由引战配合的要求给定,延迟时间与 R_0 之间关系由下式给出:

$$\Delta t = \tau = 2R_0/c \tag{7-1}$$

$$R_0 = \frac{\Delta t}{2} \cdot c \tag{7-2}$$

这种引信最主要的问题是发射机辐射的脉冲通过寄生耦合进入接收机,而要将寄生耦合脉冲分离开是比较困难的,因寄生耦合脉冲电平与反射脉冲电平相差不多,不同之处只是反射脉冲较寄生耦合脉冲滞后一个短时间 τ。而在引信与目标间距离很小时,这些脉冲可以部分地或几乎全部相重合，为避免它们相重合，则必须发射极窄的（微秒级）脉冲。

如果发射和接收天线之间隔离不完善，而使漏到接收机输入端的直接信号功率 P_{Δ} 为

$$P_{\Delta} > P_S \tag{7-3}$$

式中：P_S——接收机灵敏度。

则必须对接收机采取选通的措施，在发射脉冲持续期间，选通脉冲不出现，使接收机关闭，不接收发射脉冲，而抑制泄漏的发射脉冲。也就是说，在发射脉冲持续时间 τ_M 内为盲区。将此时间换算成距离时，盲区范围即引信工作的最小距离。

$$R_{min} = \frac{\tau_M}{2} \cdot c \tag{7-4}$$

式中：τ_M——发射脉冲宽度。如果给定引信最小作用距离 R_{0min}，那么发射脉冲宽度应满足

$$\tau_M \leqslant \frac{2R_{0min}}{c} \tag{7-5}$$

例如，$R_{0min} = 15$ m，则由式(7-5)可得 $\tau_M \leqslant 0.1$ μs。

引信仅在近距离工作的情况下，经常能满足下式：

$$P_{\Delta} < P_S \tag{7-6}$$

在这种条件下，上述选通已没有必要，在发射脉冲持续期间，接收机可以打开，即可以接收反射脉冲。这时发射脉冲宽度可以不受上式的限制，同时由于 P_S 值比较大，可以不采用超外差式接收机，而采用直接检波放大式接收机。在这种电路中也可以采用选通方式工作，但这种选通的目的只是限制引信的作用距离。

综上所述，选通脉冲的宽度由引信作用距离变化范围来确定，即

$$\tau_1 = \frac{2(R_{0max} - R_{0min})}{c} \tag{7-7}$$

上述体制的脉冲测距引信需要两个天线，并且它们之间的距离需要足够大，使其在空间的耦合具有几十分贝的衰减。因此，它在小型常规武器中很难采用，一般只用于导弹上。

第二节　脉冲多普勒引信

一、脉冲多普勒引信工作原理

脉冲多普勒引信是一种应用多普勒效应工作的脉冲引信。它辐射的是不连续的射频信号，这一点不同于一般的连续波多普勒无线电引信，它又不同于普通脉冲测距引信，它仅是在脉冲发射期间接收信号，即在脉冲持续期间，引信振荡器发射射频能量，并在适当的条件下接收它自己发射的并由目标反射回来的信号，在这方面，它类似于普通的连续波多普勒引信。因此脉冲多普勒引信具有脉冲引信和连续波多普勒引信的某些特性。

由于引信发射机工作于脉冲状态，具有较高峰值功率和较低平均功率的优点，因此改善了对扫频干扰的对抗能力，同时也提高了引信的作用距离。由于脉冲多普勒引信是按多普勒原理工作的，因此不需要宽带放大器，只要应用连续波多普勒引信中的那种普通多普勒放大器就可以满足脉冲多普勒系统的要求。

脉冲多普勒引信也有自差式与外差式两种。

（一）自差式脉冲多普勒引信

常见的自差式脉冲多普勒引信方框图如图 7－3 所示。

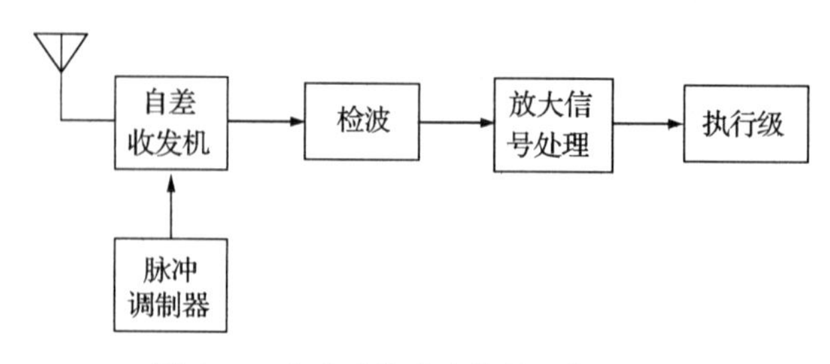

图 7－3　自差式脉冲多普勒引信方框图

自差式脉冲多普勒引信信号波形如图 7－4 所示。

其中脉冲调制器产生脉宽为 τ_m、重复周期为 T_m 的脉冲，对自差收发机进行调制，产生脉冲振荡。受脉冲调制影响的高频振荡[见图 7－4(a)]经天线发射到空间，遇到目标后产生回波，回波信号［见图 7－4(b)]比发射信号在时间上延迟 $\tau = 2R/c$。

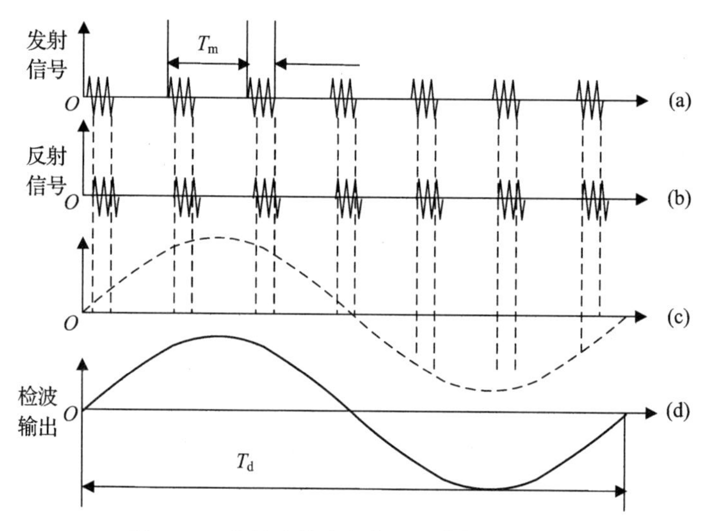

图 7－4　自差式脉冲多普勒引信信号波形图

如果弹目之间存在相对运动时，回波信号仍具有多普勒频移。这样，回波信号与发射信号在自差机中进行差拍，得到一个被多普勒频率调制的脉冲信号[见图 7－4(c)]，即每个脉冲的幅度都与由连续波获得的多普勒信号各点的幅度相对应。也就是说，多普勒信号将以许多离散的瞬时信号表现出来，这些离散的瞬时信号的多少取决于在一个多普勒周期内所发射的脉冲数。这个幅度按多普勒频率变化的脉冲列，经过检波取出包络便得到多普勒信号，再对此信号进行放大等处理后，输给执行级，使引信启动。若在发射脉冲宽度 τ_m时间内不存在由运动目标反射的脉冲信号，即说明弹目距离 $R > \tau_m c/2$，此时，自差机无信号输出，引信不启动。

上述自差式脉冲多普勒引信主要特点是电路简单、结构简单、体积小，适宜配置在常规弹药中。

(二)外差式脉冲多普勒引信

外差式脉冲多普勒引信方框图如图 7-5 所示。

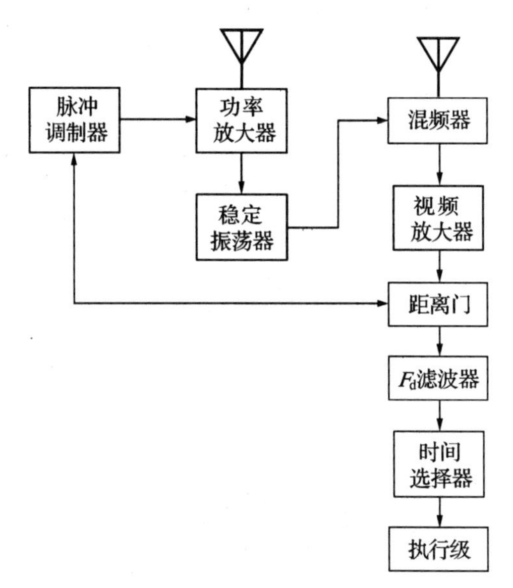

图 7-5　外差式脉冲多普勒引信方框图

发射系统由振荡器、功率放大器和脉冲调制器组成。由目标反射回来的脉冲信号由天线接收后输入混频器,这时,从连续波振荡器输出的信号或经延迟后的发射信号也输入混频器作为基准信号,与回波信号在混频器中进行混频,经检波后得到幅度受多普勒频率调制的脉冲信号,经视频放大器放大后,送至距离门。

距离门是根据引信作用距离的范围产生固定波门,以便进行距离选择。凡经过距离门选择的有用信号,通过多普勒滤波器提取多普勒信号。该信号再通过时间选择器,经过必要的延迟处理后适时地启动执行级。

当引信作用距离较近时,可以不使用功率放大器,让振荡器直接加上脉冲调制电源,产生射频脉冲振荡。

对防空导弹来说,脉冲多普勒目标探测装置是技术性能良好的一种先进引信体制。其技术性能的特点如下:

(1)具有脉冲和连续波两种引信体制的优点,而无其缺点;

(2)既可获得距离信息和锐截止的距离特性,又可获得速度信息;

(3)脉冲多普勒引信距离和速度的两维分辨能力,使之具有对抗地、海杂波和背景干扰能力及良好的低空作战性能;

(4)在低平均功率情况下,可获得高峰值功率的发射脉冲,使之具有对抗扫频干扰能力;

(5)具有系统通带窄、制造方便和抗干扰能力强的特点。

尽管脉冲多普勒引信在防空导弹中是一种比较先进的引信体制,但由于大占空系数高峰值功率的脉冲相干发射机在制造技术上的困难,因此脉冲多普勒引信体制未能在防空导弹上得到广泛使用。随着微波固态源技术的发展,大占空系数的脉冲发射机制造成为可能,但要获得高峰值的射频脉冲功率以及高稳定的相参振荡仍不是一种容易的事。

图 7-6 给出了采用相干检测方式的脉冲多普勒引信的功能原理方框图。

图 7-6 中 1 为高稳定的时钟振荡器，其输出经分频器 2 和脉冲整形器 3 形成脉冲重复频率，及其前后沿和宽度满足设计要求的系列脉冲。

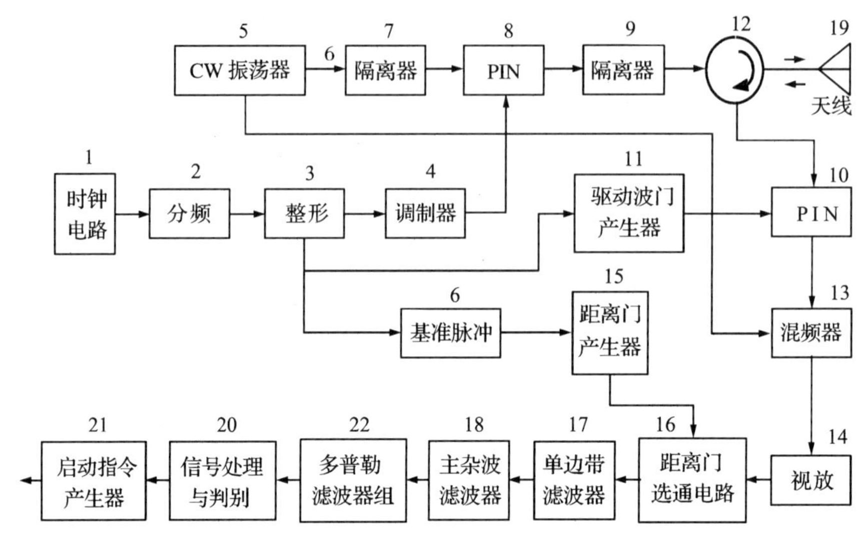

图 7-6　脉冲多普勒引信功能原理方框图

脉冲列自脉冲整形器 3 输出分为三路：一路加到脉冲调制器 4，经功率放大用以驱动 PIN 调制开关 8，以产生需要的射频脉冲。第二路加到可变延时振荡器 11 经延时一个射频脉冲宽度后加到接收开关脉冲调制器 10，产生一个较宽的开关脉冲，并在发射脉冲休止期间，打开接收开关 10，使反射的回波脉冲通过。第三路作为同步基准脉冲，输出到距离门电路 15，产生一组距离门信号，用以对回波脉冲进行距离选通。图中的方块 5 为连续波射频振荡器，其振荡频率为 ω_0。该信号经定向耦合器 6 分成两部分：其主要功率部分通过隔离器 7 输入微波 PIN 开关 8，当脉冲调制器 4 输出脉冲时，PIN 开关输出射频脉冲信号，经环流器和天线向空间辐射；另一路为定向耦合器耦合出的部分功率信号，输入接收机混频器 13 的本振端，作为对回波脉冲进行相干检测的基准信号。

回波信号被天线 19 接收，并经环流器 12 输入接收开关 10。该开关的作用是发射脉冲期间关闭接收机，以防止发射信号漏入接收机。在发射脉冲结束后，PIN 开关 10 打开，使回波信号进入混频器 13，并同连续波本振基准信号混频，获得受多普勒信号调制的双向视频信号。

经混频获得的双向视频信号，经视频放大器放大后，输入距离门选通电路 16。该电路由一组相对发射脉冲(或主振脉冲)延时不同的波门选通电路组成。只有当回波信号到达预定的延时选通门时，才有输出。假定距离门相对发射脉冲的延时为 τ_i，τ_i 为第 i 个距离门延时，其距离位置可用脉冲符号算子函数 $P_{\tau_{0/2}}(t-\tau_i)$ 表示，如图 7-7 (a)所示。回波脉冲 $P_{\tau_{0/2}}(t-\tau)$ 相对发射脉冲延时为 τ，当进入距离选通门时，输出的脉冲宽度及其位置可用脉冲符号算子函数 $P_{(\tau_{0-\Delta\tau})/2}[t-(\tau+\tau_i)/2]$ 表示。其中 $\Delta\tau=\tau-\tau_i$。图 7-7(b)绘出了距离门输出脉冲宽度及其位置与距离门延时的关系。图 7-8 绘出了以相参脉冲串作发射信号时，脉冲多普勒引信主要部分的波形关系图。

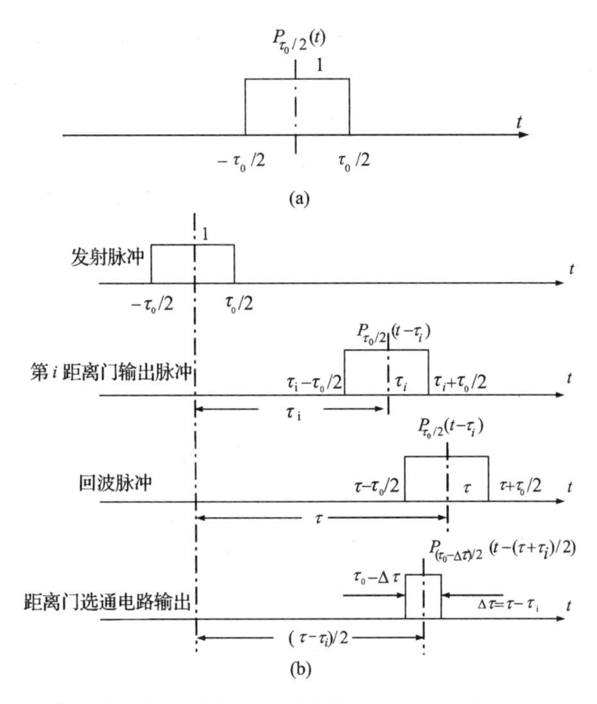

图 7－7　脉冲符号算子及距离门输出脉冲宽度及与距离门和回波关系

(a)脉冲符号算子；(b)距离门选通输出脉宽与距离门、回波的关系

T—回波脉冲与发射脉冲的时间间隔；τ_i—第 i 个距离门相对于发射波门的延迟

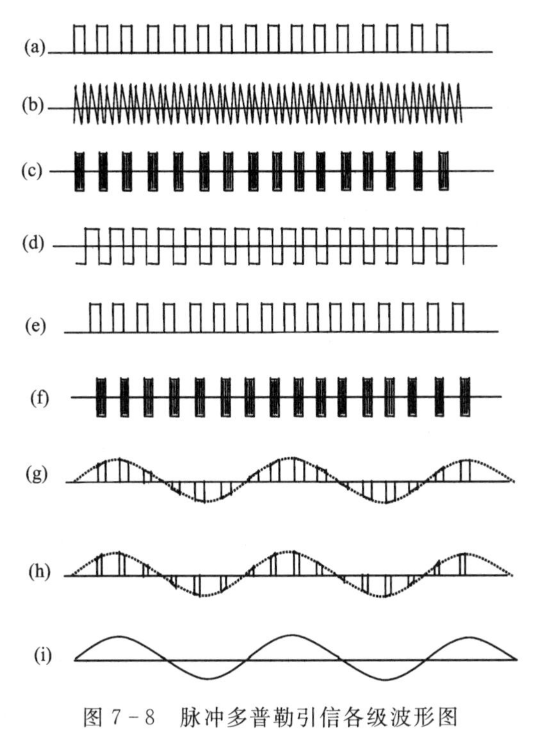

图 7－8　脉冲多普勒引信各级波形图

(a)基准脉冲信号；(b)CW 振荡器输出及本振信号；(c)发射脉冲信号；(d)接收开关驱动波门信号；(e)距离门脉冲信号；(f)回波脉冲信号；(g)混频器及视放输出双向视频信号；(h)距离门选通电路输出信号；(i)单边带滤波器输出信号

图 7-8 (h)绘出了距离门输出的双向视频信号。当回波脉冲延时 τ 与距离门预定的延时 τ_i 完全相等时，距离门电路输出的视频信号宽度最大，且等于回波脉冲宽度(假定波门宽度等于发射脉冲宽度)。此时，距离门延时 τ_i 所对应的距离即为目标距离。

图 7-9 中绘出了距离门输出信号的幅谱图。从图 7-9 知，由于目标运动的多普勒效应，在脉冲及其谐波频率附近有一个频率为 $N\Omega \pm \omega_d$ 的双边带信号，在基带(即 $N=0$) 时，幅度最大。

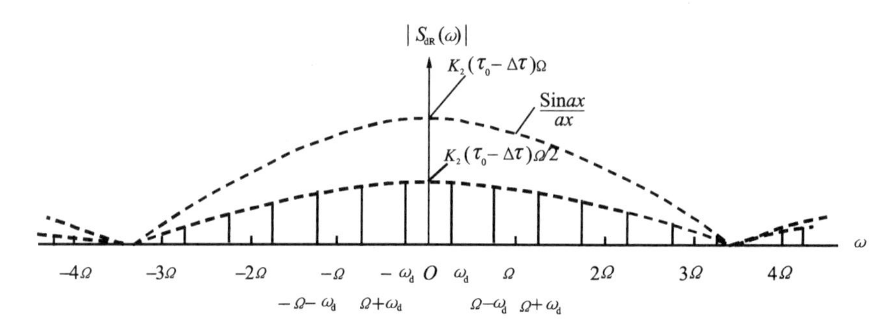

图 7-9 脉冲多普勒引信距离门输出信号幅谱

图 7-10 绘出了基带多普勒信号幅度随 $\Delta\tau$ 变化的关系。当 $\Delta\tau$ 为零时，多普勒信号幅度最大。

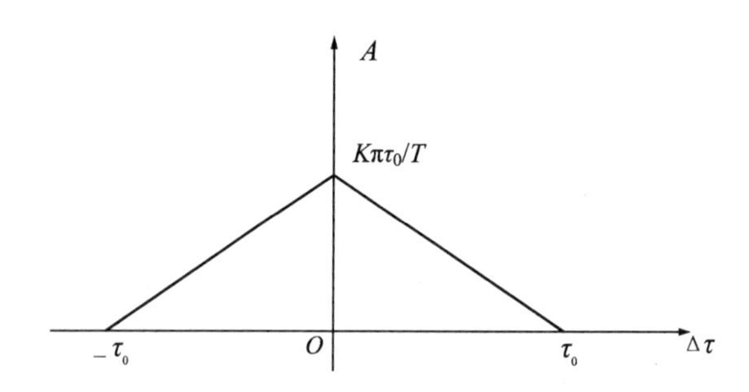

图 7-10 基带多普勒信号幅度随 $\Delta\tau$ 变化关系

将距离门输出的双向视频信号输入并联的多普勒滤波器组。假定滤波器组覆盖的频带为引信正常交会可能出现的多普勒基带范围，则距离门电路和多普勒滤波器组实际上起到对回波信号进行自相关处理的作用。当回波信号与距离门信号完全相关时，多普勒信号幅度最大。滤波器组将双向视频信号中的基带多普勒信号提取出来，并输送到信号处理电路，该电路利用距离门取滤波器组来的距离和速度信号进行二维分辨，以判别是信号还是干扰。如果是干扰，由引信抗干扰系统做出反应；当是信号时，信号处理电路做进一步处理和分析运算，在满足预定启动条件时，输出触发信号给启动指令产生器，使之产生启动脉冲。

二、有关参数的选择原则

(一) 调制脉冲宽度 τ_M 的选择

对于自差式脉冲多普勒引信调制脉冲的最小宽度主要由最大作用距离 R_{max} 确定。因为在每一个脉冲周期间，信号到达目标并返回到引信必须有足够的时间。例如，引信的最大作用距离为 R_{max} 时，从信号发出到碰上目标返回共走了 $2R_{max}$，需要时间为 $t_0=2R_{max}/c$。若选择

脉冲宽度为 $\tau_M=2t_0$ 时，脉冲前沿在经过目标返回后与发射脉冲在 t_0 处重合，如图 7-11 所示。

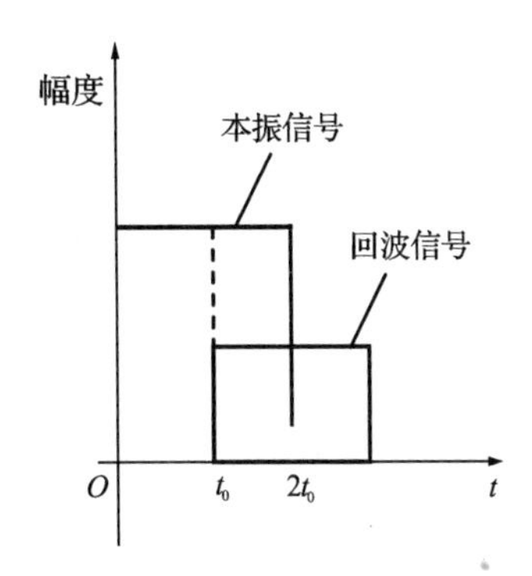

图 7-11　发射信号与回波信号的关系

在回波脉冲宽度一半时间内发射信号与回波信号不重合，因此混频后输出的脉冲宽度只有调制脉冲宽度的一半。随着目标的靠近，脉冲宽度逐渐增加。如果脉冲宽度 $\tau_M<2t_0$ 时，那么在 R_{max} 处，受多普勒调制的脉冲群消失，引信不会启动。因此在选择调制脉宽时，应使在弹目距离等于最大作用距离时，发射脉冲仍然有一部分时间与回波脉冲相重合，即应有以下限制：

$$\tau_M \geqslant \frac{2R_{max}}{c} \tag{7-8}$$

调制脉冲宽度的确定还与射频振荡器的频率有关。根据经验，在脉冲调制系统中，脉冲的宽度应足以宽到至少包含射频信号中心频率的 200 个振荡周期，即

$$\tau_M \geqslant 200/f_0 \tag{7-9}$$

式中：f_0——射频振荡器的中心频率。

式(7-9)只是在数量级的范围内成立。如果脉冲宽度太小，那么信号频谱就太宽，在系统的效率上会产生相当大的损失。

调制脉冲宽度的确定与多普勒频率有关。多普勒频率 f_d 由公式 $f_d=2V_jf_0/c$ 给出。式中 V_j 是弹目接近速度。相对于多普勒信号的周期，脉冲宽度应该是相当窄的，以致使多普勒信号在被脉冲取样期间，也就是说在脉宽 τ_M 时间内，多普勒信号的瞬时值没有显著变化。在这种要求下脉冲宽度应如何选定呢？设多普勒信号为正弦波，可以表示为

$$E=E_m\sin\omega_d t \tag{7-10}$$

式中：E_m——E 的最大值；

ω_d——$\omega_d=2\pi f_d$。

如能求出 E 的百分比变化与多普勒频率和脉冲宽度之间的关系，并认为在一定的 E 的百分比时电压可看成是恒定的。在这个条件下可以得到关于脉冲宽度的限制。为求出电压变化，将式(7-10)对时间微分可得

$$\frac{dE}{dt}=E_m\omega_d\cos\omega_d t \tag{7-11}$$

为求得 E 的最大变化速率，求出

$$\frac{\mathrm{d}^2 E}{\mathrm{d}^2 t}=-E_{\mathrm{m}}\omega_{\mathrm{d}}^2\sin\omega_{\mathrm{d}}t \tag{7-12}$$

令
$$\frac{\mathrm{d}^2 E}{\mathrm{d}^2 t}=0$$

得

$$\left.\begin{aligned} t&=\frac{2k\pi}{\omega_{\mathrm{d}}} \qquad (k=0,1,2,\cdots) \\ \left(\frac{\mathrm{d}E}{\mathrm{d}t}\right)_{\max}&=\pm E_{\mathrm{m}}\omega_{\mathrm{d}} \end{aligned}\right\} \tag{7-13}$$

取 $\mathrm{d}E/\mathrm{d}t$ 最大的绝对值以得到 E 的最大变化速率：

$$|\mathrm{d}E|=E_{\mathrm{m}}\omega_{\mathrm{d}}\mathrm{d}t \tag{7-14}$$

以脉冲宽度 τ_{M}代替 $\mathrm{d}t$，以 ΔE 代替$|\mathrm{d}E|$，并将 f_{d}的表达式代入式(7-14)得

$$\left.\begin{aligned} \Delta E&=\frac{4\pi E_{\mathrm{m}}V_{\mathrm{j}}f_0\tau_{\mathrm{M}}}{c} \\ \frac{\Delta E}{E_{\mathrm{m}}}&=\frac{4\pi V_{\mathrm{r}}f_0\tau_{\mathrm{M}}}{c} \end{aligned}\right\} \tag{7-15}$$

这就是 E 的百分比变化与多普勒频率和脉冲宽度之间的关系。如果取 ΔE 小于 E_{m}的5%，那么在脉冲持续期间脉冲的包络的幅度实际上接近于恒定，这时，脉冲宽度应满足下式：

$$\tau_{\mathrm{M}}\leqslant\frac{5c\times10^{-2}}{4\pi V_{\mathrm{r}}f_0} \tag{7-16}$$

调制脉冲宽度的确定还应当考虑回答式干扰的影响。发射信号从引信到达干扰机再返回引信所用的时间 Δt 是

$$\Delta t=2R'/c \tag{7-17}$$

式中：R'——从干扰机到引信的距离。

在一般情况下，干扰机的转发设备本身还要产生延迟时间 δ，所以对回答式干扰机总的延迟时间为

$$\Delta t'=2R'/c+\delta \tag{7-18}$$

当引信为自差式脉冲多普勒引信或是以发射脉冲信号作为相干检波的基准信号时，引信只能在发射脉冲持续期间内检测信号，如果 $\Delta t'$超过了脉冲宽度 τ_{M}，那么来自回答式干扰机的任何信号都不能对引信发生作用，因为引信在接通工作期间干扰机的信号不可能被接收到。于是，最大脉冲宽度应限制在

$$\tau_{\mathrm{M}}\leqslant 2R'/c+\delta \tag{7-19}$$

对于简单的接收、放大而立即转发的干扰机，在高灵敏度条件下，有产生自激振荡的趋向，这样一个固有的特点使这种干扰机具有高的干扰功率是不太现实的。因此，这类干扰机主要是采用门控类型的干扰机，在典型的门控延时转发器中，接收信号与再发射信号之间的延迟时间 δ 为两个微秒的数量级。这样，如果在脉冲多普勒系统中，采用的脉冲宽度为 2 μs，那么这样的回答式干扰机即便是与引信相距在最短距离上，由干扰机返回的脉冲也不能与引信的发射脉冲相互作用。

（二）调制脉冲频率的选择

脉冲多普勒引信作用的实质是提取多普勒信息，而该系统相当于一个取样装置，为了传送

足够的信息以便较准确地恢复多普勒信号，必须考虑所需的取样数值。设多普勒信号为正弦波，先考虑正半周，若在这半周中等间隔的三次取样，一次在起始部分，一次在峰值部位，而最后一次是在末端，这样一条曲线就被确定了。再考虑后半周，一个样本取在负的峰值部分，一个样本取在周期的末端，当同前半周的取样相连接时，就给出了全周正弦波的最低限度的表示。当取样数值增大时，正弦曲线则更精确，即多普勒信号恢复得更准确。由上述分析，样本之间的时间间隔 τ_M 在极限情况下应满足

$$\tau_M \leqslant \frac{T_d}{4} \tag{7-20}$$

式中：T_d——多普勒信号周期，而

$$T_d = \frac{1}{f_d} = \frac{c}{2V_j f_0} \tag{7-21}$$

代入式(7－21)可得

$$\tau_M \leqslant \frac{c}{8V_j f_0} \tag{7-22}$$

时间 τ_M 可认为是在给定 f_0 时，为确定多普勒信号的各脉冲之间的最大时间间隔，即为调制脉冲重复周期。上述结论也能满足采样定理的要求，即

$$\tau_S \leqslant \frac{1}{2F_m} \tag{7-23}$$

式中：τ_S——采样间隔；

F_m——信号最高频率。

上面对脉冲多普勒引信的调制脉冲宽度及重复频率的选择原则进行了分析，下面通过一个具体实例介绍如何应用上述的一些基本原则来确定其有关参数。

配用于某航弹的脉冲多普勒引信，已知航弹降落时对地面的接近速度范围，大约为 $V_r=600$ m/s，正常作用高度 $h_0=30$ m，射频振荡器工作频率 $f_0=150$ MHz。

利用已给的这些值：根据式(7－8)可求出最小脉冲宽度为 2×10^{-7} s；根据式(7－9)计算的最小脉冲宽度为 1.3×10^{-6} s；由式(7－16)可得到最大脉冲宽度为 13.3×10^{-6} s；又可根据式(7－19)得最大脉冲宽度为 2.2×10^{-6} s。分析以上结果，可认为调制脉宽 τ_M 选在 1.3×10^{-6} s 和 2.2×10^{-6} s 之间为合适。选择调制脉冲重复频率可从式(7－22)中求出脉冲最大时间间隔 τ_M 为 41.6×10^{-5} s 左右。

根据对现有某些脉冲多普勒引信的统计得到，一般调制脉冲宽度在 0.8～4 μs 之间，调制脉冲重复周期为 30～50 μs。根据上述选择参数的基本原则所确定的调制脉冲宽度及其重复周期也在此范围内。

习　　题

1.什么是脉冲引信？其特点有哪些？

2.简述脉冲测距引信基本原理。

3.脉冲多普勒引信主要参数的选择原则是什么？

4.简述脉冲多普勒引信工作原理。

第八章　伪随机码引信

伪随机码引信是指用伪随机码对发射机载波进行适当调制的引信，又称为伪随机编码无线电引信。调制方式可采用调幅、调频、调相或几种调制的复合，防空导弹引信中，通常采用调相获得较好的性能，简称伪码调相引信。载波可以是连续波，也可以是脉冲，因而伪随机码引信分为连续波伪随机码调相（或调频）引信和脉冲式伪随机码调相（或调频）引信的两种基本类型。本章主要介绍伪随机码引信的基本概念、主要类型及工作原理等知识。

第一节　伪随机码引信的基本原理

一、伪随机码的概念

如果一个序列，它的结构（或形式）是可以预先确定的，并且是可以重复地产生和复制的，但同时又具有某种随机序列的随机特性（即统计特性），那么称这种序列为伪随机序列。

例如由 1 和 −1 组成的二进制序列，其自相关函数和噪声的自相关函数很相似，所以这种序列也是伪随机序列。平时由 0 和 1 组成的二元（或二进制）序列可以用波形进行模拟，将 0 元素用一定宽度（持续时间）的单位振幅的正电压来模拟，而 1 元素可用同一宽度和振幅的负电压来模拟，图 8－1 所示为某二元序列及其相应的模拟波形。

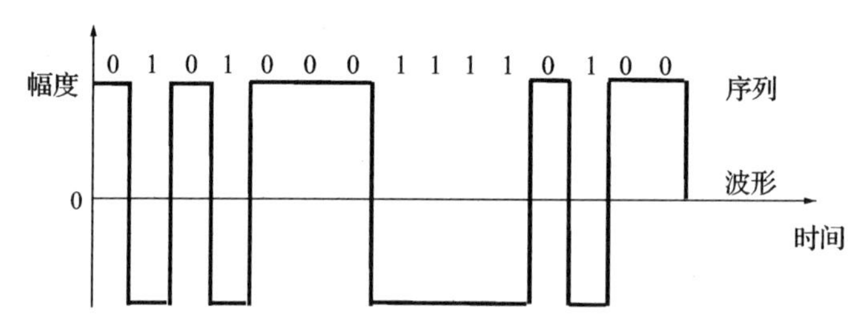

图 8－1　二元序列及其相应的模拟波形

只要给定一个二元序列，便可用相应的二元波形来模拟它，反之，给定一个二元波形，也可以用相应的二元序列来表示它。二元序列和二元波形是同一事物的两种不同表示法。

用上述方法建立起二元序列与其模拟波形（即二元波形）之间的对应关系后，两个二元序列的逐项模 2 相加便等效于它们所对应的二元波形的相乘。也就是说，两个二元序列的模 2 加序列对应于两个相应二元波形的积的波形，如图 8－2 所示。

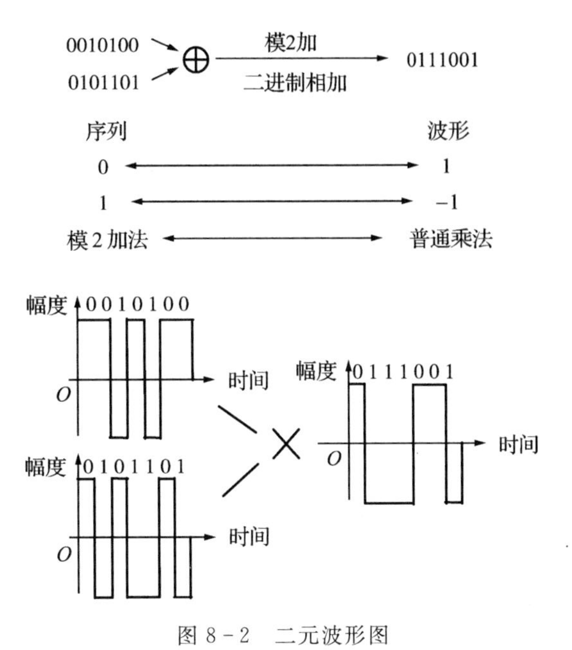

图 8－2　二元波形图

序列和模拟波形可以用来表示消息，把代表消息的个别序列或波形叫作一个码序，码序中每个符号称为码元，每个码序所包含的码元的数目称为码序的长度，简称码长。把由码序所组成的总体(或集合)叫作码。

二、序列和波形的相关函数

对于周期序列的相关函数，首先是针对－1 和 1 组成的二元序列进行定义的。例如，两个周期(或长度)均为 P 周期序列$\{a_n\}$与$\{b_n\}$之间的相关函数定义为

$$R(\tau)=\sum_{n=0}^{P-1}a_n b_{n+\tau} \tag{8-1}$$

当 $\{a_n\}=\{b_n\}$（即它们逐项相等)时，R 称为序列的自相关函数。

上面求相关函数的公式，对于由 0 和 1 组成的二元序列本身是不适用的，必须将 0 和 1 组成的二元序列变成相应的由 1 和－1 组成的二元序列，才能直接使用上述公式。为了使这些公式适用于二元序列，必须将它们做适当的变化。当两个参加相关运算的序列的对应元素如 a_k 与 $b_{k+\tau}$，是相同或一致的，即 a_k 与 $b_{k+\tau}$ 均为 1 或－1 时，它们的乘积为 1；当两个参加相关运算的序列的相应元素相反或不一致时，它们的乘积为－1。在对应元素积中只可能有这两种不同情况出现，因此上述相关函数可以写成

$$R(\tau)=A-D \tag{8-2}$$

式中：A ——两序列对应元素相同的个数；

D ——两序列对应元素相反的个数。

$N=A+D$ 表示求相关的元素总数，即 $N=P$。这样，式(8－2)所表示的序列相关函数公式不仅适用于 1 和－1 组成的二元序列，同时也适用于由 0 和 1 组成的二元序列本身。

由上述推导的公式可知，当直接用 0 和 1 组成的二元序列计算相关函数时，可先求出两个

序列的模 2 加序列，然后将模 2 加序列中 0 的个数减去 1 的个数，所得之差就是相函数值。

一般应用最广泛的是 m 序列，它是由线性移位寄存器产生的最长线性移位寄存器序列。m 序列也是一个伪随机序列，其长度为

$$n=2^r-1 \tag{8-3}$$

式中：r ——大于 1 的正整数，也是实现长度为 n 的 m 序列的线性移位寄存器的级数。

由于 m 序列具有较好的随机性，又易产生，故应用广泛。在 m 序列中，有

$$0\text{ 出现的次数}=2^{r-1}-1$$

$$1\text{ 出现的次数}=2^{r-1}$$

因此在 m 序列中 1 出现的次数比 0 出现的次数多一次。

为分析问题的方便，引入自相关系数定义：

$$\rho(\tau)=\frac{1}{P}\sum_{n=0}^{P-1}a_n b_{n+\tau} \tag{8-4}$$

自相关系数实际上是归一化的自相关函数，两者只差一个比例常数，所以常常都统一叫作相关函数。

由于原 m 序列 A_n 与其位移序列 $A_{n+\tau}(\tau\neq 0)$ 的模 2 加序列与原 A_n 序列平移等价，仍然是一个 m 序列。这样，可以得

$$\rho(\tau\neq 0)=\frac{A-P}{P} \tag{8-5}$$

由式(8-5)可知 $A=2^{r-1}-1$，$D=2^{r-1}$，P 是 A_n 和 $A_{n+\tau}(\tau\neq 0)$ 模 2 加之后的码周期长度，仍与 A_n 码周期长度相同，所以有

$$\rho(\tau\neq 0)=-\frac{1}{P} \tag{8-6}$$

当 $\tau=0$ 时，显然有 $a_n=a_{n+\tau}$，因而它们的模 2 加序列是一个 0 序列，这时有

$$A=P,D=0$$

因此

$$\rho(\tau=0)=\frac{A-D}{P}=\frac{P}{P}=1 \tag{8-7}$$

$$\rho(\tau)=\begin{cases}1, & \tau=0\\ -\dfrac{1}{P}, & \tau\neq 0\end{cases} \tag{8-8}$$

由以上结果说明，m 序列的相关系数有两个不同的值，即 m 序列具有双值自相关系数特性。与 m 序列对应的二元波形称为 m 序列波形或伪随机码周期波形。可以推导出 m 序列波形的自相关函数为

$$U_{\mathrm{f}}(\tau)=\begin{cases}1-\dfrac{P+1}{Pt_0}\left|\tau'-Pkt_0\right|, & 0\leqslant\left|\tau'-Pkt_0\right|\leqslant t_0,k=0,1,2,3,\cdots\\ -\dfrac{1}{P}, & \text{其他}\end{cases} \tag{8-9}$$

式中：τ' —— $\tau'=\tau-\tau_0$；

P ——伪随机码的码长；

t_0 ——码元宽度；

τ_0——本地码相对于调制码的延时。

$U_f(\tau)$的波形如图8-3所示。从图可见，在$\tau=\tau_0$（目标处于引信预定作用距离上）时，相关器有最大的输出。当$\tau_0+t_0\leqslant\tau\leqslant Pt_0$（在引信预定作用范围之外）时，相关器输出为$-1/P$，与$\tau=\tau_0$相比，相关器输出振幅被减小$P$倍，从而抑制了预定作用范围外的干扰信号。

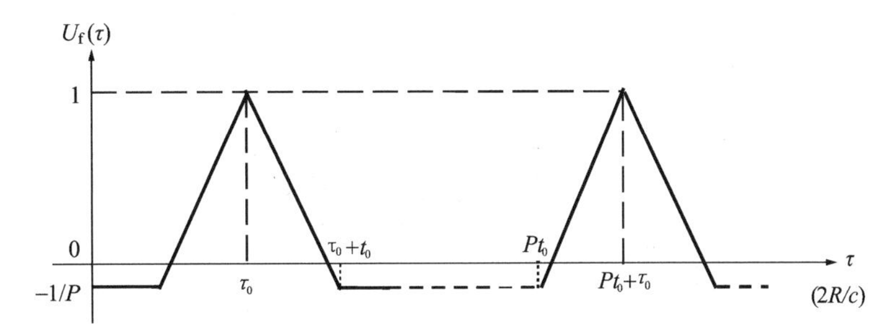

图8-3　伪随机码引信相关器输出信号振幅与弹目距离关系曲线

m序列波形的自相关函数呈现出陡峭的响应尖峰，其底部宽度为$2t_0$，因此，当码元宽度足够小时，可以获得良好的距离分辨力。

三、连续波伪随机码调相引信

连续波伪随机码调相引信原理如图8-4所示。

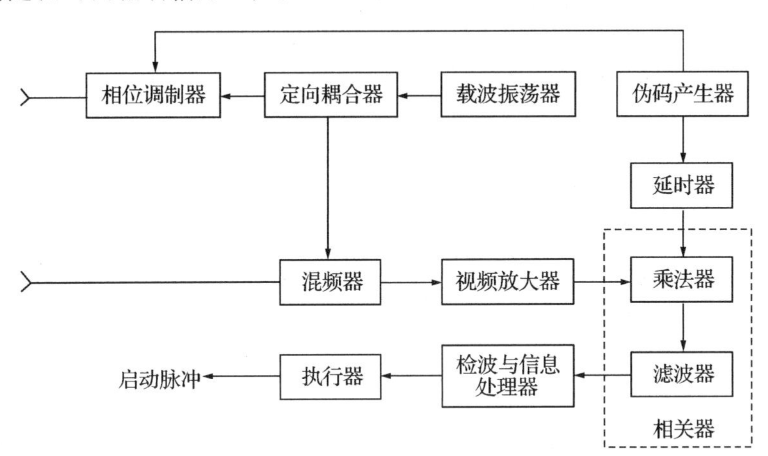

图8-4　连续波伪随机码调相引信原理图

连续波伪随机码调相引信工作波形如图8-5所示。

载波振荡器产生的射频振荡通过定向耦合器送到相位调制器中，伪码产生器输出的伪随机码也送至相位调制器中并对载波进行相位调制，其输出信号相对输入信号（载波）的相位分别为0°或180°，已调相的信号再被输送到发射天线并被辐射出去。目标反射信号被接收天线接收，并进入混频器，与来自定向耦合器的本振信号混频，产生双相编码的多普勒信号。该信号与来自伪码产生器并被适当延迟的本地码信号，在相关器中进行相关处理，如果目标回波信号的延时τ正好等于本地码的延时τ_0（对应于要求的工作距离上），即$\Delta\tau=\tau-\tau_0=0$，相关器的输出振幅最大，并输出多普勒频率信号；如果目标反射信号的延时与本地码的延时稍有差别，乘法器的输出就包含多普勒频率成分和编码信号的频率成分，相关器输出的多普勒频率信号的振幅就下降。当延时差别大于一个码元宽度，即 $\Delta\tau=\tau-\tau_0>t_0$ 时，对于来自引信预定最大作用距离以外的反射信号，乘法器的输出主要是编码信号频率成分，它被滤波器滤除，此时多普勒频率信号的幅度被降低至完全相关时的 $1/P$（P 为码长），从而大大地抑制了引信作用距离之外的地物杂波、海浪杂波以及电子干扰信号。

可见，当 $\Delta\tau=\tau-\tau_0=0$ 时，相关器输出一个多普勒信号，且该信号有最大值。将此多普勒信号放大并经适当处理后，去启动执行级。

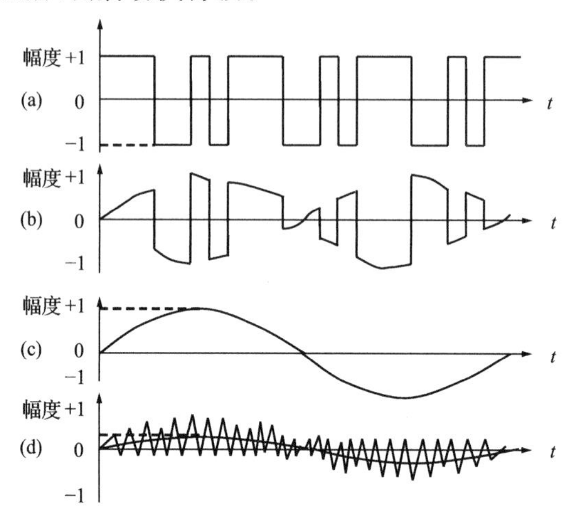

图 8-5　伪随机码引信工作波形图

(a)码长为 7 的伪随机 m 序列脉冲 u_c；(b)混频器输出的双相多普勒信号 u_m；
(c)完全相关时，相关器输出的多普勒信息 u_d；(d)完全不相关时，相关器输出的信号 u_n
u_{dm}—多普勒信号 u_d 的振幅；P—码长(本图例中 $P=7$)

四、伪随机码脉冲多普勒引信

伪随机码脉冲多普勒引信原理方框图如图 8-6 所示。

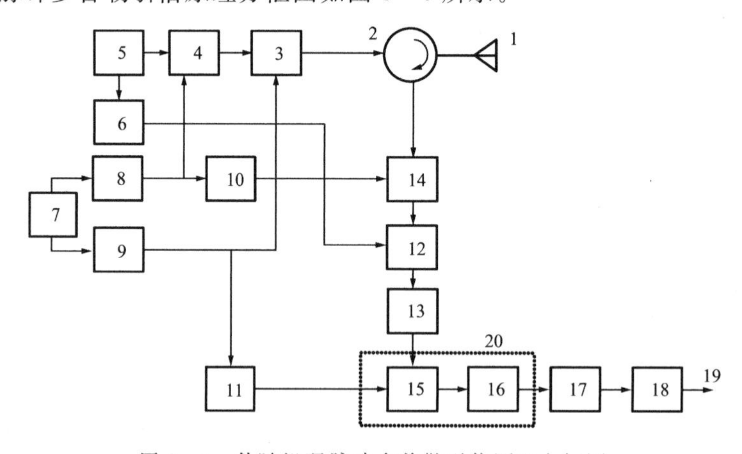

图 8-6　伪随机码脉冲多普勒引信原理方框图

1—收-发天线；2—环流器；3—0/π 调制器；4—脉冲振幅调制器；5—载波产生器；
6—耦合器；7—时钟信号产生器；8—距离门脉冲产生器；9—伪随机码脉冲产生器；
10—延时器 1；11—延时器 2；12—混频器；13—视频放大器；14—距离选通门；15—乘法器；
16—滤波器；17—检波与信息处理器；18—执行级；19—启动脉冲；20—相关器

从图 8－6 可见，伪随机码脉冲多普勒引信的基本原理与连续波伪随机码引信基本相同，主要不同之处为：发射波形是被周期脉冲取样的伪随机码调相射频振荡，因此发射的射频脉冲，其相位被 0°或 180°调制。

上面的基本方框图中，都采用了视频相关器，实际上也可以采用微波相关器，这时微波混频器的本振信号是被适当延时的伪随机码调相的载波振荡信号，微波混频器的输出经多普勒滤波器后，即可获得多普勒频率信号。采用微波相关器就可去掉宽带视放及发射泄漏信号引起的视频放大器饱和问题，但微波组合比较复杂。

由于脉冲式伪随机码引信对回波信号进行两次选择，一是距离门选通，一是伪随机码相关检测，因此有较好的抑制干扰信号的性能。

通过以上分析可以看出伪随机码引信的抗干扰特点有：

（1）用适当长的码长 P，可在相当大的距离内获得不模糊的距离测量。

（2）利用小的码元宽度可得到好的距离分辨率，且可得到一定的速度分辨能力。

（3）自相关函数具有类似狄拉克函数的特征，因此具有良好的距离截止特性。

（4）采用相关接收技术，对杂波干扰具有较强的对抗能力。

（5）便于控制和调整引信参数。

例如，编码时钟、编码类型、本地码延时等均易于按指令控制。这种控制使引信在抗干扰上获得许多新特性。

伪随机码引信的不足，是距离截止特性的基底不为零，而由 $1/P$ 决定，而 P 的增大往往受最高多普勒频率限制。因此位于非相关区的强转发干扰和强背景干扰仍可能使引信“早炸”。

为克服伪随机码引信的不足，可采用伪码和脉冲多普勒引信复合调制引信技术，以增大模糊距离和减小距离截止特性的基底影响。总之，为了提高引信的距离截止特性，各种特殊波和几种调制信号的复合调制引信是值得研究的。

第二节　伪随机码引信主要参数的选择

由于微波收发系统有关的参数计算与一般雷达引信的计算相同，这里主要讨论与伪随机码有关的参数选择与计算。

由于 m 序列是具有最长周期的线性移位寄存器序列，其最长周期为 $P=2^r-1$（r 为移位寄存器级数），它的优点是同样级数的线性移位寄存器能产生最长的序列，以及它的自相关函数具有优良的性质，所以伪随机码引信通常采用 m 序列编码。

确定编码参数时必须考虑满足引信距离截止特性的陡峭性（距离分辨力），抑制干扰的能力（取决于主-副瓣比）以及不模糊距离等要求。

一、本地码延迟时间 τ_0 的确定

τ_0决定于预期的引信作用区的中心，为了引信有较好的低空工作性能，通常取 τ_0 等于一个码元宽度。但对于截止距离较大的引信，τ_0可以取几倍的码元宽度。

二、码元宽度 t_0 的确定

码元宽度决定引信的作用区、距离截止特性的陡峭程度和引信工作的安全高度。若本地

码也被延时一个码元宽度，则相关器输出的归一化振幅与距离延时的关系曲线如图 8－7 所示。

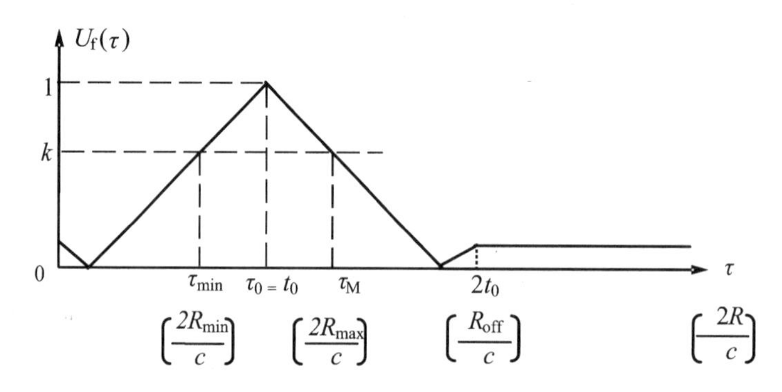

图 8－7　相关输出振幅与距离延时关系

从图 8－7 可见，当距离延时 τ 等于本地码延时 τ_0 时，相关器输出最大，而当距离延时等于一个码元宽度 t_0 时，相关器输出为 $1/P$。若允许引信最大作用距离处相关器输出下降至 k $(k<1)$，可推导最大作用距离的延时 $\tau_M=t_0+(1-k)t_0=(2-k)\ t_0$ 则 $R_{max}=(2-k)ct_0/2$，同理可推导引信可工作的最小距离 $R_{min}=kct_0/2$，由此得出引信的可工作范围：

$$\Delta R=R_{max}-R_{min}=(1-k)ct_0 \tag{8-10}$$

式中：c——光速。

从式(8－10)可见，k 一定时，t_0 越小引信的工作区越狭，所以 t_0 不能选得太小。但 t_0 越大，相关器输出振幅的斜率(绝对值)越小，截止距离特性陡度较差，且截止距离太大，不利于抑制地、海杂波。从后者出发，有

$$t_0 \leqslant \frac{R_{off}}{c} \tag{8-11}$$

式中：R_{off}——引信的截止距离，取决于引信的最低可工作高度(即安全高度)。

在实际确定 t_0时，可由式(8－10)和式(8－11)折中考虑。对于低空、超低空工作的引信，首先必须满足抑制地、海杂波的要求，即地、海面应处在引信的截止距离之外，则必须满足式(8－11)，要求 t_0要较小，引信可工作范围也较小，这时可采取多相关器输出叠加的方法解决。

三、伪随机码码长 P 的确定

确定 P 的因素有三个。

(1)抑制引信工作范围之外的地、海面背景反射及其他干扰信号的能力应足够强。前面已阐述相关函数的副瓣值为 $1/P$，因此 P 越大，副瓣越低，抑制背景干扰的能力越强。若要求在距离截止区引信抑制干扰的能力为 J(dB)，则

$$20\lg P \geqslant J(\text{dB}),\quad P \geqslant 10^{\frac{J}{20}} \tag{8-12}$$

(2)多普勒频率对相关函数的影响应足够低。前述相关器输出的计算是假定多普勒频率为零或很小的情况，实际上导弹与目标之间存在着相对运动，回波信号必然被多普勒频率频移，因此接收机视频放大器输出的双相多普勒信号[见图 8－5(b)]可以看作是多普勒频率被速率等于码字频率的伪随机码所取样.当多普勒频率大于 1/2 码字频率时(即取样频率<

1/2 多普勒频率)，就会出现混淆，使滤波器滤出的多普勒信号失真，从而降低相关函数的主-副瓣比。

采用功率谱分析方法可以推导出相关函数的主-副瓣比 q(dB)：

$$q=-10\lg\frac{P+1}{2P^2}\sum_{\infty}\left\{\left[\frac{\sin(\pi n/P)}{\pi n/P}\right]^2\left[H^2\left(\frac{2\pi n}{Pt_0}+\omega_d\right)+H^2\left(\frac{2\pi n}{Pt_0}-\omega_d\right)\right]/H^2(\omega_d)\right\}-10\lg\frac{1}{P^2} \tag{8-13}$$

式中：$H(\omega)$——滤波器的传递函数。

从式(8－13)中可知，q 不仅与码长 P 有关，而且与多普勒角频率 ω_d 和滤波器传递函数 $H(\omega)$ 有关。因此在计算相关函数的 q 值时，必须已知所用滤波器的传递函数 $H(\omega)$。例如对于一个特定的五阶切比雪夫带通滤波器[通带为 5～45 kHz]，按式(8－13) 计算 q 值的结果，如图 8－8 所示。

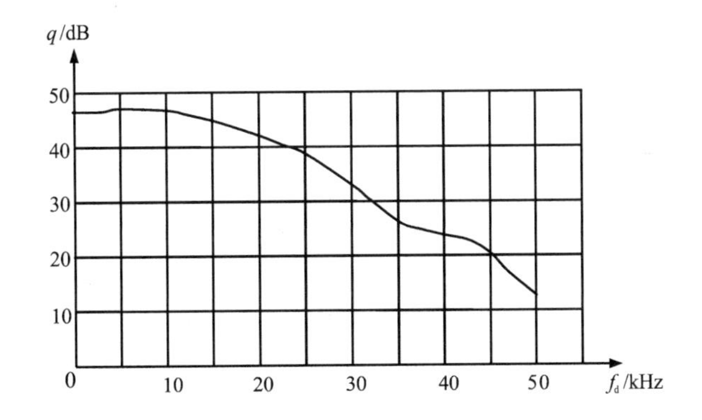

图 8－8　采用五阶切比雪夫带通滤波器时 q 与 f_d 的关系曲线

$f_P=78.4$ kHz；$P=255$；$t_0=50$ ns

从图 8－8 可见，相关函数主-副瓣比值 q 受多普勒频率大小的影响较大，f_d 对 q 的影响是明显的。从计算数据表明，当 f_d 的增大使 $f_d/f_P\geqslant 2/11$，q 值将下降 2 dB。

已知 q 值允许下降的分贝数，选定滤波器的参数[传递函数 $H(\omega)$]及 t_0，可计算出 q 与多普勒频率的关系，从而定量确定 P 值。这种计算方式比较复杂，较适合于参数基本确定后的性能校验。

在工程设计时，可预先选定 P 值，而后再计算验证 f_d对相关函数主-副峰比的影响是否在允许范围内，通常码字频率 f_P应大于 4 f_d，即

$$P\leqslant\frac{1}{4f_{dmax}t_0} \tag{8-14}$$

式中：f_{dmax}——可能的最大多普勒频率。

(3)引信的不模糊工作距离应足够远。伪随机码引信的自相关函数是周期性的，其周期 $T_P=Pt_0$，因此，它存在模糊距离 $R_{AM}=cPt_0/2$，在确定 P 值时，应使引信的不模糊工作距离大于要求的值，即

$$P\geqslant\frac{2R_{AM}}{ct_0} \tag{8-15}$$

式中：R_{AM}——要求引信最大不模糊工作距离。

引信必需的最大不模糊工作距离取决于引信开机，并完全处于待启动时弹目之间的距离。为了减小引信受干扰的时间，这个距离要尽可能短。这个距离通常利用制导信息来控制，几十米至几百米，以上三个因素必须综合考虑。

四、脉冲重复周期 T_P 的确定

在伪随机码脉冲多普勒引信中，为了有效地排除发射脉冲泄漏至接收系统，距离门离发射脉冲应适当远，一般为脉冲宽度 τ_P 的两倍，而且距离门脉冲必须良好地处在两个发射脉冲的截止期间 $T_P-\tau_P$ 内。因此要求 $T_P > 4\tau_P$，但考虑到脉冲占空比要尽可能大，以便有效地利用发射功率，故 T_P 不能太大，此外，T_P 还应满足 $Pt_0 \gg T_P$，以利于相关检测，通常 T_P 应满足

$$T_P \geqslant 5\tau_P \tag{8-16}$$

第三节　伪随机码引信的发展及应用

一、伪随机码引信发展概况

伪随机码引信利用伪随机码对载波进行调制，调制信号频谱宽，隐蔽性好，敌方难以侦察，而且采用相关接收技术，大大提高了引信的抗干扰能力和抑制杂波的能力。其基本特点如下：

(1)不论是脉冲体制还是连续波体制，它都可获得距离信息和速度信息。

(2)距离分辨力好，使引信有尖锐的距离截止特性。

(3)易于改变参数，如时钟频率、编码参数、延时距离等，从而易于根据具体作战条件的需要改变引信参数。

(4)在大的距离范围内有不模糊的距离测量，但伪随机码的相关函数是周期性的，所以这种引信存在模糊距离。

基于上述特点伪随机码引信具有较好低空工作性能和抗干扰能力。国内外对其进行了大量的开发研究，并得到了广泛的应用。例如：美国用于某空空导弹上的主动式连续波多普勒伪随机码引信；利用微波混频器起相关作用的伪随机码引信；为克服多普勒频率影响采用二次混频的伪随机码引信；法国“海响尾蛇”舰空导弹采用的伪随机码脉冲多普勒复合调制引信；等等。我国在20世纪80年代初也进行了伪随机码引信的研究工作。例如：连续波伪随机码调相引信；连续波伪随机码调相与正弦调频复合调制引信；伪随机码脉冲多普勒引信；等等。

二、伪随机码引信应用实例1

下面以一种伪随机码引信为例，只涉及与编码有关的参数。

1.技术指标

(1)当 $R \leqslant 20$ m 时，启动概率 $P=0.9 \sim 1$。

(2)当 $R > 30$ m 时，启动概率 $P=0$；引信启动过渡区为 20 m $< R <$ 30 m。

(3)引信的截止距离为 $R_{off} \geqslant 30$ m。

(4)抗干扰要求:$R>30$ m 对干扰信号抑制能力>40 dB。

(5)引信的不模糊距离大于 500 m。

(6)多普勒频率范围 2～40 kHz。

2.有关编码参数确定

(1)码元宽度。由引信启动过渡区段为 10 m 考虑,从图 8-7 相关器输出曲线可见,过渡区 $R_T=ct_0/2$,所以

$$t_0\leqslant\frac{2R_T}{c}=\frac{2\times10}{3\times10^8}\ \text{s}=66.67\ \text{ns}$$

为了留出一定的余量取 $t_0=50$ ns,但从截止距离考虑,由式(8-2)可见,若要满足截止距离大于 30 m,则 $t_0\geqslant100$ ns,这与 $t_0=50$ ns 是矛盾的,必须采用多相关器组合的方法。可采用三个相关器,各个相关器本地码的延时分别为 t_0、$2t_0$、$3t_0$。三个相关器的输出相加,形成的理论组合相关曲线如图 8-9 所示。

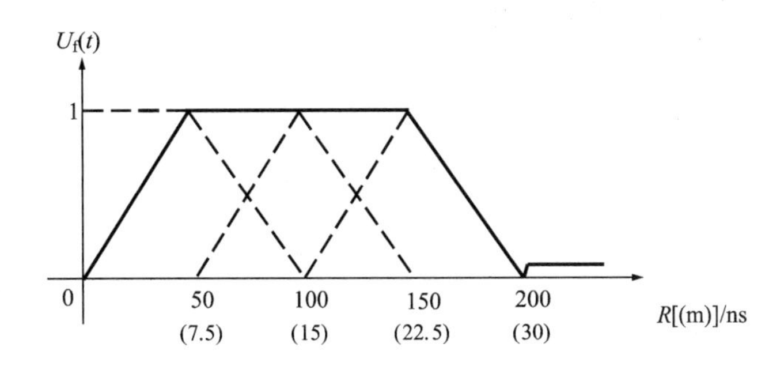

图 8-9　三相关器的组合相关输出曲线

(2) 码长 P 的确定。从在距离截止区对干扰信号抑制能力考虑,抑制能力要大于 40 dB,由式(8-3)可算出。

$P\geqslant10^{J/20}=10^{40/20}=100$,取七级线性移位寄存器组成伪随机码产生器,则 $P=2^7-1=127$,此时码字重复频率 $f_P=1/Pt_0=1/(127\times5\times10^{-9})=157.4$ kHz,根据式(8-4)估算可工作的最大多普勒频率为 157.4/4 kHz=39.37 kHz,接近要求值,故取 $P=127$。

这时不模糊距离 R_{AM} 可根据式(8-5)算出:

$$R_{AM}=\frac{Pct_0}{2}=\frac{127\times3\times10^8\times50\times10^9}{2}\ \text{m}=952.5\ \text{m}$$

故它符合大于 500 m 的设计要求。

三、伪随机码引信应用实例 2

图 8-10 是一种实用的伪随机码引信。

图 8-10 中增加了第四个相关器,是为了抵消干扰信号,以进一步提高引信的抗干扰能力。在该伪随机码引信中,实际编码脉冲波形不是理想矩形,码延迟时间也有误差,滤波器的传递函数也不能达到理想要求,所以实际得到的相关特性,主-副峰比与理论值有较大差别,设计时要留有足够裕量。

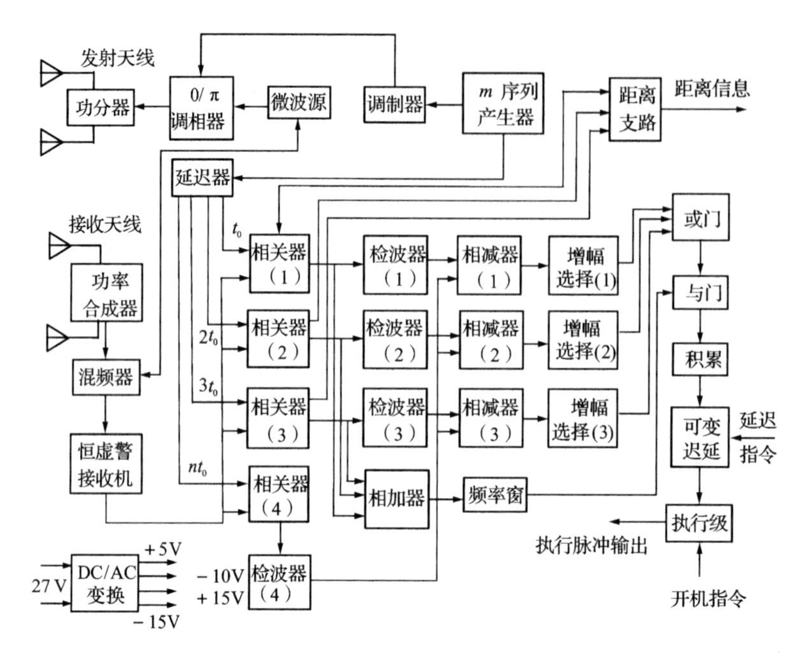

图 8-10　实用的伪随机码引信方框图

DC—数字信号；AC—模拟信号

习　　题

1.什么是伪随机码序列？

2.简述伪随机码序列和波形的相关函数关系。

3.本地码延迟时间 τ_0 和码元宽度 t_0 如何确定？

4.伪随机码码长 P 和脉冲重复周期 T_P 如何确定？

5.伪随机码引信的特点有哪些？

第九章　毫米波引信

近年来，世界各国都在致力于不同频段的电磁波在近炸探测上的应用研究，发展较快的有毫米波引信、激光引信和红外引信等。毫米波引信用于自身受气象条件的影响小的情况，区分金属目标与背景环境的能力强，一直以来被视为发展的重点。在跟踪精度方面，毫米波比一般的微波系统好。在恶劣气象条件下的性能及空域搜索方面，毫米波系统比光学系统略胜一筹。由于在引信结构中的空间有限，对各部分器件的体积就有了相应的约束，而近程毫米波探测器恰恰使系统能够满足体积小、重量轻、结构简单、性能好和成本低的要求，这些使毫米波技术在近炸引信上的应用留有一席之地。本章主要介绍毫米波技术及其应用情况、毫米波引信基本原理以及毫米波近炸引信工作过程等知识。

第一节　毫米波技术及其军事应用

一、基本概念

毫米波(MMW)这一概念最初是由赫兹在1889年提出的，后经奥利弗·洛奇(Oliver Lodge)、彼得·莱贝杜(Peter Lebedew)、伽利尔摩·马柯尼(Guglielmo Marconi)等多位科学家相继研究，直到20世纪30年代末，第二次世界大战促进了雷达的快速发展，为了提高分辨率，实施有效打击，K波段因具有更短的波长被运用到雷达中。

毫米波通常是指30～300 GHz频率范围的波，相应波长为1 cm～1 mm。而美国电气与电子工程师学会(IEEE)在1976年所颁布的标准中将40～300 GHz作为毫米波的标称频率范围，而把27～40 GHz叫作Ka波段。流行的术语还有近毫米波和亚毫米波。前者频率范围为100～1 000 GHz，后者为150～3 000 GHz。图9-1给出了部分无线电频谱图。表9-1给出了部分厘米波和毫米波的频段划分。实际上，毫米波属于微波范围。微波是指波长在1 m～1 mm(即频率为300 MHz～300 GHz)这个范围内的电磁波。为了便于管理和开发，人们进一步将它划分为分米波(波长为1～0.1 m，频率域为300～3 000 GHz，称为特高频，UHF)、厘米波(波长为10～1 cm，频率域为3～30 GHz，称为超高频，SHF)和毫米波(极高频，EHF)。

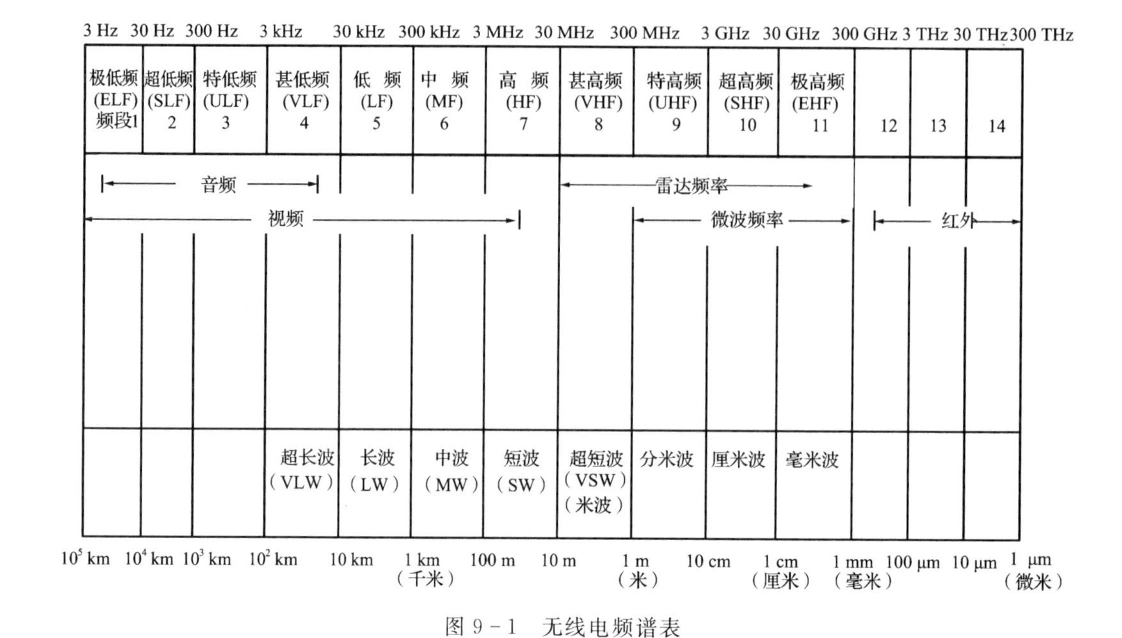

图 9-1 无线电频谱表

表 9-1 部分厘米波和毫米波波段的具体划分(IEEE 标准)

微波与雷达用法		美国参谋长联席会议频段名称	国际电信联盟	
英国用法	美国用法		频段名称	米制名称
V 频段 50~75 GHz O 频段 40~50 GHz Q 频段 27~40 GHz K 频段 18~27 GHz	V 频段 56~100 GHz O 频段 46~56 GHz Q 频段 36~46 GHz K 频段 33~36 GHz	M 频段 60~100 GHz L 频段 40~60 GHz K 频段 20~40 GHz	11 频段 30~300 GHz EHF	毫米制
			10 频段 3~30 GHz SHF	厘米制

二、毫米波技术在军事上的应用

毫米波技术以其优秀的性能，在导引头制导、近炸引信等领域得到越来越广泛的应用，并且发挥着无法取代的作用。目前，毫米波引信制导技术已经发展为精确制导武器领域的主要发展方向之一。

20 世纪以来，以美、俄为代表的军事强国都在深入研究毫米波技术，配备有毫米波系统的精确制导武器可以轻松对付不同种类的坦克和装甲车辆。这些精确制导武器包括反坦克弹、制导炮弹和著名的末敏弹等。除此之外，毫米波雷达、战略通信、电子对抗、遥感等方面，也取得了重大研究进展。“阿帕奇”搭载的“长弓地狱火”导弹(编号 AGM-114L)是为武直打造的机载反坦克导弹(其最大射程为 8 km，最高可携带 9 kg 的高爆反坦克弹)，武直的主旋翼顶部配备毫米波雷达，机载导弹配备了毫米波雷达导引头，是美军的重要武器装备，因其具备全天候和“打了不管”的能力，可实现同一时刻发射多枚导弹实现对不同目标的打击。

“硫磺石”系列空地导弹是MBDA公司为英国开发的配备有毫米波的反坦克导弹。“硫磺石-3”导弹中段采用惯导与激光制导复合技术，末端采用半主动激光与94 GHz毫米波主动雷达双模引导头。该技术的回波分辨率高，可使用弹上相关算法对被测目标进行探测与识别。目标一旦被识别，导弹便开始扫描被测目标，选择最佳扫-击部位进行精确打击，实现对目标的最大程度的毁伤。

利用毫米波制导的末敏弹可以有效打击一定范围内的装甲目标群，其中著名的末敏弹包括美国“萨达姆”(Sadarm)末敏弹、德国“斯玛特”(SMART)末敏弹、法国“阿赛德”(ACED)自动瞄准子母弹、美国“陶”(TOW)式导弹等。这种末敏弹结合了多种传感器——毫米波雷达装备、毫米波辐射计装备以及红外探测器，从而使它进一步提高抗干扰能力，并能够适应各种复杂的战场环境。

国内毫米波引信研究开始于20世纪80年代。天线和其他元器件尺寸要求很小，而我国工艺加工技术落后，导致制造精密仪器困难较大，大功率发射器件发展比较迟缓，尤其是毫米波在大气中传输过程消耗较大，毫米波引信探测距离相对较近等原因，国内的毫米波技术相对于国外发展比较缓慢。但是，随着我国综合实力的增强，许多研究所和大学针对毫米波技术进行了大规模的研发，在毫米波算法、小型化、毫米波天线以及成像技术等方面都取得了重大成果。其中包括毫米波火控雷达、毫米波弹载寻的雷达等，在武直-19飞机上已经对毫米波火控雷达进行测试试验，在毫米波器件方面，尤其是新器件回旋管技术的突破，其效率可达40%，使用回旋管器件装备的雷达和制导系统，是反隐身目标重要的撒手锏。目前，我国毫米波技术在理论研究、元器件、系统测距以及系统研究等方面取得了一定的研究成果。其中，24 GHz的毫米波引信已经研制成功并趋于成熟，在毫米波通信方面甚至跻身世界一流水平。

在新中国成立70周年国庆阅兵上，15式轻型坦克作为国产最新型陆军装甲突击力量的优秀代表，首次展示在陆上作战模块第二方队轻型装甲方队中。15式轻型坦克装备先进的毫米波雷达主动防护系统，对低空敌对目标进行探测和预警。

“红箭”-9A重型反坦克导弹是坦克的天敌，就是因为“红箭”-9A不仅威力巨大并且具有高精度打击能力。“红箭”-9A采用毫米波制导模式，该模式将导弹偏离和修正信息利用毫米波传送到高速运动的导弹中，导弹连续地接收指挥系统控制指令，不断修改飞行姿态和飞行轨迹，直到命中目标。从制导过程可以明显看出，毫米波的穿透能力强，使“红箭”-9A重型反坦克导弹在打击过程中得到了可靠的控制，最终命中目标，毫米波技术的使用大幅度提高了武器系统的抗自然和战场干扰的能力。

第二节　毫米波探测基础理论

毫米波探测技术根据天线接收目标的反射信号和目标的辐射信号可以分为有主动和被动。毫米波主动探测不但可以对目标的距离进行探测，对目标的方位、速度也可以进行测量。毫米波被动探测器通常采用毫米波全功率辐射计作为接收机，它工作时不发射信号，主要通过接收目标的辐射信号。本节主要以毫米波主、被动探测为例，介绍探测目标所必需的一些基础理论。

一、主动探测信号分析

(一)雷达方程

毫米波雷达方程是用于测量距离的,大气衰减以及一些噪声对于方程的推导影响比较大,当不考虑噪声以及大气衰减两个因素时,可以推导出接收到目标回射功率为

$$P_t = \frac{P_t G_t}{4\pi R^2}\sigma_T \frac{1}{4\pi R^2} A_e \tag{9-1}$$

式中:P_t ——发射机的发射功率;

R ——发射天线与目标的距离;

G_t ——目标方向上发射天线的增益;

A_e ——天线有效接收面积;

σ_T ——目标有效散射面积。

图 9-2 为一个目标完全在天线波束在地面投影范围之内的一个对地雷达作用示意图。

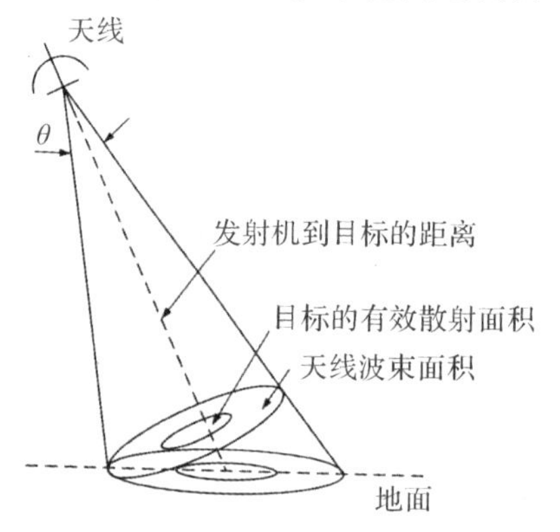

图 9-2　对地雷达作用示意图

当对信号的发射和接收都使用同一个天线时,根据天线的有效接收面积与天线的增益关系可以得到

$$G = G_t = G_r = \frac{4\pi A_e}{\lambda} \tag{9-2}$$

式中:G_r ——目标方向上接收天线的增益。

因此:

$$A_e = \frac{\lambda^2 G}{4\pi} \tag{9-3}$$

根据式(9-1)~式(9-3)可以得到

$$P_r = \frac{P_t \sigma_T G^2 \lambda^2}{(4\pi)^3 R^4} \tag{9-4}$$

从而有

$$R^4 = \frac{P_t \sigma_T G^2 \lambda^2}{(4\pi)^3 P_r} \tag{9-5}$$

当把毫米波在大气传输中的衰减也考虑进来时,将会产生一个衰减指数对距离方程有影响,于是式(9-5)就变成了

$$R^4 = \frac{P_t \sigma_T G^2 \lambda^2 10^{-0.2\alpha R}}{(4\pi)^3 P_r} \tag{9-6}$$

式中：α ——大气衰减系数。

式(9－2)的雷达方程是利用雷达参数表示的，如果利用噪声和接收机的相关参数来表示，就可以得到

$$P_r = k T_0 B F_n L_r S/N \tag{9-7}$$

式中：T_0 ——标准室温；

F_n ——接收机噪声系数；

B ——带宽；

S/N ——信噪比；

L_r ——系统损耗。

将式(9－7)代入式(9－6)可以得到

$$R^4 = \frac{P_t \sigma_T G^2 10^{-0.2\alpha R}}{(4\pi)^3 k T_0 B F_n L_r S/N} \tag{9-8}$$

式(9－8)就是毫米波雷达测量距离方程，即雷达方程，从中可以推出接收机输入端的信噪比

$$S/N = \frac{P_t \sigma_T G^2 10^{-0.2\alpha R}}{(4\pi)^3 k T_0 B F_n L_r R^4} \tag{9-9}$$

从上面推导可以看出，可用加大天线发射功率、减小雷达作用距离、增加接收机天线的增益以及减小天线带宽等方法来提高信噪比。

(二)调频测距原理

1.调频测距系统

调频波测即系统通常采用正弦波、三角波或锯齿波作为调制信号，其实也可以采用其他信号形式(比如噪声调制或是编码调制等)。我们知道，随着时间变化，发射信号的频率也是变化的。当天线接收经目标发射回来的回波信号时，这时的信号相对发射信号在时间上产生了延时，这使得发射信号已经与接收的回波信号的频率不同，两个波的频率之间的频率差，称为差频信号频率，简称差频。差频随着探测系统与目标之间的距离不同而不同，所以只要测出差频信号的频率，就可以求系统与目标之间的距离。上面就是调频测距的基本原理，其原理框图如图9－3所示。

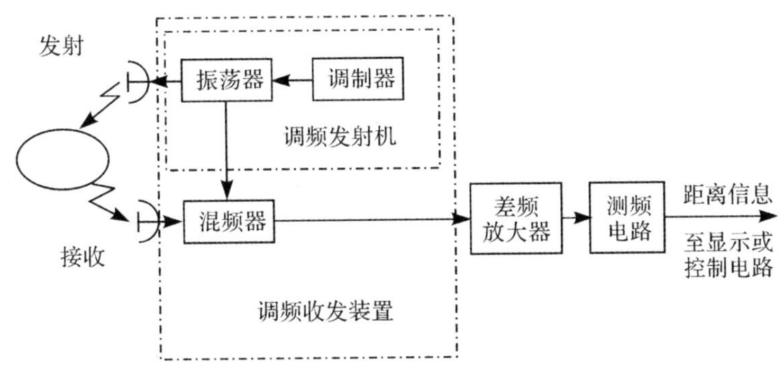

图9－3　调频测距系统基本原理框图

2.恒定差频调频测距系统

在恒定差频测距体制中，差频频率基本是固定不变的，主要是通过调频波的周期来测定目标距离的。恒定差频测距体制的原理如图 9-4 所示。

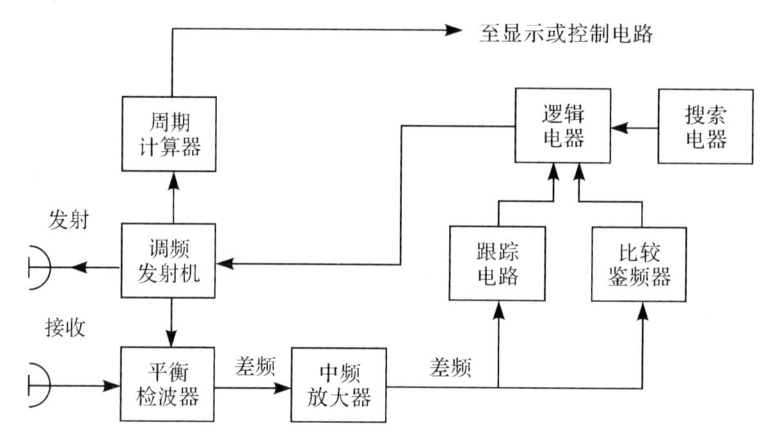

图 9-4 恒定差频测距系统原理

差频信号从平衡检波器中得到，通过中频放大器对其放大到足够大的幅度后直接送入跟踪电路并不直接去鉴频或者计数。当探测系统与目标之间的间距离发生变化时，比如它们的距离 R 增加了 ΔR_t，差频信号频率 f_i 相应也会增加 Δf_i。这时跟踪电路也将会输出一个正的电压 T_m，最后再经过逻辑电路被送回到发射机，这样使发射机的调制周期 T_m，也会随之增大。差频 f_i 随着 T_m 的增加而减小，一直到 f_i 恢复到了原来的差频为止。当这里的跟踪电路输出电压为零时，电路就会达到了平衡状态，T_m 的变化反映了探测系统与目标之间距离的变化，同时通过周期计算器来计算出发射机制调制周期，并最终获得探测系统与目标之间的距离信息。同理，当探测系统与目标之间的距离减小时，跟踪电路输出电压就会变为负的，使得 T_m 减小，这样就会使 f_i 增加，一直到 f_i 恢复到原来设定的差频信号。这样，系统中差频频率始终保持在设定的差频，这样就可以通过测定调制周期的多少来实现测距。

3.调频三角波信号分析

调频连续波探测系统通常分为线性调频系统和非线性调频系统。非线性调频系统的优点是工程上比较容易实现，但其缺点是不同目标回波产生的回波频率并不一样，这样就不能区分出在不同距离的不同目标，因此这种调频探测系统一般适用于只有一个目标的情况下中。而探测使用线性调频方式时，在不考虑由此而产生的多普勒频率的情况下，因每个目标生产的差频信号都是单一频率的，这样的探测方法就比较容易区分出来不同的目标，但是线性调频探测方式要求调频线性度比较高。线性调频连续波根据调频方式不同有三角波调频与锯齿波调频两种方式可以选用，锯齿波在对目标的距离和速度进行测量时会产生一定的模糊，而三角波可以消除这种模糊，并且比较容易实现距离测量与速度测量。下面采用三角波调频信号作为调制波，对三角波调频信号进行分析。

(1)三角波调频信号时域特征。通过时间与频率关系图对调频信号的时域进行分析，能够很直观地解释调频测距的原理，如图 9-5 所示。图 9-5 中：

f_t ——发射载波频率；

f_i ——差频；

f_r ——调制波反射波；

T_m ——调制周期，$T_m=1/f$；

ΔF_m ——最大调制频偏。

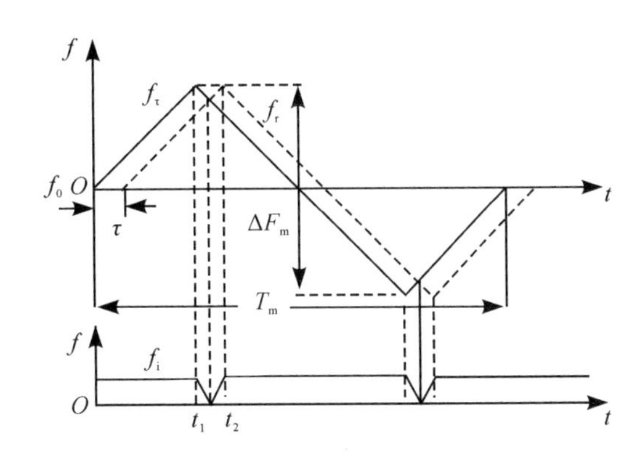

图 9-5　三角波调频信号时域特征

设发射载波频率为

$$f_t=f_0+\frac{\mathrm{d}f_t}{\mathrm{d}t}t\ ,\qquad 0<t<T_m \tag{9-10}$$

回波信号频率为

$$f_r=f_t(t-\tau)+\frac{\mathrm{d}f_t}{\mathrm{d}t}(t-\tau)\ ,\qquad \tau<t<T_m+\tau \tag{9-11}$$

混频器输出端差频信号的频率为

$$f_i=|f_t-f_r|=\frac{\mathrm{d}f_i}{\mathrm{d}t}\tau \tag{9-12}$$

而 $\frac{\mathrm{d}f_i}{\mathrm{d}t}=\frac{\Delta F_m}{T_m/2}$，$\tau=\frac{2R}{c}$，于是

$$f_i=\frac{4\Delta F_m}{T_m c}R \tag{9-13}$$

从而可以得到

$$R=\frac{4\Delta F_m}{T_m c}f_i \tag{9-14}$$

从上面可以看出，在调制信号周期 T_m 和调制频偏 ΔF_m，一定的情况下，差频信号 f_i 与距离 R 的关系成正比。在相同的调制参数和距离的情况下，三角波的差频频率是锯齿波的差频频率的两倍。调频测距原理正是先将回波信号与发射信号进行混频后得到差频信号，并根据距离与差频的关系从中计算出目标距离。

(2)调频测距参数选择。不但目标的特征和复杂的实际环境影响调频测距的精度，而且调频测距系统本身各个参数也影响测距的精度。而对于参数的选择是不可以随意选择的，它们之间有着相互关系。比如，看似调制频偏 ΔF_m 和调制周期 T_m 在时域方面的分析可以是相互独立的，但实际上并不是可以任意选择的，在选择调频测距系统一些参数时受到很多因素的制约。

二、被动探测信号分析

(一)物体的电磁辐射特性

1.黑体辐射

能够在热力学定理允许范围内最大限度地把热能转换成辐射能的理想辐射体,叫黑体。黑体辐射是指由理想放射物放射出来的辐射,在特定温度及特定波长放射最大量之辐射。同时,黑体可以吸收所有入射辐射的物体,不会反射任何辐射。在毫米波段,黑体就是在该频段所有频率上都能吸收落在它上面的全部辐射而无反射的理想物体。此外,它除了是良好的吸收体外,还应该是良好的发射体。

1901 年,普朗克通过证明指出,假设能量辐射仅以离散能量的量子出现,则一个黑体在温度为 t 、频率为 f 时,其亮度 L_{bb} 为

$$L_{bb}=\frac{2hf^3}{c^2}\frac{1}{e^{\frac{hf}{kt}}-1} \tag{9-15}$$

式中:h——普朗克常量,$h=6.63\times10^{-34}$ J·s;

k——玻尔兹曼常数,$k=1.38\times10^{-23}$ J/K;

c——光速,$c=3\times10^8$ m/s;

t——温度,K;

f——频率,Hz。

亮度 L_{bb} 的定义是单位频率、单位黑体的发射面积、单位立体角的功率。它只是频率和温度的函数,与方向和位置无关。

在毫米波段以下区域,有 $hf/kt\ll1$。可以证明,$e^{hf/kt}-1$ 的级数展开式可简化为

$$e^{hf/kt}-1\approx\frac{hf}{kt}$$

则式(9-15)可简化为

$$L_{bb}=\frac{2f^2kt}{c^2}=\frac{2kt}{\lambda^2} \tag{9-16}$$

式中:λ——波长,$\lambda=c/f$。

式(9-16)通常称为瑞利-琼斯辐射公式。

2.功率与温度的对应关系

假定在固定温度为 t 的空容器中有一个闭合系统,如图 9-6 所示。在这种情况下,内壁将以同样速率发射和吸收光子。在容器中插入一块有效面积为 A_e、归一化功率增益方向图为 $G(\theta,\varphi)$ 的天线,则带宽为 ΔF 的天线收到的总功率为

$$P=\frac{\lambda^2}{4\pi}\int_f^{f+\Delta F}\int_{4\pi}L(\theta,\varphi)G(\theta,\varphi)\mathrm{d}\Omega\mathrm{d}f \tag{9-17}$$

式中:功率方向图 $G(\theta,\varphi)$—— 一个最大值为 1 的量纲为 2 的量;

$L(\theta,\varphi)$—— 黑体亮度,积分是在 4π 立体角内进行的。

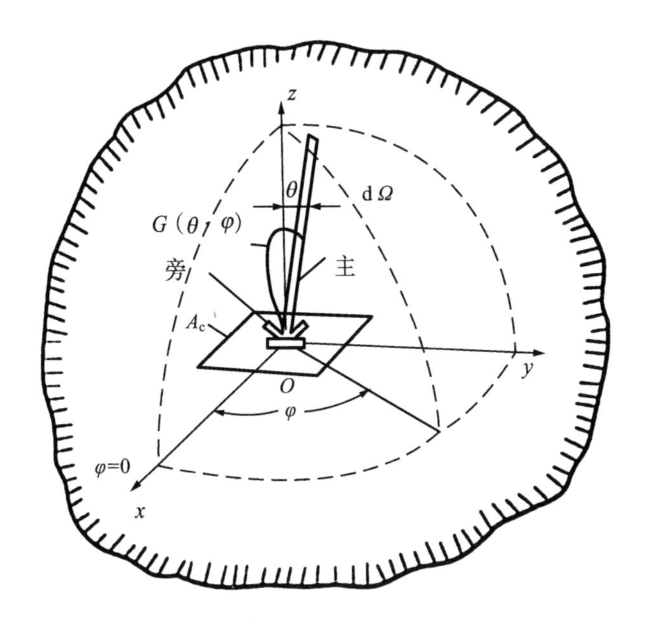

图 9-6　天线与球坐标相联系的辐射几何关系

若天线是线极化的，而入射波又是单极化的，天线只对一个极化有响应，则天线将只检测总入射功率的一半。因此，式(9-17)中应引入一个因子 1/2，从而变成

$$P=\frac{\lambda^2}{8\pi}\int_{f}^{f+\Delta F}\int_{4\pi}L(\theta,\varphi)G(\theta,\varphi)\mathrm{d}\Omega\mathrm{d}f \tag{9-18}$$

下面讨论黑体中的无损耗微波天线所接收的功率，如图 9-7 所示。假设天线的辐射电阻 R 与其终端相匹配，用吸波材料把天线有效地封闭起来，天线的封闭电阻将等效为闭合体内的温度 t 。将式(9-16)代入式(9-18)得

$$P_{\mathrm{bb}}=\frac{\lambda^2}{8\pi}\int_{f}^{f+\Delta F}\int_{4\pi}\frac{2kt}{\lambda^2}G(\theta,\varphi)\mathrm{d}\Omega\mathrm{d}f \tag{9-19}$$

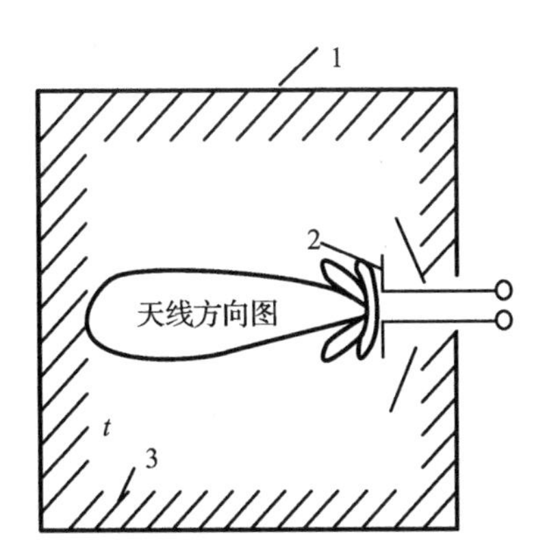

图 9-7　置于恒定温度 t 的吸收(黑体)闭合罩中的天线

1—闭合罩；2—天线；3—吸收体

若天线终端检测的功率限于很窄的带宽，$\Delta F \ll f^2$，这是通常的情况，则式(9－19)可简化为

$$P_{bb}=\frac{kt\Delta F}{4\pi}\int_{4\pi}G(\theta,\varphi)\mathrm{d}\Omega \tag{9-20}$$

根据天线理论有

$$\int_{4\pi}G(\theta,\varphi)\mathrm{d}\Omega=4\pi \tag{9-21}$$

把式(9－21)代入式(9－20)有

$$P_{bb}=kt\Delta F \tag{9-22}$$

若用天线终端的有效功率来表示，图 9－8 是对应于图 9－7 中天线的等效描述。1929 年奈奎斯特证明，在温度为 t_R 时，电阻 R 产生的噪声功率为

$$P=k\,t_R\Delta F \tag{9-23}$$

若天线辐射电阻温度 $t_R=t$，则式(9－23)与式(9－22)的结果相同。从式(9－23)可以看出，功率和温度存在一一对应的关系。在分析毫米波雷达时往往用功率的概念，在分析毫米波辐射计时往往用温度的概念。

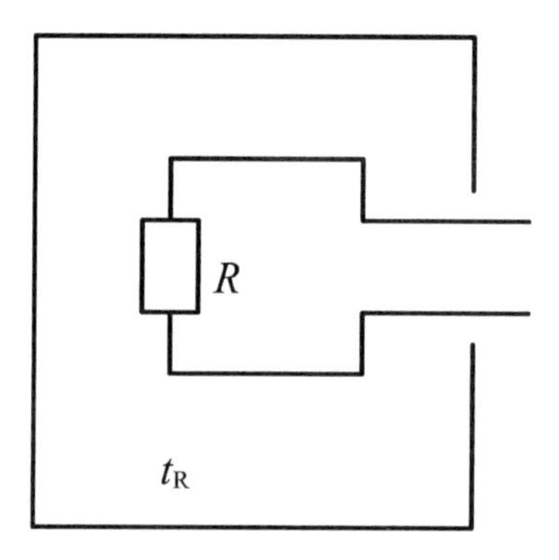

图 9－8　保证恒定温度 t_R 的电阻

3.表观温度

完全吸收并完全发射的绝对黑体实际上是不存在的，它是一种理想的物体。为了与黑体这一术语相对应，实际的物体可称作灰体。由一个灰体辐射的功率。可以用比该灰体实际温度更低的等效黑体所辐射的功率来代替。一般把此等效黑体的温度称作该物体的表观温度 t_{aP}，有时也叫亮度温度。因为 t_{aP} 可以是方向的函数，故记为 $t_{aP}(\theta,\varphi)$。$t_{aP}(\theta,\varphi)$ 与物体实际温度 t 之比定义为该物体的频谱发射率 $\varepsilon(\theta,\varphi)$：

$$\varepsilon(\theta,\varphi)=\frac{t_{aP}(\theta,\varphi)}{t} \tag{9-24}$$

严格地讲，$\varepsilon(\theta,\varphi)$ 是对 $\Delta F=1$ Hz 的单位带宽定义的。但与中心频率相比，带宽很窄，而且在带宽 ΔF 上 $t_{aP}(\theta,\varphi)$ 具有平滑的连续频谱响应，则式(9－24)仍将成立。由于毫米波探测装置几乎总能满足这些条件，因此，为简化起见，在以后的讨论中均将频谱发射率简称为发射率。

因为黑体的发射率为 1，故黑体的表观温度就是它的实际温度。在毫米波段，吸收室的高

吸收材料可以很好地近似为黑体，在有限的入射角范围内（对法线来讲），可以得到高达 0.99 的发射率。在另一种极端情况下，高导电金属板是良好的反射器，可以把它看作非发射体，其发射率 $\varepsilon=0$。

例如，一块金属板，其 $\varepsilon=0$，常温 $t=300$ K，它的 $t_{aP}=0$，当 $t=300$ K 时，t_{aP} 还是等于零。一片草地，其 $\varepsilon=0.9$，当 $t=300$ K 时，它的表观温度 $t_{aP}=270$ K；当 $t=400$ K 时，$t_{aP}=360$ K。因此，放在草地上的金属，无论它的实际温度多高，它辐射的表观温度总近似为零，相对于草地，它总可以被看作是“冷”的，故被动式探测器能识别金属目标。

（二）天线温度

1.应用天线方向图计算天线温度

设接收机天线功率方向图为 $G(\theta,\varphi)$，根据天线理论，天线的有效接收面积为

$$A_e(\theta,\varphi)=G(\theta,\varphi)\frac{\lambda^2}{4\pi} \tag{9-25}$$

参看图 9-2，当带宽 $\Delta F \ll f^2$ 时，根据式（9-19）可得天线从辐射体接收的总功率（忽略大气损耗及天线旁瓣作用）为

$$P_r=\frac{k\Delta F}{4\pi}\int_{4\pi}t(\theta,\varphi)G(\theta,\varphi)\mathrm{d}\Omega \tag{9-26}$$

式中：$t(\theta,\varphi)$——天线附近物体的表面温度。

如果用温度为 t_a 的电阻所辐射的能量来代替天线接收的总能量，根据式（9-22）和式（9-26）可得

$$k\,t_a\Delta F=\frac{k\Delta F}{4\pi}\int_{4\pi}t(\theta,\varphi)G(\theta,\varphi)\mathrm{d}\Omega$$

整理后得天线温度：

$$t_a=\frac{1}{4\pi}\int_{4\pi}t(\theta,\varphi)G(\theta,\varphi)\mathrm{d}\Omega \tag{9-27}$$

如果已知天线的功率方向图 $G(\theta,\varphi)$ 和物体的辐射温度 $t(\theta,\varphi)$ 的数学表达式，代入式（9-27）就可以计算出天线的温度 t_a。

2.应用立体角来计算天线温度

在分析中有时不用天线方向图来计算天线温度，而是在天线照射目标时，用辐射天线孔径相对于辐射物体（目标）所张的立体角 Ω_A 及目标相对于辐射天线所张的立体角 Ω_T 来计算天线温度 t_a。

当物体辐射的微弱毫米波功率经过空间传播到离物体 $R(R\geqslant 20\lambda)$ 处时，并设大气损耗可以忽略不计，则天线接收的物体所辐射的单极化的单位频率的辐射功率可根据式（9-18）和式（9-25）得

$$P_r=\frac{1}{2}\int_{\Omega}L_{bb}A_e\mathrm{d}\Omega=\frac{1}{2}L_{bb}A_e\Omega_T \tag{9-28}$$

式中：Ω_T——$\Omega_T=A_T/R^2$，A_T 为目标的面积；

A_e——天线的有效面积，并且有

$$A_e=\frac{G\lambda^2}{4\pi}=\frac{\lambda^2}{\Omega_A} \tag{9-29}$$

式中：Ω_A ——辐射计天线孔径相对于目标所张的立体角，$\Omega_A = 4\pi/G$ 。

将式(9-16)和式(9-29)代入式(9-28)得

$$P_r = kt_T \frac{\Omega_T}{\Omega_A} \tag{9-30}$$

式中：t_T ——目标的表观温度。

单位频率下，辐射计接收的辐射功率 P_r 的大小还可用等效天线温度 t_a 来表示，即

$$P_r = kt_a \tag{9-31}$$

式中：t_a ——毫米波辐射计输入端所接匹配电阻的绝对温度。

在此温度下由匹配电阻输入给接收机的噪声功率正好等于天线所接收到的辐射功率 P_r 。因此，可以用天线温度 t_a 来衡量辐射计接收的辐射功率。根据式(9-30)和式(9-31)可得

$$t_a = t_T \frac{\Omega_T}{\Omega_A} = t_T F_B \tag{9-32}$$

式中：F_B —— $F_B = \Omega_T / \Omega_A$ ，辐射计天线的波束填充系数。

当辐射计天线波束角较小且被测目标的面积较大时，很容易做到 $F_B = 1$，即 $\Omega_T = \Omega_A$ ，此时 $t_a = t_T$ 。上面说明：在 $\Omega_T = \Omega_A$ 的条件下，辐射计的天线温度 t_a 就等于辐射物体的表观温度 t_T。因此，只要测得天线温度 t_a ，就可以知道物体的表观温度 t_T 。

(三)毫米波探测器(全功率辐射计)原理

毫米波全功率辐射计是应用最早也是最简单的一种辐射计。由于受早期元器件研制水平的限制，因此这种辐射计灵敏度较低。但对于近距离探测，特别是对于弹载设备等(如引信)一些特殊应用情况，这种辐射计的应用价值较高。

典型的全功率辐射计系统框图如图 9-9 所示。输出电压 U_0 加到终端指示器或控制系统。系统积分时间 τ 由检波后积分器确定，输出电压除了有用信号外还包括系统的内部噪声。

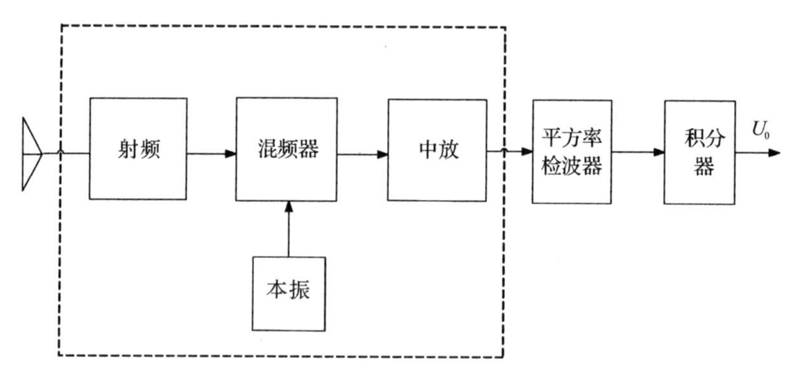

图 9-9　全功率辐射计系统框图

检波器输出电压可由式(9-33)给出：

$$U_d = C_d GkB(t_s + t_{rn}) \tag{9-33}$$

式中：C_d ——二次方律检波器功率灵敏度常数，V/W；

G ——混频、中放总的增益；

B ——检波前系统的总带宽；

t_s、t_{rn} ——检波器输入端的信号温度和噪声温度。

$$t_s = \frac{t_a}{L} + \left(1 - \frac{1}{L}\right) t_0 \tag{9-34}$$

式中：t_a ——天线温度；

t_0 ——天线及将天线与接收机输入端相连的传输线的环境温度；

L ——由天线和传输线引起的欧姆损耗的损耗因子。一般地：

$$L = \frac{1}{\eta_a} L_{t1} \tag{9-35}$$

式中：η_a ——天线辐射效率；

L_{t1} ——天线至辐射输入端的损耗。

$$t_{rn} = (F_{rn} - 1) t_0 \tag{9-36}$$

式中：F_{rn} ——接收机的噪声系数，即

$$F_{rn} = F_1 + \frac{F_2 - 1}{G_1} + \frac{F_3 - 1}{G_1 G_2} + \cdots + \frac{F_i - 1}{G_1 G_2 \cdots G_{i-1}} \tag{9-37}$$

式中：F_i、$G_i (i = 1, 2, \cdots, i-1)$ ——第 i 级的噪声系数和增益。

在全功率辐射计中，检波电压由直流分量、噪声分量和增益起伏分量组成。低通滤波器或积分器的功能是通过在积分时间内对 U_d 积分以减少噪声变化。设由噪声起伏所引起的温度均二次方根起伏为 Δt_n，对一次保持固定温度取样，此值由一般统计平均值公式得

$$\Delta t_n = \frac{t_s + t_{rn}}{\sqrt{n}} \tag{9-38}$$

式中：n ——取样次数。

当检波器后面有积分器时，有

$$n = B\tau \tag{9-39}$$

式中：τ ——检波器后积分时间。

检波前滤波器带宽 B 的有效值可用滤波器的功率-增益谱计算：

$$B = \frac{\left[\int_0^{\infty} G(f) \mathrm{d}f\right]^2}{\int_0^{\infty} |G(f)|^2 \mathrm{d}f} \tag{9-40}$$

式中：$G(f)$ ——滤波器的功率增益谱。

检波后的低通滤波器的积分时间 τ 可用式(9-41)计算：

$$\tau = \frac{G_{LF}(0)}{2\int_0^{\infty} G_{LF}(f) \mathrm{d}f} \tag{9-41}$$

式中：$G_{LF}(f)$ ——频率函数的低通滤波器增益。

理想积分时间 τ 与某些专用积分器的时间常数 τ_c 之间有一定关系。例如，一个简单的RC低通滤波器具有等于其时间常数2倍的有效积分时间，$\tau = 2\tau_c$。

由增益起伏 ΔG 引起的附加温度变化为

$$\Delta t_G = (t_s + t_{rn}) \frac{\Delta G}{G} \tag{9-42}$$

式中：ΔG ——检波前部分功率增益变化的有效值(均方根值)。

噪声起伏和增益起伏可以认为在统计上是独立的，因而可以组合起来定义辐射计的灵敏度 $\Delta t_{\min}$ 如下：

$$\Delta t_{\min}=[(\Delta t_{n})^{2}+(\Delta t_{G})^{2}]^{1/2} \tag{9-43}$$

根据式(9-28)、式(9-29)、式(9-42)和式(9-43)可得全功率辐射计灵敏度为

$$\Delta t_{\min}=(t_{s}+t_{rn})\left[\frac{1}{B\tau}+\left(\frac{\Delta G}{G}\right)^{2}\right]^{1/2} \tag{9-44}$$

根据以上分析，辐射计的灵敏度(即最小温度分辨率)可定义为：在接收机输出电平中产生一确定直流变化(相当于起伏分量的均方根)所需的最小输入温度变化。也可以把灵敏度看成系统可辨识的噪声温度的最小变化值。

从以上分析可知，影响近距离探测弹载辐射计灵敏度的主要因素是：

(1)辐射计系统噪声特性，主要是接收机的噪声温度 t_{rn}，它受系统器件水平的限制。

(2)检波前系统带宽 B，受高频和中频电路的影响。

为提高灵敏度(即减小 $\Delta t_{\min}$)，可增大乘积 $B\tau$。但增加带宽 B 等于以降低频谱灵敏度为代价来改进辐射计测量灵敏度。依据所用的高频和中频器件，当电路的频谱灵敏度 Q 降低时，要获得接近平直的频率响应曲线就变得更困难了。因频谱灵敏度

$$Q=f_{0}/B \tag{9-45}$$

式中：f_{0}——中心频率；

B——有效带宽。

另外，对一般辐射计而言，τ 的选择受到系统性能的限制。τ 的下限通常由积分器前电路的响应时间所确定。对于旋转式或扫描式辐射计来说，积分时间受扫描速度、目标大小、天线波束影响，必须根据系统及目标特性来决定。

(四)距离方程

被动锥扫辐射计的简化方框图如图 9-10 所示。可以导出这种结构辐射计的距离方程，其中包括适当考虑锥扫调制对信噪比的影响。

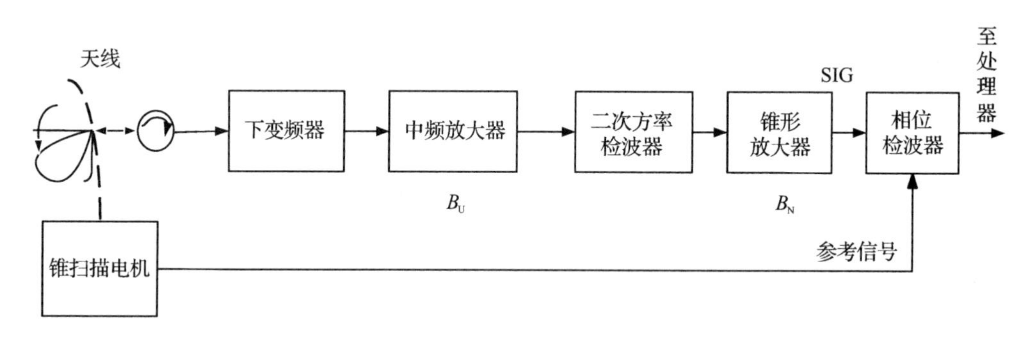

图 9-10　被动锥扫辐射计方框图

可以这样认为，天线末端的总功率是天线接收到的信号功率与折算到天线末端的接收机噪声功率之和。这两种功率源都可以与等效噪声温度联系起来，称总的温度为辐射计工作温度(t_{sy})。对于超外差接收机来说，有

$$t_{sy}=2(t_{a}+t_{rn}) \tag{9-46}$$

式中：t_{a}——天线温度；

t_{rn}——接收机噪声温度，$t_{rn}=(F-1)t_0$，F 是系统的噪声系数，t_0 是标准噪声温度，典型值为 290 K；

因子 2——镜像响应造成的。

天线接收的带宽功率的统计特性与接收机噪声的统计特性是一样的，它们在射频带宽内都是白的，即均匀的功率谱。若取 t_{sy} 为折算到天线末端的辐射计的工作温度，则二次方律检波器输入端的功率密度为

$$中频功率密度=\frac{1}{2}kt_{sy}G \tag{9-47}$$

式中：k——玻尔兹曼常数；

G——射频、混频以及中频部分的总增益。

当系统处于常值工作温度时，二次方律检波器产生一个直流和一个交流起伏功率输出。

在全功率辐射计中，信号功率就是输出功率中的交流部分，它是在 $2B_N$ 输出双边带内的噪声变化部分，其中因子 2 是由于镜像的影响。全功率辐射计的信噪比(二次方律检波输出的信噪比)为

$$\frac{S}{N}=\left(\frac{2\Delta t_a}{t_{sy}}\right)^2\cdot\frac{B_{if}}{2B_N} \tag{9-48}$$

式中：$2\Delta t_a$——$2\Delta t_a=\Delta t_{sy}$ 系统温度的变化量；

B_N——扫描频率放大器带宽；

B_{if}——中频放大器带宽。

设 K_r 为辐射计工作类型常数，则式(9-48)可以表示为

$$\frac{S}{N}=\left[\frac{2\Delta t_a}{K_r(t_a+t_m)}\right]^2\cdot\frac{B_{if}}{2B_N} \tag{9-49}$$

根据式(9-49)也可以导出辐射计灵敏度，即使 $S/N=1$，则可求出最小检测的均方根温度 Δt_a 值。由式(9-49)得

$$\Delta t_{min}=\frac{K_r(t_a+t_{rn})}{\sqrt{\dfrac{B_{if}}{2B_N}}} \tag{9-50}$$

式(9-50)为辐射计灵敏度的一般表达式，K_r 由辐射计类型及信号处理形式确定。全功率辐射计的 K_r 为 $2\sqrt{2}$。

辐射计通过观测天线温度的变化 Δt_a 而检测出目标。因此，可将 Δt_a 与目标的辐射温度反差 Δt_T 联系起来，即

$$\Delta t_a=\eta_a\frac{\Omega_T}{\Omega_A}\Delta t_T \tag{9-51}$$

式中：η_a——天线的辐射效率；

Ω_T——目标对着的立体角；

Ω_A——天线的等效立体角(包括旁瓣效应)。

天线立体角可写为

$$\Omega_A=\frac{\eta_a 4\lambda^2}{\eta_A\pi D^2}=\frac{\Omega_M}{\eta_B} \tag{9-52}$$

式中：η_A——天线口径效率；

η_B——波束效率；

D——天线口径直径；

Ω_M——主波束立体角。

目标实际投影面积 A_T，对应的立体角可用距离 R 来表示，即

$$\Omega_T = \frac{A_T}{R^2} \tag{9-53}$$

根据式(9-49)、式(9-51)～式(9-53)并代入接收机的噪声系数，可以给出距离方程如下：

$$R = \left[\frac{\eta_A \pi D^2}{4\lambda^2} \cdot \frac{A_T \Delta t_T}{1} \cdot \frac{\sqrt{B_{if}/(2B_N)}}{K_r[t_a+(F_{rn}-1)t_0]} \cdot \frac{1}{\sqrt{S/N}}\right]^{1/2} \tag{9-54}$$

式中：$\left(\frac{\eta_A \pi D^2}{4\lambda^2}\right)^{\frac{1}{2}}$——天线参数对作用距离的影响；

$\left(\frac{A_T \Delta t_T}{1}\right)^{\frac{1}{2}}$——目标参数对作用距离的影响；

$\left(\frac{\sqrt{B_{if}/(2B_N)}}{K_r[t_a+(F_{rn}-1)t_0]}\right)^{\frac{1}{2}}$——辐射计参数对作用距离的影响；

$\left(\frac{1}{\sqrt{S/N}}\right)^{\frac{1}{2}}$——二次方律检波输出信噪比对作用距离的影响。

根据式(9-52)可得

$$\frac{\eta_a}{\Omega_A} = \frac{\eta_A \pi D^2}{4\lambda^2} \tag{9-55}$$

把式(9-50)和式(9-55)代入式(9-54)可得到距离方程的简单形式：

$$R = \left[(\eta_a A_T \Delta t_T)/(\Omega_A \Delta t_{min}\sqrt{S/N})\right]^{1/2} \tag{9-56}$$

式(9-56)是人们常用的一种形式。

从距离方程可以看出以下几点：

(1)作用距离直接随天线直径和工作频率的增大而增大(不考虑大气衰减)；

(2)中频放大器的性能以其带宽的 1/4 次方影响作用距离；

(3)作用距离反比于接收机噪声系数的二次方根；

(4)作用距离相对输出带宽中的信噪比不敏感。

第三节　毫米波引信工作原理

毫米波探测应用范围较广，能够精确地探测到目标并达到一定的要求，在防空领域的应用比较成功。随着抗干扰、隐身和反辐射等一些技术的迅猛发展，仅仅依靠一种传感器去对目标进行识别已经很难满足现代化战争的需要，需要采用多种传感器同时对目标进行探测，对提取到的信息综合分析，从而提高对目标识别的精度。因此，毫米波复合探测技术是现代战争乃至未来战争的中制导武器的发展方向。本节主要介绍毫米波引信的功能、组成及原理。

一、毫米波引信类型

毫米波引信根据接收目标的反射信号和目标的辐射信号可以分为主动式和被动式两种。主动式毫米波引信的优点是可以全天候探测、探测距离较远等，但其容易受到电磁干扰。被动式毫米波引信具有抗干扰能力强、隐蔽性强、工作频带比较宽等优点，但其探测距离较近。因此，毫米波复合引信可以充分利用主动探测与被动探测的相关优点，来提高对目标探测的精度。毫米波复合引信也有不同的分类，根据其工作时序的不同及频率的不同可以分为时分式主被动复合引信和频分式主被动复合引信。其中，毫米波时分式主被动复合引信在距离探测目标比较远时，主动探测通道首先进行工作，主动部分先对目标的各种信息进行探测，当距离目标达到预定距离时，系统自动转换到被动工作状态，被动探测系统对目标进行跟踪、识别和中心定位。这种体制是最简单的主被动探测系统，而且比较容易实现。下面主要以这种体制为主进行介绍。

二、毫米波时分式主被动复合引信

（一）功能

毫米波时分式主被动复合引信主要功能就是从时间上先对目标进行主动探测后进行被动探测。在距离目标比较远的情况下，首先进行工作的是主动探测通道，这时主要进行搜索目标，并对目标进行识别，对识别的目标进行跟踪的同时对目标进行测距。当距离目标比较近并且达到预定的距离时，被动部分开始工作，天线开始对目标跟踪、识别以及中心的定位。

（二）组成

毫米波时分式主被动复合引信主要包括调制器、振荡器、混频器、环流器、隔离器、主被动转换器、检波器、放大器和中心处理器。毫米波时分式主被动复合引信原理框图如图 9－11 所示。

（三）工作原理

当毫米波主被动复合探测系统刚刚开始进行启动时，主动探测系统就会立即开始启动。对测试系统进行上电后，调制器控制信号发射源产生毫米波调频连续波振荡源（VCO），信号会分成两路，其中一路首先经过隔离器再到环流器，另一路输出信号用作为本机振荡的信号传输到混频器。经目标反射回的信号经天线、环流器后进入混频器，并与本振信号进行混频，产生包含有目标信息的差频信号。混频器输出的差频信号依次经过前置放大器、滤波、主中放放大。然后经过视频放大器分成两路输出：一路通测距电路，测出距目标或背景的距离；另一路通过包络检波器检波，检测出探测器探测目标的包络信号，对包络信号进行包络放大后输入中心处理机。由于在探测器扫描过目标时，主动通道回波的信号包含有目标距离、方位和目标特征等信息，中心处理机会根据这些信息来识别真假目标以及目标的位置。当这些信息特征满足了中心处理机事先设定的模板要求时，中心处理机就会发出控制信号，从而控制系统进行跟踪目标。当探测器测出的与目标的距离达到了预定距离时，主被动转换器就会输出控制信号，发射机停止工作，探测系统就会转换为被动状态，同时主被动转换器会将中频放大器输出与被动检测通道相接通。此时，被动通道中的信号依次经过低频处理器进行相关信号的处理，最后将被动辐射信号输入中心处理机进行处理，中心处理机就会根据信号中这些特征来对目标识别以及对目标中心定位。当达到设定的要求时,系统就会给出启动信号。

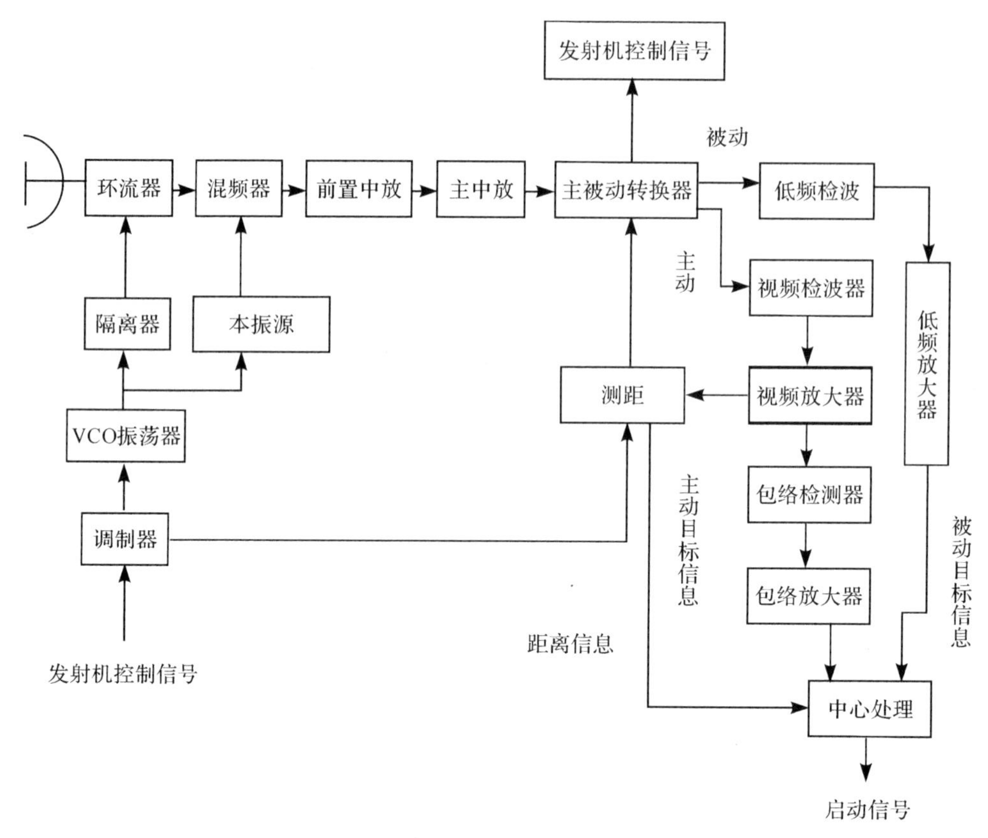

图 9-11　毫米波时分式主被动复合引信原理框图

三、毫米波引信关键技术

在引信的发展过程中,无论战场态势如何变化,实现对起爆的精准控制和提高抗干扰的能力始终是贯穿其中的两大永恒主题。毫米波近炸引信信号处理水平直接影响战斗部起爆的时机,而对目标距离信息的测算又关系到对目标的毁伤效果。因此,要提高毫米波近炸引信起爆控制精度,需要在复杂背景中有效提取目标信息进行精准测距。而提高抗干扰能力:一方面,可以利用物理场特性采用新的探测原理;另一方面,则是提高信号的处理水平。

(一)信息处理技术

毫米波测距普遍利用的是线性调频连续波体制进行实时精准测距。其工作原理是将经目标反射的回波信号与天线发射的基准信号进行差拍运算得到差拍频率,通过信号处理提取目标的距离信息。在信号处理中,差拍信号包含了目标信息,因此,要准确提取目标信息,对于差拍信号频率的测量就显得尤为关键。理想的差频信号一般为正弦信号,借助最大似然估计、小波分析或神经网络等谱分析的方法可以精确估计出单频信号的频率,但因其庞大的计算量而难以应用。快速傅里叶变换(FFT)和离散傅里叶变换(DFT)是最常采用的频谱分析的方法。然而,在进行傅里叶变换时,如果所选取的窗函数的主瓣中心与频谱峰值谱线所对应的中心频率不能重合,便会产生测量误差。此外,采用 FFT 和 DFT 算法还会出现部分频谱的泄露和栅栏效应，这时则需要对原有的频谱进行校正来消除误差。目前，国内外主要采取的频谱校正方法有比值校正法、能量重心校正法、相位差校正法和频谱细化校正法等。

除了上述针对频率校正的方法，还可以通过与其他方法结合来提高测距的精度，如借助离散双正交傅里叶变换、无迹卡尔曼滤波等方法。在探索新方法、新原理的同时，一定要关注其实现的可能性，尽量简化原理，提高实时处理的能力，以便在实际环境中考量其有效性及工程的适用性。

（二）抗干扰技术

毫米波引信抗干扰的出发点是尽可能地增大干扰信号与回波信号之间的差异，以便从回波信号中能有效检测出所需目标的信号。常见的主要抗干扰措施如下。

1.利用物理场特性和新的工作原理提高抗干扰能力

（1）通过选取特殊频段的信号提高其发射的隐蔽性，当引信的工作频率与干扰信号的频率一致时，就有可能受到干扰信号的影响继而发生早炸，因此，改变引信发射信号的频段使其工作波段难以被探知便能减少干扰；

（2）改变天线的方位或利用天线旁瓣抑制技术，此种方法主要用于增强传输信道的自保护性；

（3）采用特殊的调制方式，如脉冲调幅、连续波调频、复合调制等；

（4）与其他探测形式复合，如主动雷达/被动红外双模探测等。

2.提高信号处理水平

除了上述从发射信号的角度提高引信抗干扰的能力，还可以通过对回波信号进行信号处理以降低干扰的影响。

（1）传统的IIR和FIR数字滤波器虽然在设计原理上相对简单，但只能对一些固定频段的干扰进行抑制，滤波效果往往并不理想。

（2）小波变换在一定程度上能够有效抑制噪声，相比IIR和FIR滤波器的滤波效果比较好，但是小波变换中阈值函数的选取一般较为困难，原理相对复杂，计算量比较大，硬件上难以实现。

（3）经验模式算法是将回波信号由高频到低频分解成不同阶的本征模态函数，对于高频干扰能有效去除，同时对目标的有用信息有很好的保真能力。但是，在进行信号分解时，会出现模态混叠，而且分解速度有时不能满足实时处理在线信号的要求。

（4）毫米波引信随着战场环境愈发复杂，采用与自适应滤波结合的方法来消除各种干扰也是目前减少信号噪声、提高抗干扰能力的一条重要途径。

四、毫米波引信特点

毫米波引信与微波测距引信相比，具备以下几方面的优点：

（1）毫米波引信具有更高的精度。对被测目标的测量精度取决于目标的空间分辨率。因为引信工作时角分辨率与工作波长成正比，所以毫米波引信相比微波引信具有更高的角分辨率。除此之外，毫米波引信工作时的多普勒频率与波长成反比，所以毫米波引信具有更高的灵敏度响应度，在对目标的探测上更容易工程实现。

（2）毫米波引信具有更强的抗干扰能力。不考虑天线的影响时，毫米波引信的波束相对较窄，虽然探测距离相对较近，但是具有更高的抗干扰能力和更精确的测距特性。当相对带宽相同时，毫米波引信具有更高的频率和较大的绝对带宽，在信息对抗中通过分散敌对电子干扰设备的功率达到抗干扰功能。尤其是工作频率透射率高的毫米波测距系统，因为毫米波信号发射器的发射功率小，在电子对抗中反侦察能力强。另外，毫米波引信信号接收器灵敏度较低，如果想要干扰引信正常工作，那么需要更大的功率来干扰引信。尤其是近感探测仪工作频率衰减较强、透射率较低时，敌对干扰信号的功率大幅度增加才能干扰我方的引信正常工作，因此毫米波近炸引信的抗干扰能力更强。

(3)毫米波引信低仰角探测性能好。在传统的微波无线电引信中，引信天线的仰角低于一定程度时，引信的信号发生器发出的信号直接到达接收机，接收机接收到的信号为引信信号发生器的延时并且信号强度最大，在接收发射信号的同时也接收经被测目标返回信号，从而产生多路径效应，此效应是干扰测量精确程度的重要影响因素。而毫米波引信的波束窄，有效减少了多路径效应。

(4)毫米波引信射频天线体积小，重量较轻，易于导弹携带。如果毫米波射频天线使用悬置微带线、介质波导、微带等毫米波集成电路时，不仅仅使毫米波引信测距系统的占用空间减小，而且具有使用频带宽、可靠性高、生产成本较低等优势。尤其是 21 世纪以来发展迅速的毫米波单片电路，相比传统微波集成电路具有更大的优势，它的性能和可靠性提高，体积和重量显著减小。我国国内的毫米波探测装置体积已达到和 1 元硬币同等大小。

毫米波引信和传统红外、激光引信比较，具体优势如下：

(1)毫米波引信对于气象、烟尘等因素的影响较小。在实战中，自然界中的云雾、敌对产生的烟雾伪装以及战场产生的烟尘都是影响红外、激光引信测量精度的重要因素。而毫米波引信在实战中可以无视战场烟尘、云雾和伪装烟雾，全天候状态下正常工作，保证了引信的作战环境。

(2)可有效辨别目标和其所属环境。当使用毫米波引信测距系统探测金属目标时，不受目标本身温度影响，而红外测距引信系统，只有当被测目标产生热量时才可被红外引信测距系统探测到，如果被测目标和目标所属环境温度相差不大时，红外引信将失去探测作用。因此，毫米波引信测距系统相比于红外引信测距系统，具有更强的探测能力，可以从辨别温度差相差不大的目标。

习　题

1.什么是毫米波？其频率范围和相应波长为多少？

2.简述黑体辐射原理及对应的普朗克表达式。

3.毫米波探测器(全功率辐射计)原理是什么？

4.毫米波引信特点有哪些？

5.简述毫米波时分式主被动复合引信工作原理。

第十章 光学引信

当前，防空导弹使用的光学引信主要有红外引信与激光引信两类。可见光引信因白天阳光干扰强烈而限制了应用范围，目前已趋被淘汰。光学引信的主要特征是用目标的光辐射，或目标反射光信号作为引信的接收信号，经信号处理或“识别”，在满足一定的预置条件时，推动执行级、引爆战斗部，达到摧毁目标的目的。本章结合防空导弹光学引信的特点，主要介绍红外引信与激光引信的有关内容。

第一节 光学引信及其应用简介

一、光学引信发展概况

光波也是电磁波，与无线电波相比，仅波长或频率不同而已（见图 10－1）。

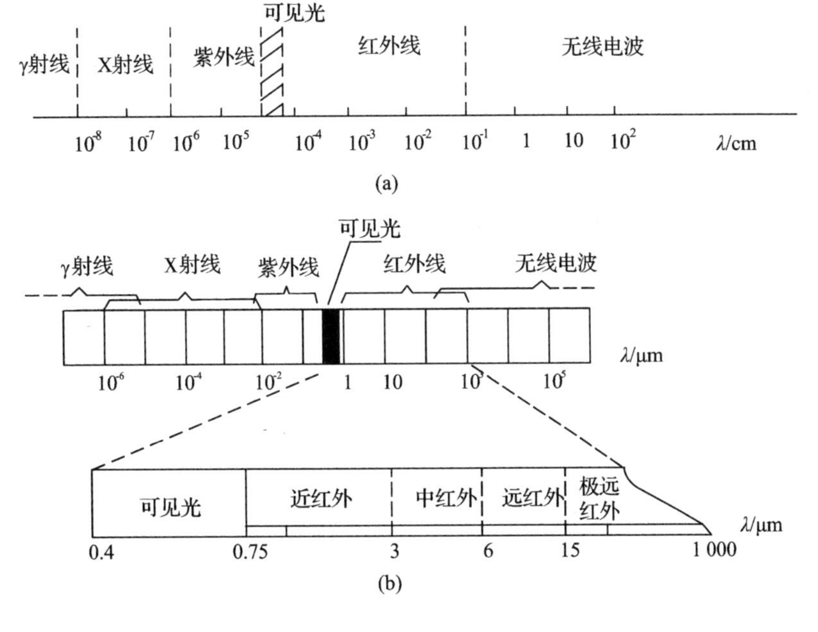

图 10－1 电磁波谱图

（a）光波波谱图；（b）红外波谱图

光学引信可以分为可见光引信和红外引信。激光引信的波段根据激光器的频率确定，一般在红外波段范围内。

红外引信主要是利用目标的热辐射场工作。20 世纪 50 年代红外引信使用的是近红外探测器，如硫化铅(PbS)探测器，工作波段为 2～3 μm；60 年代发展了中红外探测器，如锑化铟(Insb)探测器，工作波段为 3～5 μm；70 年代发展了远红外探测器，如碲镉汞(HgCdTe)探测器，工作波段扩展到 8～14 μm。与此同时，又出现了两个波段复合的“双色”探测器，如 Insb-HgCdTe。红外引信是当前使用最广泛的一种光学引信，到目前为止，由于近、中红外引信不能很好地解决全向攻击问题，限制了它的应用。另外，红外引信的抗干扰能力也有一定的限度。

为进一步提高光学引信的抗干扰能力，同时也为进一步提高命中精度和引战配合效率，20 世纪 60 年代研制出主动式光学引信激光引信，它不但具有无线电引信的许多特性，而且方向性强、光束窄、无副瓣，在抗干扰等方面均优于无线电引信。它的应用开拓了光学引信的新领域，引起了普遍的重视。1965 年以来，我国也开展了激光引信的研制工作。

二、光学引信基本分类及特点

1.分类

(1)根据光场形成的方法，可把光学引信分为被动式光学引信、半主动式光学引信和主动式光学引信。

(2)根据光场的性质或光波波长区域的划分，可把光学引信分为可见光引信和红外引信。红外引信又可分为近红外引信(0.75～3 μm)、中红外引信(3～6 μm)、远红外引信(6～15 μm)和激光引信。一般情况下，近、中、远红外引信为被动式光学引信、激光引信为主动式光学引信。

2.特点

(1)优点如下：

1)光学引信视场窄，具有尖锐的方向性，它没有无线电引信的“旁瓣”影响，引信启动角精度高。

2)具有良好的抗电磁干扰性能。

3)被动红外引信实现方法简单、成本低。

4)主动式激光引信因其单色性、强方向性及窄视场接收，因此，抗干扰性能优于其他类型引信，作用距离散布小，测距精度高。

(2)缺点如下：

1)被动式光学引信，工作在近红外和中红外波段，主要对飞机喷口和尾焰起作用，不能进行全向攻击。

2)被动式光学引信，依赖目标的红外辐射，不同目标的红外辐射具有较大的差异，导致引信作用距离散布较大。

3)背景辐射构成对光学引信干扰的较大威胁。

4)主动式激光引信的激光器，需要较大电流、引信电源尺寸较大，限制了它在小尺寸导弹上的使用。此外，激光引信的结构、收发光学系统及信号处理电路都比较复杂，所以成本比其他光学引信高。

三、目标的红外辐射

防空导弹打击的主要目标是飞机、巡航导弹等，故本节重点讨论飞机的辐射特性。

不同机型的红外辐射特性差异很大；同一机种，不同的飞行状态，不同的飞行高度，其特性也有较大差异。国内对目标特性进行了多年的研究，并做了较系统的报道。

1.喷气式飞机的辐射

喷气发动机的辐射为两个部分：喷口辐射和喷气流辐射。

喷口辐射的光谱是连续光谱，其特性接近黑体辐射，工程计算上，可以把喷口辐射看成是灰体辐射。典型飞机喷口 2.8～5.2 μm 波段辐射强度角分布如图 10－2 所示。

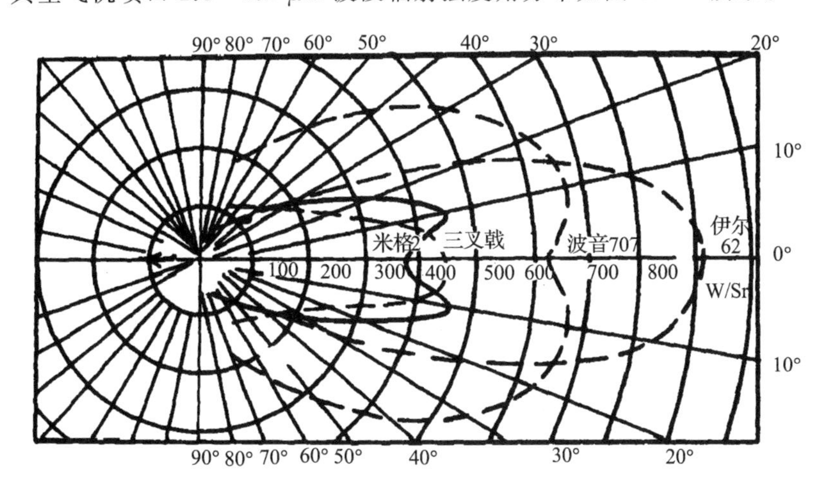

图 10－2　典型飞机喷口 2.8～5.2 μm 波段辐射强度角分布图

喷气流辐射是分子辐射，主要是 H_2O 和 CO_2 分子辐射，在非加力状态下，主要在 2.7 μm 和 4.4 μm 两个波段。典型的喷气流辐射亮度分布如图 10－3 所示。

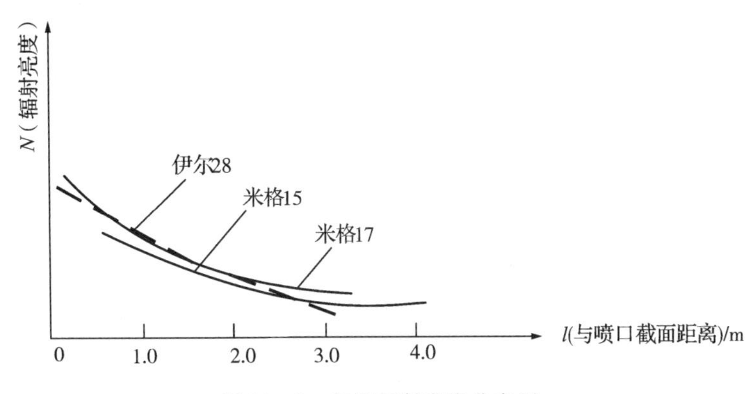

图 10－3　气流辐射亮度分布图

2.活塞式飞机的红外辐射

活塞航空发动机辐射来自汽油燃烧物；排气管产生的辐射强度较小。排气管温度取决于飞行条件和周围气温；燃烧物的温度仅决定于发动机的工作状态。飞机总的辐射取决于发动机的功率和发动机的大小，排气管的结构、数量和分布位置。不同的飞机具有不同的红外辐射特性（见图 10－4 和图 10－5）。

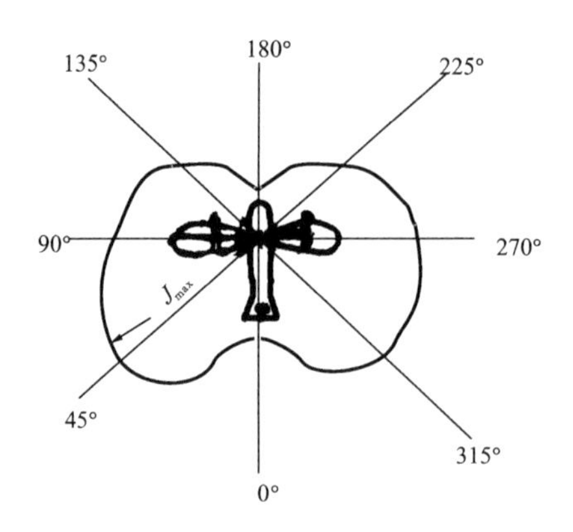

图 10-4　风冷式活塞发动机飞机的红外辐射特性

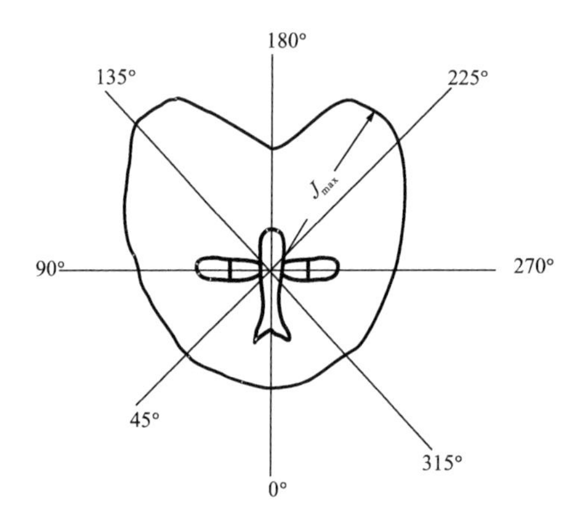

图 10-5　液冷式活塞发动机飞机的红外辐射特性

由图 10-4 和图 10-5 可知,发动机功率相同,冷却方式不同,红外辐射特性也不同。活塞式飞机的最大红外辐射是喷气式飞机的 1/10 左右。

3.曳光管的红外辐射

靶场试验时,可用曳光管作为飞机的模拟目标;战斗中,曳光管常用作干扰光学引信的红外源。

曳光管和照明弹相对辐射光谱如图 10-6 和图 10-7 所示。某曳光管在近红外和中红外波段具有很强的辐射。照明弹在近红外波段具有更强的辐射。

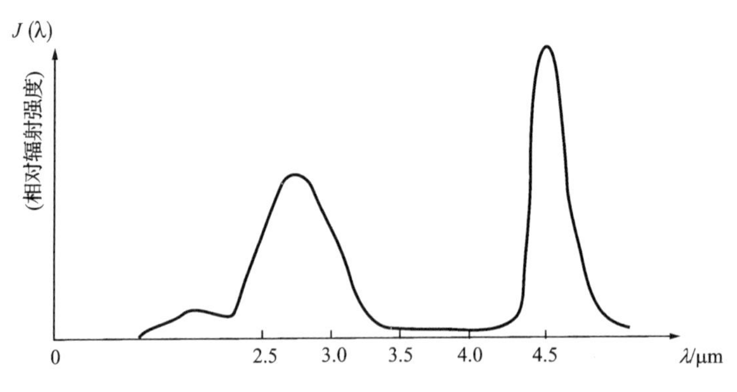

图 10-6　某曳光管的相对辐射光谱

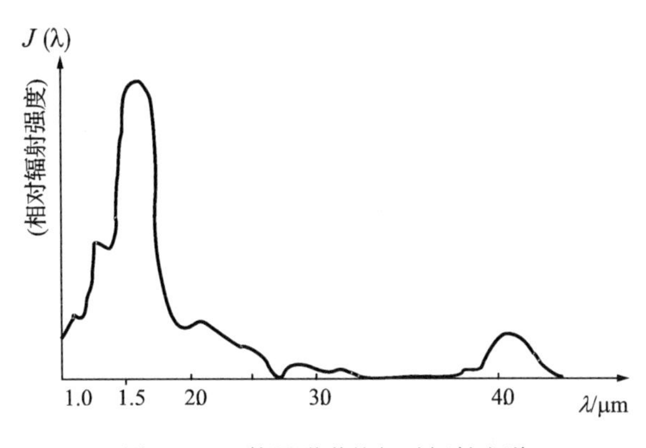

图 10－7　某照明弹的相对辐射光谱

四、目标的光反射特性

目标的光反射特性在研究主动式光学引信时，具有重要意义。不同目标具有不同的反射特性，同一目标的不同部位也具有不同的反射特性，这就引起主动式光学引信作用距离的离散性。对低反射率的目标，要满足一定的作用距离，就需要增加发射功率。

不同材料具有不同的光反射特性。对于同种材料，表面形状和表面状态不同，反射特性也具有较大差别。对于同一架飞机，机头、机身和机翼各部分的反射特性也有较大的差异。

表 10－1 为几种目标材料的反射率数据。

表 10－1　几种目标的反射率

目　　标	反射率
干黄土地面	0.55
水 泥 地 面	0.31
树干	0.31
黑油毛毡	0.27
深 灰 漆 木 板	0.22
锈钢板	0.16

第二节　红外引信

红外引信是指利用红外辐射感觉目标的光学引信，也是防空导弹广泛使用的一种引信。红外引信与无线电引信所利用的信号不同，其工作原理与具体结构也不同，但主要区别在敏感装置部分。从理论上讲，红外引信可以有主动式、半主动式和被动式三种类型，但实际使用的都是被动式的。本节主要介绍被动式红外引信的功能、组成、结构以及工作原理。

一、组成及原理

(一)组成

红外引信主要由敏感装置、信号处理电路、执行级以及保险装置组成。其中，敏感装置主要由滤光器、光学系统和红外探测器组成。红外引信光学系统可以是直接的“透射”式，也可以是“反射”式或其他形式。光学窗口的设置，可以是“多路式”，也可以是“单窗口”式。当然，单窗口光学系统的设计具有结构简单、可靠性高等优点。一种典型的单窗口红外引信原理框图如图 10 - 8 所示。

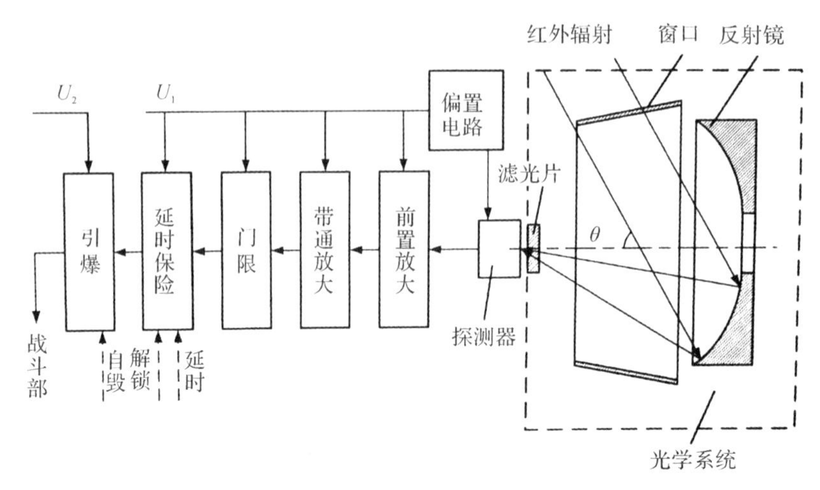

图 10 - 8　被动式红外引信原理框图

（二）工作原理

导弹与目标交会时，目标的红外辐射进入引信“视场”，由引信光学系统的视角确定弹目之间的方位。然后，光学系统将接收到的目标辐射红外线聚焦到光敏元件上，光敏元件将光信号转换成电信号，进一步经信号处理电路处理后，当满足预置条件时，引信执行级动作，起爆战斗部，达到摧毁目标的目的。

二、主要器件和电路分析

红外引信主要器件指的是敏感装置。红外引信的敏感装置也可称为光敏装置或光学接收器。其任务是定向接收目标的红外辐射，并将红外信号转变为电信号，是防空导弹红外引信的重要组成部分。

（一）滤光器

能从连续光谱中滤出所需波长，亦即只能通过某特定光谱波段的光学器件，叫作滤光器或滤光片。在红外引信中，滤光器是目标红外辐射进入引信的第一道关口。采用滤光器可以使引信敏感装置工作的光谱范围与目标辐射的光谱范围相同，以便使目标的红外辐射较多地通过光学系统到达红外探测器上，形成较强的目标信号。同时也可以消除或减少空中及太阳云团等背景辐射的干扰。

滤光器按其工作波段的特点分为带通滤光器、长波通（前截止）滤光器与短波通（后截止）滤光器三种。带通滤光器可经过一个波带，用中心波长（光谱带宽中心的波长）与半带宽（透过率超过滤光器峰值透过率 50％的波长间隔）来表示所透过的波长间隔。这种滤光器又分宽带与窄带两类。长波通滤光器可透过大于某一特定波长（λ_c）的所有波长。而短波通滤光器则可通过短于某一特定波长(λ_c)的所有波长。上述这一特定波长(λ_c),称截止波长,定义为透过率等于峰值透过率50%处的波长。滤波器应在目标辐射的主要能量分布的波段内构成通带。如对喷气式飞机,应在3.5～5 μm范围构成通带,在2 μm以下是背景干扰能量集中处,要尽可能地予以衰减。因此,要求滤波器通带的短波段边沿要陡峭,而长波段可以不做更多要求。

滤光器是基于不同的光学原理(如吸收、干涉、选择性反射与偏振等)对光谱透过特性要求的不同而制成的。滤光器按其材料不同可分为固体、液体和气体三类。在引信上常用的是固体滤光器。固体红外滤光器多做成片状,又可分为吸收滤光片、干涉滤光片等类型。

1.吸收滤光片

吸收滤光片是由于光辐射通过物质引起分子、原子或束缚电子的振动,从而能吸收一部分辐射能。这种吸收是以吸收带形式出现,故为选择性吸收。吸收式滤光片通常很少用作带通滤光器,因其光谱带宽一般都很宽。这种滤光片常用作长波通或短波通滤光器。例如,要滤出波长短于1.7 μm的所有波长,只需在引信敏感装置的光路中加入一个用锗做成的吸收滤光片即可。属于这一类的有动物胶滤光器、有色玻璃滤光器、塑料滤光器等。

动物胶滤光器,它是一层染色的动物胶膜(厚度为0.5～0.1 mm),为了防止胶膜受潮和受温度的直接影响,将它夹在两块平面玻璃之间胶合起来。它的光谱透射曲线如图10-9所示。动物胶滤光器的缺点是:光谱特性不稳定,会逐渐发生变化,受温度和湿度的影响;坚固性差。

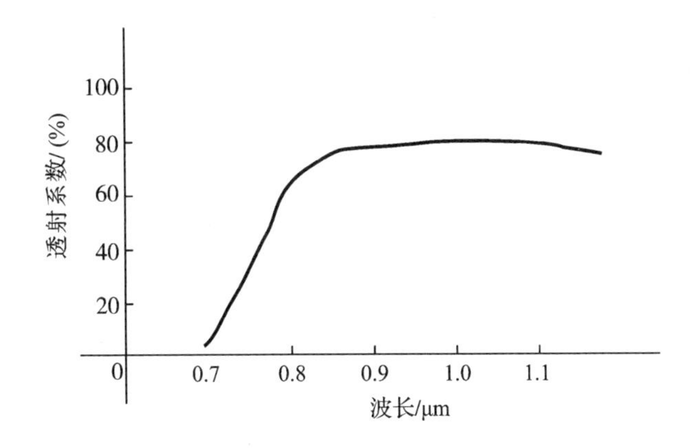

图10-9　动物胶滤光器光谱透射曲线

有色玻璃滤光器,它是在玻璃上用分子染色剂及胶质染色,染色的物质不同,其光谱特性也不同。图10-10是含氧化锰的玻璃滤光器的光谱特性曲线。由曲线可见,这种玻璃不能通过可见光,而能通过0.9～4.5 μm的红外辐射,因此它是近红外的良好滤光器。与动物胶滤光器相比有以下优点:耐热高,光谱特性稳定,不随时间增长而变化;可以大量制造特性相同的滤光器。

塑料滤光器,是由赛璐珞、尼龙和聚乙烯化合物制造的滤光器。呋喃树脂滤光器就属于此类滤光器。其光谱透射曲线如图10-11所示,可以制成1～3 μm范围内透射性良好的滤光器。

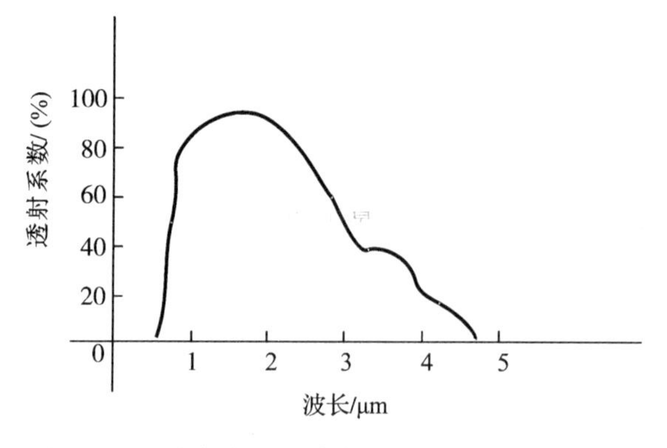

图 10－10　含氧化锰的玻璃滤光器的光谱特性曲线

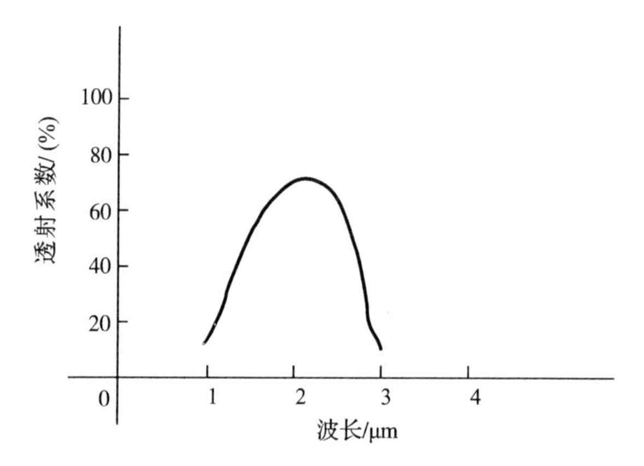

图 10－11　塑料滤光器的光谱透射曲线

无吸收性的滤光器本身不吸收辐射能量，是靠滤光器对辐射能产生漫射或散射的原理而工作的。属于此类的有粉末滤光器、粗糙表面滤光器和异折射率滤光器。

2.干涉滤光片

干涉滤光片是利用光的干涉原理制成的滤光片。它是在合适的基片上用物理或化学方法形成一层或数层介质材料而制成的。由于这种滤光片所能透过的光谱范围可以任意选择，所以在现代科学技术中得到了广泛应用。红外引信敏感装置中常常采用干涉滤光片。

在光学技术上把上述薄膜与基片组成的系统叫作膜系。干涉滤光片要满足其设计性能要求，必须对其膜系的介质材料的折射率和每一层的厚度等结构数据严加控制。对于一个多层的膜系，其设计计算是很复杂的，研究这些膜系的物理特性和制作过程已构成现代光学的一个分支——薄膜光学，对此，本书不做介绍。

(二)光学系统

光学系统的作用是接收辐射通量，把它传送给红外探测器上去，并保证探测器能获得最大的辐射照度，同时还要保证引信具有方向图所要求的视角。通常目标辐射源总是向四面八方辐射能量的，而引信中的探测器感光面小，因此必须利用光学系统，把投射到上面的辐射能变成一定方向传播的光线聚焦到探测器的感光面上。光学系统的感光面比探测器的感光面大得多，因而使探测器感光面的照度大大加强了。

对光学系统的要求如下：

(1)杀伤效果。

(2)具有足够大的感光面积和良好的会聚特性，以提高引信的灵敏度。

(3)保证有一定的光谱特性以提高抗背景干扰和减少作用距离的散布。

(4)引信工作波段内的光线通过它时，损失要小。

(5)结构紧凑，稳固可靠，工艺性好，便于制造、装配和调整。

光学系统大致可分为三类：

(1)透镜系(折射系)：由于透镜材料的光的折射率和空气的不同，因此，光线在通过它和空气介质的界面时要产生折射，只要适当地赋予界面的几何形状，便可使通过它的光线朝着所需要的方向传播。

(2)反射镜系(反射系)：光线在传播中受到一个或几个反射镜的反射，只要适当地赋予反射镜面的形状，就可使反射的光线朝着所要求的方向传播，投影到敏感元件的感光面上。目前引信多采用抛物面的形状。

(3)混合镜系(折射反射系)：透射和反射系混合使用。由于引信受体积限制，因此混合镜系在引信中使用较少。

(三)红外探测器

被动式红外引信的关键部件是红外探测器。它是一个把热能转换为电能的红外辐射能转换器。红外辐射的各种效应都可用来制造红外探测器，但真正能做出有实用价值的红外探测器主要是红外辐射的热效应和光电效应。因此，红外探测器按工作原理可分为热探测器和光子探测器。

1.热探测器

热探测器吸收红外辐射，首先是温升，随之产生物理性质的变化，从而确定红外辐射功率或能量。最常见的热探测器有四种。

(1)热电偶。利用金属丝或半导体材料构成一个闭环。一端接收红外辐射，引起温升，另一端温度不变，闭环内就产生温差电动势，电动势的大小表示红外辐射功率。若干个“热偶”串联在一起，就可以组成“热电偶”等。

(2)热敏电阻。用吸收红外辐射后电阻值的变化(金属电阻增大，半导体材料电阻减小)，测量红外辐射的功率。这类红外探测器统称为“电阻测辐射热计”。最常见的是用半导体材料制成的“热敏电阻”。

(3)气体探测器。利用气体吸收红外辐射后的温升，导致一定条件下的压强增大，从而测出红外辐射功率。

(4)热电探测器。有些晶体(如铌酸锶钡)吸收红外辐射并产生温升后，在晶体某个方向产生电压。通过测量电压值，就能测得红外辐射功率。

除以上四种热探测器外，还可利用材料的其他物理性能变化，制造出其他类型的热探测器。由于这类元件存在上述灵敏度低及无选择性的性能，故在引信中没有得到应用。

2.光子探测器

光子探测器是指利用材料吸收红外辐射(光子)后,产生光子效应制造的探测器。从光子效应的大小测定吸收的光子数。热探测器的响应正比于吸收的能量,而光子探测器的响应则正比于吸收的光子数。由于入射光子与探测器材料电子间的直接相互作用,故光子探测器的响应时间非常短,大多数时间常数为几微秒,而典型热探测器的其响应时间则是几毫秒。光子探测器一般有四种。

(1)光电型探测器。光照到某些材料表面,如果光子能量足够大,就能使表面发射出电子,这就是“光电效应”。利用这个效应制成的可见光红外探测器,称为光电子发射器件(PE 型器件),其中有光电倍增管和光电二极管。大多数 PE 型器件,只对可见光有响应。基于这一效应制成的光电管已经是可见光波段内常用的一种敏感元件,它所响应的波长最长只能到约1.1 μm。

(2)光电导型探测器。半导体材料在吸收能量足够大的光子后,它的有些电子和空穴能从束缚状态转为导电的自由状态,从而使材料的电导增加,这就被称为光电导效应。利用光电导效应制成的红外探测器规格品种最多,应用最为广泛,称为 PC 型器件。PC 型器件都用半导体材料制成,这种半导体物质也叫光敏电阻。如果把一块电阻为 R 的半导体光敏电阻,接在图 10－12 的电路中,R_L 为负载电阻,U 为恒定的电压。当半导体受到辐射时,电导率增加,也就是电阻 R 减低,则通过 R 与 R_L 串联电路的电流就增大。由于 R_L 值是不变的,因此 a 、b 两点之间的电压就增大。这个电压增量的大小就反映出入射辐射功率的大小。如果用适当的方法(调制盘 M)把入射辐射功率调制成如图 10－12 所示的正弦变化,只要正弦的频率不太高,探测器的响应跟得上这个变化,a 、b 两端之间的电压,除掉直流成分外,就有一个同样频率的正弦变化的电压,这个电压经过放大后可以控制终端工作。已经做成光电导型红外敏感元件的半导体,一类为多晶薄膜型,如硫化铅、硒化铅等,适用于 1～3 μm 和 3～5 μm。另一类为单晶型,分本征型和掺杂型两种。本征型指 7 μm 以下波段的探测,主要是锑化铟探测器,它是 3～5 μm 波段最优良的探测器。掺杂型探测器,主要适用于 8～14 μm 波段的探测,主要有碲镉汞和碲锡铅探测器。

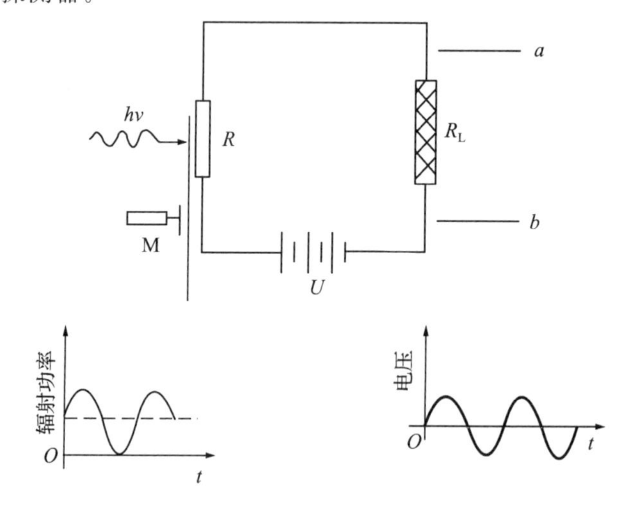

图 10－12　利用光电导型红外敏感元件产生控制电压的原理电路

(3)光伏型探测器。半导体 P-N 结及其附近,接收到能量足够大的光子后,能释放出少数载流子(自由电子与空穴),受到静电场作用时,电子漂移 N 区,空穴漂移到 P 区。如 P-N 结开路,两端产生电压;若 P-N 结短路,则产生反向电流,这就是光伏效应。利用此效应制成的探测器称为光伏型器件(PV 型)。PV 型器件工作时不必加偏置,材料为单晶,如室温锑化铟(1～3.8 μm)、77 K 锑化铟(2～5.8 μm)及碲镉汞等。

(4)光电磁型探测器。半导体材料在一定方向的强磁场作用下,受到红外辐射,材料表面吸收光子后,在表面产生电子空穴对,并向材料内部扩散,且各自偏向一侧,从而产生电位差,称为光电磁效应。利用这个效应制成可测量红外辐射的探测器称为光电磁探测器(PEM 型器件)。它通常用的材料有锑化铟等。

3.红外探测器的特性参数

(1)响应率。输出的电压与输入的红外辐射功率之比,单位为 V/W,通常用 μV/μW。如用 R 代表响应率,U_S 代表输出电压,P 为红外辐射的功率,则

$$R=\frac{U_S}{P} \tag{10-1}$$

(2)响应波长范围。红外敏感元件的响应率与入射辐射波长有一定关系,可用坐标图把它画出来。这种曲线又可称为光谱响应曲线或响应光谱。图 10-13 是两种典型的光谱响应曲线。图10-13(a)表明,在测量范围内,响应率与波长无关。图 10-13(b)表明两者有一定关系,有一个响应率为最大的“响应峰”存在,波长为 λ_p。在 λ_p 的短波方面,响应率缓慢下降。而在其长波方面,则响应迅速下降到零。把下降到峰值的 50%所在的波长 λ_c,叫作“截止波长”或者叫作响应的“长波限”,即红外敏感元件的使用波长最长只能到 λ_c。

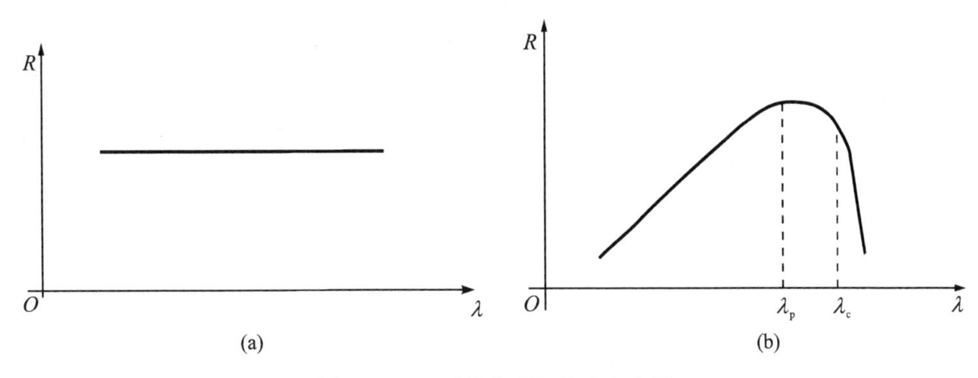

图 10-13　两种典型光谱响应曲线

(3)响应时间(或称时间常数、弛豫时间)。当一定功率的辐射突然照射到敏感元件的敏感面上时,敏感元件的输出电压要经过一定的时间才能上升到与这一辐射功率相对应的稳定值;辐射突然去掉后,输出电压也要经过一定的时间才能下降到辐射照射之前的原有值。一般来讲,上升或下降所需的时间是相等的,这就是敏感元件的“响应时间”。可用响应时向常数来表示敏感元件的响应时间,定义它为在照度突然变化时,敏感元件的输出达到最大值的 63%所需要的时间。

(4)探测率。当敏感元件敏感元具有单位面积、放大器的带宽为 1 Hz 时，单位功率的辐射所能获得的信噪之比。前面所说的响应率虽是一个方便的参数，但它给不出可探测的最小辐射通量的大小。仅从响应率的定义来看，好像是只要有红外辐射存在，不管它的功率如何小，都可以探测出来。事实并不是这样，任何一个敏感元件，不管它是根据什么原理制成的，都有一定的噪声。当入射辐射的功率降低到它所引起的输出电压远小于噪声电压时，就无法判断是否有红外辐射投射在敏感元件上。这样，敏感元件探测辐射的本领就有一个限度了，需要有一个表示这个限度的特性参数。如果投射到敏感元件上面的红外辐射功率所产生的输出电压正好等于敏感元件本身的噪声电压，这个辐射功率就叫作“噪声等效功率”。也就是说，它对敏感元件所发生的效果与噪声相等。噪声等效功率用符号 NEP 代表，它是一个可以测量的量。但当信噪比为 1 时，很难测到信号，所以，一般在高信号电平下测量，设入射辐射的功率为 P ，测得的输出电压为 U_S 。然后去掉辐射源，测得敏感元件的噪声电压为 U_N ，则按比例计算，要使 U_S 等于 U_N 的辐射功率就是

$$\mathrm{NEP}=\frac{P}{U_S/U_N}=\frac{U_N}{R} \tag{10-2}$$

噪声等效功率基本上能够表达出一个红外敏感元件敏感红外辐射的能力。但它本身还有一些缺点：它的大小既依赖于敏感元件敏感元的面积 A ，也依赖于放大器的带宽 ΔF 。因此，仅用噪声等效功率数值很难比较两个不同来源的敏感元件的优劣。另外，NEP 的数值是越小越好，这与我们的习惯也不一致。为避免以上缺点，就制定了另一个特性参数——“探测率”，也可称“归一化的探测率”，用 D^* 来代表。经过分析与实验表明，大多数重要的红外敏感元件的 NEP 都与面积 A 的二次方根成正比，与带宽 ΔF 的二次方根成正比，因而 $\mathrm{NEP}/\sqrt{A\Delta F}$ 就应当与 A 和 ΔF 没有关系了。定义它的倒数为探测率，即

$$D^*=\frac{\sqrt{A\Delta F}}{\mathrm{NEP}}=\frac{U_S/U_N}{P}\sqrt{A\Delta F}=\frac{R}{U_N}\sqrt{A\Delta F}\quad(\mathrm{cm}\cdot\sqrt{\mathrm{Hz}}/\mathrm{W}) \tag{10-3}$$

它的数值越大就表明敏感元件的性能越好。在进行上述测量时，测量条件必须符合一些共同规定：辐射源用黑体辐射，一般规定 500 K 的黑体辐射；要用适当方法把入射辐射的强度改造成按正弦变化的强度，即“正弦调制”；输入的辐射功率与输出的电压都要用均方根值等。因此，在说明一个红外敏感元件的探测率时，必须指明辐射源的性质、调制频率和放大器的带宽，即

D^*（辐射源，调制频率，带宽）

例如，以 500 K 黑体作辐射源，调制频率为 800 Hz，放大器带宽为 1 Hz，应写成

D^*（500 K，800 Hz，1 Hz）

探测率反映了敏感元件的灵敏特性。表 10－2 给出了几种典型热敏元件的重要特性。

表 10－2 可见，敏感元件的灵敏特性与温度有关，温度降低时，探测能力可以大大提高。例如，常用的硫化铅光敏电阻在 -164 ℃下的暗电阻为 110 kΩ，在偏压为 -8 V、调制频率为 800 Hz 时，对于 500 K 的黑体来说，其探测率则为 $D^*=7.5\times10^9\ \mathrm{cm}\cdot\mathrm{Hz}^{\frac{1}{2}}\cdot\mathrm{W}^{-1}$)。它的光谱响应的峰值波长则为 3.0 μm，配合滤光片之后，探测系统的响应波段为 2.7～3.6 μm。所以，降温不仅可以提高系统的灵敏度，还可以大大提高系统的抗干扰能力。当然，这就要求在引信中设置专门的制冷装置。

表 10-2　几种典型热敏元件的重要特性

敏感元件材料	工作温度/K	工作波段/μm	峰值响应波长/μm	初态阻抗/Ω	响应时间/μs	D^*(500K 黑体，指定频率，1 Hz)/(cm·$Hz^{\frac{1}{2}}$·W^{-1})	D^*(峰值响应，指定频率，1 Hz)/(cm·$Hz^{\frac{1}{2}}$·W^{-1})
硫化铅	室温	0.6～30	2.3～2.7	$(0.5\sim10)\times10^6$	50～500	$(1\sim7)\times10^8$ (800 ℃)	$(50\sim500)\times10^9$ (800 ℃)
	195	0.5～3.3	2.6	$(0.5\sim5)\times10^6$	$800\sim4\times10^4$	$(0.7\sim7)\times10^9$ (800 ℃)	$(20\sim70)\times10^9$ (800 ℃)
	77	0.7～3.8	2.9	$(1\sim10)\times10^6$	500～3 000	$(3\sim8)\times10^9$ (800 ℃)	$(8\sim20)\times10^{10}$ (800 ℃)
硒化铅	室温	0.9～4.6	3.8	$(1\sim10)\times10^6$	2	$(0.7\sim2)\times10^8$ (800 ℃)	$(1\sim4)\times10^9$ (800 ℃)
	195	0.8～5.1	4.2	$(1\sim10)\times10^6$	30	$(4\sim4)\times10^9$ (800 ℃)	$(1\sim4)\times10^9$ (800 ℃)
	77	0.8～6.6	5.1	$(5\sim10)\times10^6$	40	$(2\sim6)\times10^9$ (800 ℃)	$(1\sim3)\times10^{10}$ (800 ℃)
锑化铟	195	0.5～5.5	5.1	20	～1	1×10^9 (800 ℃)	$(0.5\sim0.9)\times10^{10}$ (800 ℃)
	77	0.7～5.9	5.3	$(2\sim10)\times10^6$	1～10	$(3\sim10)\times10^9$ (900 ℃)	$(2\sim6)\times10^{10}$ (900 ℃)
锗掺金(P 型)	77	1～9	5.4	$(0.1\sim10)\times10^6$	～1	$(1\sim3)\times10^9$ (800 ℃)	$(0.3\sim1)\times10^{10}$ (800 ℃)
锗掺金(N 型)		1～5.5	1.5		50	$(0.5\sim2)\times10^9$ (900 ℃)	1×10^{10} (900 ℃)

（四）信息处理电路

红外引信的信号处理电路在保险、延时和引爆电路等方面，与无线电引信和其他引信没有多大差异。由于红外探测器光敏器件的光电转换能力取决于目标辐射能量，一般为微瓦量级，转变成电信号后，也只有微伏量级。因此，对红外探测器的偏置电源要求较高，同时弹上的直流供电需多级滤波，尽可能减少电源波纹因素的影响。首先，红外探测器的偏置电阻应该选择使用噪声小的电阻。红外探测器的输出信号很小，放大器的增益很大。因此，前置放大器应设计成低噪声放大器。其次，为抑制阳光干扰信号进入，设计了滤波网络，使放大器的幅频特性前沿陡峭，当频率低于截止频率时，不予通过。阳光辐射进入引信的干扰信号中，截止频率以下的频率成分全部被抑制，从而达到抗阳光干扰的目的。

（五）红外引信噪声及其抑制

红外引信的噪声源，主要来自红外探测器的光敏器件和前置放大器。在动态条件下，红外探测器光敏器件的物理量将发生变化，导致放大器输出信号的变化，这就是探测器噪声。红外探测器的工作温度一般在低温状态，当它工作时，温度由室温骤降到某个要求值，这时器件、基片等都不可能处于平衡状态，由于它们之间不匹配或匹配不好，在动态条件下，可引起噪声增大。因此，解决探测器噪声问题就成为关键。要抑制噪声，主要是在工艺上采取措施。

信号处理电路中的前置放大器，也是引信噪声源之一。在动态条件下，由于元器件自身的质量原因及分布参数的变化，可以引起信号的变化。由于引信电路放大器的增益很大，信号的微小变化足以使引信放大器输出信号达到引信动作门限电平，这是信号处理电路在动态条件下噪声存在的原因所在。对于电路噪声的抑制：首先是对关键元器件的选择，如低噪声电阻和高质量的电容器，以减小结构原因引起的噪声；其次是工艺措施上，尽可能减小分布参数的变化，以达到减小动态条件下噪声的目的。

三、红外引信工作波长的确定

红外引信波段选择的原则，首先要考虑目标特性，如果目标特性以喷气流为主，则应选择中红外波段（3～5 μm）。如果以气动热为主要对象，那么应选择远红外波段（8～14 μm）。其次要考虑交会方式，假如仅是"尾追"攻击目标，则近红外波段（1～3 μm）和中红外波段（3～5 μm）均可选用，因为尾焰的红外辐射主要是二氧化碳（CO_2）引起。如果弹目交会更多的是侧向或仰向，这时主要靠气动热辐射，它在远红外波段。另外，在波段选择上还应该考虑到背景因素。当然，红外探测器的工作波段应与光学系统相一致。

一方面，红外引信工作波长的选择要求在目标辐射强度最大的波段内工作，从而保证其他波长的辐射能量都被滤波器尽可能吸收。另一方面，还要合理选择工作波长，不但能满足抗干扰的要求，还可以减少引信作用距离的散布。不同目标所辐射的红外光谱差别很大，如果将目标辐射最强处的光谱作为引信的工作波段，这样将使引信的工作波段展得太宽。另外，不同目标的红外辐射强度也有很大不同。例如，涡轮式喷气发动机的辐射强度比活塞式发动机的辐射强度约大 10 倍，由此造成红外引信对不同目标的作用距离可能产生很大的散布。

单位面积上的辐射强度称为辐射照度，可由下式决定：

$$E = K\frac{P}{r^2} \quad (\mathrm{W/\ m^2}) \tag{10-4}$$

式中：K ——红外辐射通过大气的衰减系数；

P ——目标在引信接收方向上的辐射强度，W/sr；

r ——辐射源到引信接收器的距离，m。

设 E_P 为引信开始动作时引信敏感元件上的辐射照度值，对于不同的辐射强度 P_1 与 P_2，引信作用距离为 r_1 与 r_2，则有下列关系

$$E_P = K_{r_1}\frac{P_1}{r_1^2} = K_{r_2}\frac{P_2}{r_2^2} \tag{10-5}$$

或

$$r_1 = r_2\sqrt{\frac{K_{r_1}P_1}{K_{r_2}P_2}} \tag{10-6}$$

由于红外引信作用距离一般在几十米之内，可以认为红外辐射通过大气层的衰减系数为

$$K_{r_1} = K_{r_2} = 1$$

此时：

$$r_1 = r_2\sqrt{\frac{P_1}{P_2}} \tag{10-7}$$

如果 P_1 等于 200 W/sr 为活塞式发动机的最大辐射强度，$r_1 = 20$ m 为引信的作用距离，那么当喷气式发动机的最大辐射强度为 $P_2 = 1\ 800$ W/sr 时引信的作用距离为

$$r_2 = 20\times\sqrt{\frac{1\ 800}{200}}\ \mathrm{m} = 60\ \mathrm{m} \tag{10-8}$$

引信作用距离增加了2倍。引信作用距离的差异，显然会降低弹药的毁伤效率。

如何减少作用距离的散布呢？在设计引信时，应适当选择引信敏感装置通带，来减少作用距离的散布。因为辐射场的强度随着温度增加而加大，同时辐射强度最大处的光谱的波长则随温度的提高而变短。例如，对于螺旋桨装置的飞机，温度为300 ℃，对应辐射通量最大值的波长(λ_m)范围在4.5～5.5 μm，其辐射通量的光谱分布如图10－14中曲线2所示。对喷气式发动机飞机，辐射器的温度达600～700 ℃，这时辐射的光谱分布最大值向较短的波长一边移动，λ_m范围为3～4 μm，如图10－14中曲线1所示。如果在设计引信时，通过选择适当的滤光器和光敏电阻的综合光谱特性，如图10－14中曲线H_λ所示。使其最大值，即引信的工作波长就在辐射体温度较低的目标辐射最强的光谱上，如图中λ在4.5～5.5 μm的范围内。那么，对于温度较低的辐射体，虽然它所辐射的能量少，但它所辐射的能量被引信接收的多，即接收效率高。对于温度较高的辐射体，虽然其辐射的能量多，但由于其辐射最强处的光谱的波长不在引信的工作波段内，而处于引信工作波长范围内只有一小部分能量被引信吸收，即接收效率低。这样，虽然辐射体所辐射的能量差别很大，但实际被引信接收系统接收并能转变成电信号的能量，其差别却大为减少，因而减少了引信作用距离的散布。这样做的同时，也使引信的工作波段变窄，从而使引信的抗干扰性提高。

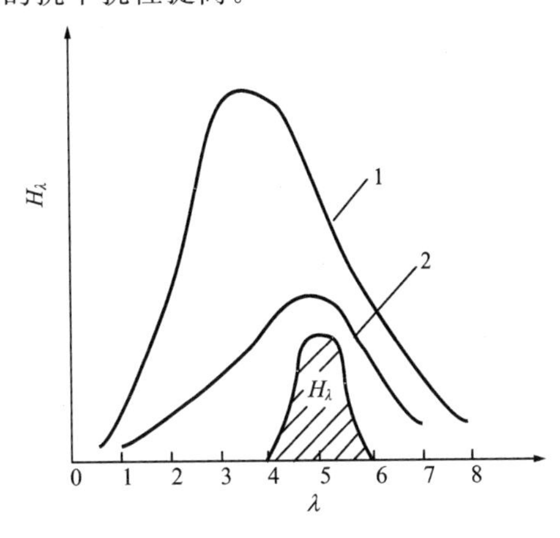

图10－14　辐射通量光谱特性

四、双支路及方向图设计

由于红外近炸引信的敏感装置是用来在较近距离上来判断导弹与目标间的相对位置的，此时与红外制导系统对目标的探测不同，不能再把目标的辐射看作一个点光源和用光学调制的方法来探测其方位，而是使引信光学系统在弹轴子午面(通过导弹纵轴的平面)上只能接收与导弹纵轴成一定夹角方向来的红外线能量。在弹轴的子午面上，引信光敏元件能接收到的入射光线之间的最大夹角叫引信视场角，视场角中心线与弹轴夹角叫光路角。此外，红外引信光学系统还要求在弹轴的赤道面(垂直于导弹纵轴的平面)上能获得360°全视野。由于导弹与目标间有一定的接近速度，并且视场角较小，所以敏感装置感受目标辐射的红外线后形成的信号仅是一个脉冲信号。此外，由于引信敏感装置具有360°的视野，导弹不论从目标的哪一边接近，光学系统都能接收到来自目标的信号。

对尾追型空空导弹，与目标相遇时，一般是以目标尾部以相遇角不大于30°的方向接近目标。按技术条件要求，当导弹以一定相对速度接近目标时，具有双支路的红外引信敏感装置必然先得到第Ⅰ路脉冲信号，然后再得第Ⅱ路脉冲信号。一般称第Ⅰ路为待炸支路，第Ⅱ路为爆炸支路。此时红外探测器输出的脉冲间隔与导弹的相对速度有关。当弹目距离近时，因光学接收器收到的红外信号强，所得脉冲信号的幅值就要大；反之，所得脉冲信号的幅值小。根据上述规律，引信设计者便可根据不同的视场角、光路角、视野角，与战斗部性能、目标性质、可能的干扰特点以及弹目接近速度等条件选择合适的起爆时机。

（一）双支路

双支路主要由引信接收系统的方向图来形成，对于一个单支路接收系统方向图，可用三个角度来表示，如图 10-15 所示。

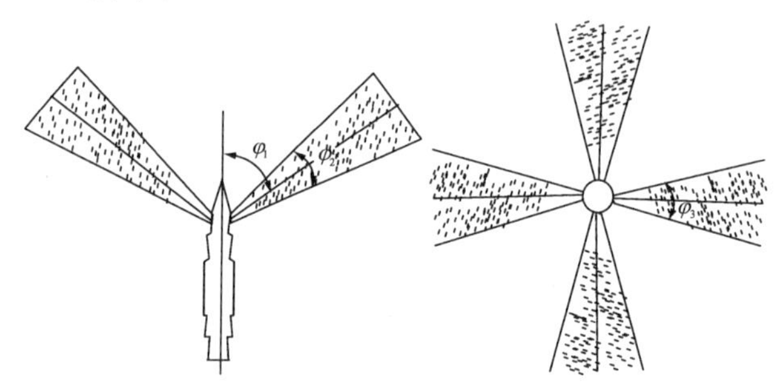

图 10-15　单支路接收系统方向图

在通过弹轴的平面（即子午面）内，由光路角 φ_1 和视场角 φ_2 来表示。光路角又称张角，它是光轴与弹轴之间的夹角。视场角是光学系统接收到光线的角度，它一般等于从光学系统的光瞳中心对光学窗的张角，光学窗即视场光阑，它可以是一个实在的光阑，或者是调制盘、敏感元件等。在导弹横截平面（即赤道平面）内，由视场角 φ_3 来表示，除了视场角 φ_3 外，光敏装置的光束数目也是很重要的。要保证没有死角，也就是说在赤道面内是一个完整的圆形视场。φ_1、φ_2、φ_3 的选择与战斗部特性、目标特性、导弹与目标的交会条件、干扰源的特性等因素有关。

双支路接收系统的方向图如图 10-16 所示。待炸支路的作用是收到目标辐射的信号时，做好起爆的准备。爆炸支路的作用是收到目标辐射的信号时，给出起爆信号。图 10-16 中甲为视场空白角，即在通过弹轴的子午面内，多通道光学引信的一个通道的视场角与另一通道的视场角之间相隔的角度。

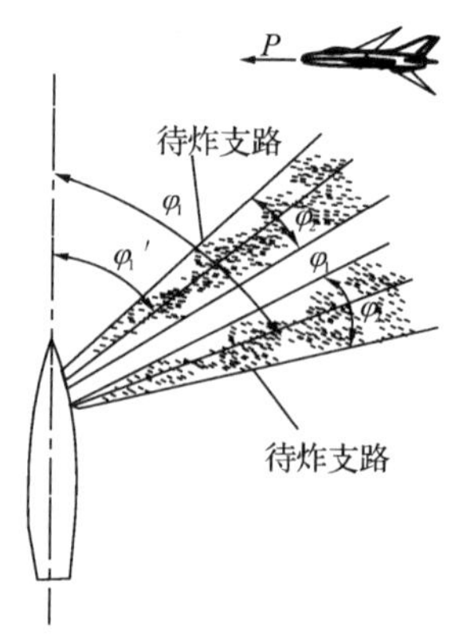

图 10-16　双支路接收系统方向图

对于设计正确的引信，在弹目接近过程中，目标的红外辐射一定先进入待炸支路，使系统处于待炸状态，然后进入爆炸支路。双支路系统要正常工作，必须遵循一定的工作顺序，即信号的加入一定是先进入待炸支路，后进入爆炸支路。或者至少要同时把信号加入两个支路。只有具有这样的顺序，才是正确地接近所要攻击的目标。若以相反的顺序加入，则双支路系统不工作，说明这个目标不是所要攻击的目标。

（二）命中问题

命中问题实际上也就是引信定位的问题，即如何确定引爆时弹与目标相对的方位与距离，以保证最大的杀伤效果。

为了分析问题，设目标与导弹在同一平面内运动，并且是尾追的情况，如图 10－17 所示。

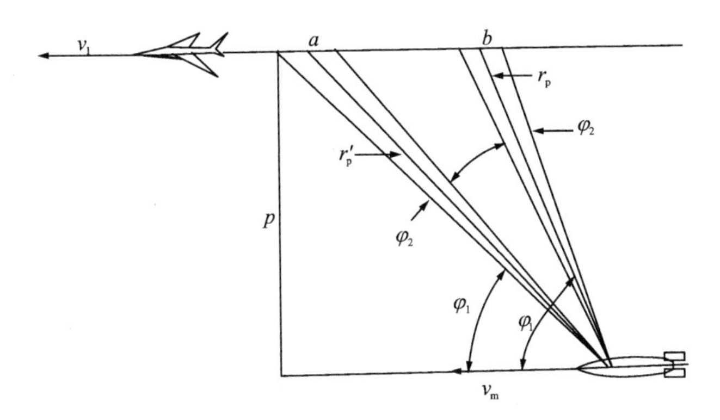

图 10－17　目标与导弹在同平面内尾追的情况

为了保证最大的杀伤效果，爆炸支路的方向图应该与破片飞散密度最大的方向重合，这就是选择爆炸支路光路角 φ_1 的一个条件。

为了保证双支路系统正常工作，导弹应以前进的方向接近目标。因此，待炸支路的视场应该在爆炸支路的视场之前，即要求待炸支路方向图的光路角 φ'_1 应小于 φ_1，

在导弹接近目标时，目标首先进入待炸支路的视场，经过一段时间 t_p 以后，目标再进入爆炸支路的视场。距离 r'_p 和 r_p、延迟时间 t_p 的数值均可利用已知的射击条件：目标速度 v_T，弹速 v_m，脱靶量 ρ 以及 φ_1 和 φ'_1，通过简单的三角关系求得

$$r'_p=\frac{\rho}{\sin\varphi'_1},r_p=\frac{\rho}{\sin\varphi_1}\quad t_p=\frac{\rho}{v_m-v_T}\left(\frac{1}{\tan\varphi'_1}-\frac{1}{\tan\varphi_1}\right)\tag{10-9}$$

由以上关系可看出，$r'_p>r_p$，所以引信的待炸支路灵敏度应该大于爆炸支路的灵敏度。根据可能的接近条件，由引信的作用距离 r_p 可求出 r'_p 的数值。显然，φ'_1 与 φ_1 之间的差越小，则 r'_p 与 r_p 之间的差也越小。延迟时间 t_p 的数值与接近条件有关。由于 t_p 存在，故需在待炸支路中增加一个专门的延迟时间装置，应保证该装置延迟时间大于式（10－9）中的 t_p 值。φ_1 与 φ'_1 之差越小，则 t_p 也越小，要求待炸支路的延迟时间也越小。

由以上分析可见，为了保证引信的定位及系统正常的工作，对双支路提出以下几点要求：

（1）视场角 φ_2 与 φ'_2 要小，保证双支路具有窄的方向图。

（2）待炸支路灵敏度应该大于爆炸支路的灵敏度，以保证在距目标较远的距离上，待炸支路仍能工作。

（3）对于喷气式发动机飞机进行尾追击时，目标的主要辐射面是尾喷管和燃气流而不是目

标的要害部位，此时应在两支路之后的引信电路中设置延时电路，以保证对目标要害部位的杀伤。

以上要求不是绝对的，其中有的还和引信其他要求有矛盾。例如，视角小的要求与保证引信所需要的作用距离这一要求有矛盾，视角越小，进入的能量越小，从而作用距离也越小。又如，要求待炸支路灵敏度大于爆炸支路灵敏度，以保证所需能量的观点看，φ'_2 应比 φ_2 大。而这又影响了 φ_1 与 φ'_1 在数值上彼此接近。这些互相矛盾的要求，在设计引信时，要根据主要战术技术指标合理解决。

（三）抗干扰问题

对被动型红外引信来说，防止自然干扰有着重大的意义。从前面背景辐射的分析可知，太阳与云彩的干扰是主要的。为了抗太阳和云彩的干扰，在角 φ_1 的数值给定后，角 φ'_1 取决于以下两点：

(1)使干扰源不能同时影响两个支路。

(2)在不同时影响两个支路的条件下，使干扰源依次对待炸支路和爆炸支路作用的时间间隔应当大于待炸支路的信号延迟时间 t_p 。

下面分别讨论对付太阳与云彩干扰的情况。

1.太阳干扰

当太阳光同时进入两条支路时，可能引起引信作用。为了避免这个干扰，需要在两个支的视场中有1°的空白角，即 $\varphi_r \geqslant 1°$ 。这是因为太阳离得远，太阳的轮廓构成的张角很小。

导弹的空间位置是不断变化着的，这样将会导致一种结果，即太阳光可能先出现在待炸路的视场中，经过一段时间后又出现在爆炸支路的视场中，若这一段时间小于待炸支路的延迟时间，则引信会因此干扰而误动作。

导弹的几何轴在空间位置发生变化的原因之一是由于弹道的弯曲，也就是弹道切线方向缺速模变化。对于不可控的火箭来说，弹道切线方向的变化很小。由外弹道学可知，切线方向变化的角速度取决于下式：

$$\frac{\mathrm{d}\theta}{\mathrm{d}t}=\frac{g\cos^2\theta}{v} \tag{10-10}$$

式中：θ ——弹道切线的水平倾角；

v ——弹的水平分速。

若 $v=200$ m/s，$\theta=0°$，$g=9.8$ m/s^2，则

$$\frac{\mathrm{d}\theta}{\mathrm{d}t}=\left|\frac{g}{v}\right|=\left|\frac{9.81}{200}\right|\text{rad/s}\approx\frac{1}{20}\text{ rad/s} \tag{10-11}$$

这个角速度很小，当 $t=0.1$ s 时，弹丸轴线才转动 1/200 rad 的角度。弹丸弹道的这种经受弯曲不会导致太阳光从待炸支路的视场内迅速转入爆炸支路的视场内。但对于可控制的异弹来说，由于捕捉目标，弹道可能弯曲得很厉害，因此它所造成的太阳光对两支路的连续干扰必须加以考虑。这时弹轴方向变化的角速度，取决于导弹的机动性，应满足下面的关系式：

$$\left|\varphi'_1-\varphi_1-\frac{\varphi'_2}{2}-\frac{\varphi_2}{2}\right|>\left(\frac{\mathrm{d}\theta}{\mathrm{d}t}\right)_{\max}t_p \tag{10-12}$$

式中：$\left(\frac{\mathrm{d}\theta}{\mathrm{d}t}\right)_{\max}$ ——导弹机动飞行时最大的变化角速度。

满足式(10-12),即说明太阳光依次干扰两条支路的时间间隔小于引信中所设计的两条支路的间隔时间,接收系统会正常工作。

弹轴在空间的位置发生变动的原因之二是弹的牵动。在章动过程中,太阳光可能依次进入待炸支路和爆炸支路的视场内,如图10-18所示。要想消除这种干扰的可能性,必须使视场之间的空白角大于弹的最大可能章动角的2倍,用数学式可表示为

$$\varphi_{\mathrm{T}}=\left(\varphi_1-\frac{\varphi_2}{2}\right)-\left(\varphi'_1+\frac{\varphi'_2}{2}\right)>2\delta_{\max} \tag{10-13}$$

式中:$\delta_{\max}$——弹的最大章动角。

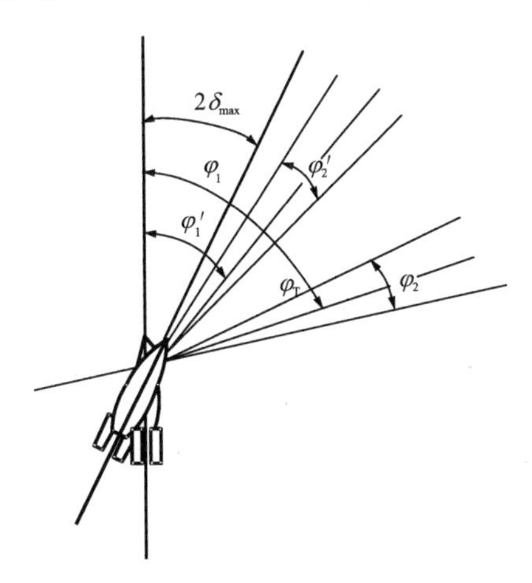

图10-18　章动角影响分析图

这个条件是不让太阳光在章动过程中进入两个支路,若按这个要求来设计引信,则往往难以实现。例如:

$$\varphi_1=75^\circ,\varphi'_2=\varphi_2=5^\circ,\delta_{\max}=20^\circ$$

按上式则得

$$\varphi'_1=30^\circ$$

这时,如果要保证在各种射击条件下,$r_{\mathrm{p}}=30\ \mathrm{mm}$,那么$r'_{\mathrm{p}}$和延迟时间就会很大,以致满足不了这个要求。如果将上述条件变成太阳光进入两个支路视场之间的时间间隔应大于待炸支路的延迟时间,只要知道弹在弹道上的章动规律,解决这个问题并不太复杂。如认为章动可以近似表示为一个周期为T,最大章动角为$\delta_{\max}$的单摆振动,即

$$\delta=\delta_{\max}\sin\frac{2\pi}{T}t \tag{10-14}$$

则消除太阳光依次进入两条支路的干扰的条件变为

$$\varphi_{\mathrm{T}}=\left(\frac{\mathrm{d}\delta}{\mathrm{d}t}\right)t_{\mathrm{p}} \tag{10-15}$$

式中:$\dfrac{\mathrm{d}\delta}{\mathrm{d}t}$——章动角速度。

综上所述,要消除太阳的干扰,关键是选择φ'_1的问题。对于自动瞄准的空空导弹来讲,选择φ'_1的问题较简单,因为导弹接近目标的角度变化很小,追尾攻击,射击条件较简单,导弹的章动较小。但有的导弹机动性大,特别是最近几年发展起来的格斗弹,其几何轴随时间变化的

速度可能很大，在这种情况下确定 φ_1' 时，必须知道在与目标相遇后做机动运动时的角速度，即使是概略的也可以。

2.云彩干扰

有明显分界线的大块云朵对两支路的同时影响会造成对引信的干扰。如果想利用空白角的大小来消除它是不可能的，因为云朵的轮廓构成的张角可能相当大。这种情况下只好利用云朵散射、反射的光谱特性和目标辐射光谱特性的差别，采用滤光器来消除云彩的干扰，试验证明效果良好。

红外引信接收系统的方向图中 φ_1、φ_1'、φ_2、φ_2' 的确定，主要从满足命中及抗干扰的要求来进行选择，上面所介绍的只是一般选择的原则。

五、双支路红外引信

对付具有强辐射源的各种喷气式飞机的响尾蛇空空导弹，所配用的引信就是采用双支路原理的被动型红外引信。

当导弹与目标距离在 9 m 以内，接近目标的相对速度为 150～800 m/s 时，红外引信启动，引爆战斗部。

该引信由敏感装置(即光学接收系统)、电子电路部分、安全保险执行机构和热电池组成。下面主要分析光学接收系统及电路部分。

(一)光学接收系统

光学接收系统是用来接收目标的红外辐射探测目标的。它共有 8 个红外接收器。其中 4 个长缝接收器(第 1 路)能接收与导弹纵轴成 45°方向的红外辐射；另外 4 个短缝接收器(第 2 路)能接收与导弹纵轴成 75°方向的红外辐射。它们形成了两个相互独立的光学通路。其视场角都是 1°30′，两通道接收器交错排列，环形分布，用螺钉固定于一个八角框架上。接收器上的长、短光缝分别与引信壳体上的长短窗口相对应。在光缝上装有滤光片，底部有一真空镀铝的抛物面反射镜，硫化铅光敏电阻安装在反射镜的焦点上。由于两个通道抛物面的形状和位置不同，构成两个通道接收角度的差异。在垂直于导弹纵轴的平面内，每一个接收器能接收 90°范围以内的红外辐射，不论导弹从目标哪一边接近，两路光学接收系统都能接收到来自目标的信号。

1.接收器的光路图

接收器光路图如图 10－19 所示。

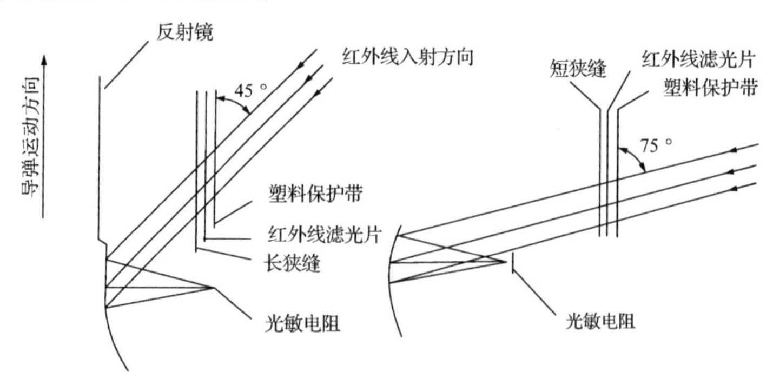

图 10－19　接收器光路图

在 45°或 75°方向上，由目标来的红外辐射首先透过外壳上保护胶带，再透过滤光片，滤除杂散干扰，然后射到抛物面反射镜上，经反射聚焦于光敏电阻上。光敏电阻的阻值在红外辐射的照射下发生变化。由于导弹与目标的接近速度为 150～800 m/s，同时光学系统的视场角又只有 1°30′，所以光敏电阻被目标的红外辐射照射只是瞬间，感受到的只是一个脉冲信号。

所用光敏电阻波段范围为 1～3 μm，而在 2 μm 处其接收能力最大。红外滤光片长缝在 2.0～4.5 μm、短缝的在 2.5～3.0 μm 有 30%～60%的透射率，这就是将光敏电阻的工作范围限制在 2.0～4.5 μm(长缝)、2.5～3.0 μm(短缝)狭窄的光谱范围内。

2.两通道信号的关系

导弹以一定的脱靶量，从目标尾部接近目标。这时两路光学接收器将在不同的时间、不同的角度接收到来自目标的辐射信号。为分析方便，设导弹与目标在同一平面内平行接近，如图 10－19 所示。

导弹以相对速度 150～800 m/s，接近目标。到 45°方向时第一通道先接收到目标信号，导弹再飞过一段到 75°方向时，第二通道才接收到目标信号。这就是说，在两路信号间存在一个顺序关系。只要是导弹从目标尾部正常接近，必然先得到第一通道的信号，然后才得到第二通道的信号。

这两路脉冲信号有一定的时间间隔，从图 10－20 中可见，当导弹与目标的距离是最大允许脱靶量 9 m 时，从 45°方向到 75°方向飞过的距离最长。如再设导弹以最小的相对速度 150 m/s接近目标，则这种情况下，两路脉冲信号的时间间隔便是最长的了。可以算出，两路脉冲信号的时间间隔将小于 44 ms。若是减小导弹的导引误差，或增大相对速度，其时间间隔都将减小。

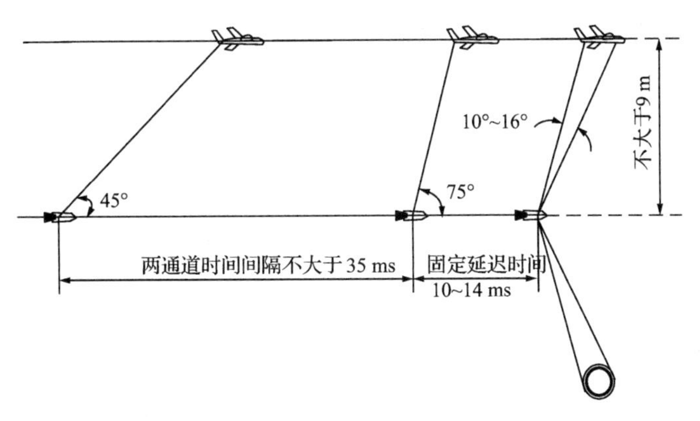

图 10－20　导弹接近目标时两通道信号的关系

两路脉冲信号的幅值和导弹与目标间的距离有关。距离近，光学接收器接收到的红外辐射强，脉冲信号的幅值就大。反之，导弹与目标间的距离大，甚至超过允许脱靶量，脉冲信号的幅值就会逐渐减小。

从以上分析可以看出，导弹与目标在距离 9 m 以内正常相遇时，两路脉冲信号之间存在有一定的顺序关系、一定的时间间隔以及它们都有比较大的幅值。这就是它们之间的规律，可利用这个规律来选择引信的最佳起爆时机。

(二)电路原理

导弹从发射瞬间起,引信便开始工作。光学接收系统不断探测周围空间的红外辐射,会接收到各种各样的信号,如太阳光的散射、云朵对阳光的反射以及空中目标的红外辐射等。引信怎样排除干扰,分辨出有用的信号,又如何利用目标的信号选择最佳起爆时机等,这便是电子电路要解决的问题。

前面已经讲过,两通道的信号存在一定的关系,针对这些特点,电子电路的功用是:把光学接收系统接收到的红外辐射脉冲信号转换为电脉冲信号,并进行放大,对放大信号进行顺序鉴别、时间鉴别和幅值鉴别,排除干扰,形成起爆脉冲;为了击中目标要害,要使起爆脉冲延迟10～14 ms;起爆脉冲控制执行级工作,起爆战斗部。电路方框图如图10-21所示。

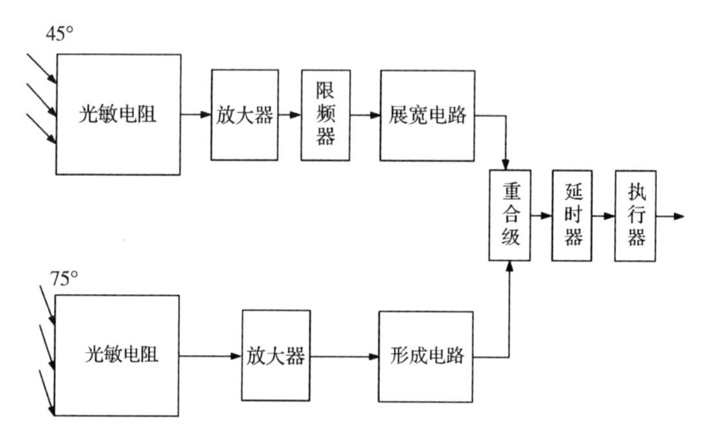

图10-21　光学接收系统电路方框图

1.脉冲放大器

在目标红外辐射作用下,光敏电阻的阻值发生变化,将目标信息转换成电信号。由于光敏电阻被红外辐射照射只是一瞬间,所以输出的电信号是一个脉冲信号。该信号通过脉冲放大器进行放大后,输出一个正(或负)脉冲信号。

2.限幅器、脉冲展宽电路和重合级

放大器在放大目标信号的同时,也放大了各种各样的干扰信号,这部分电路的作用就是对信号进行顺序鉴别、时间鉴别和幅值鉴别,取出真实的目标信号。

三个鉴别是这样进行的:以第一电路脉冲信号为辅助,先加以限幅,使其幅度一定,利用这个一定幅度的脉冲经脉冲展宽电路形成一个一定宽度的波门,去控制重合级。当在这个波门以内时,重合级得到第二路脉冲信号且足够大时,重合级工作,输出一个负脉冲信号至延时级。如果只有一路脉冲,或虽有两路信号,但一、二路的顺序相反,或两路时间间隔太大,或脉冲幅度小,这些都不反映导弹与目标正常相遇的情况,而是背景干扰或导弹已脱靶,这时重合级都不工作。

第二路中形成电路的作用是将第二路放大后输出的脉冲信号进行微分,得到一个失顶的窄脉冲信号加至重合级。

重合级是一个有双控制极的开关,其特点是当两个控制极上电压均达到一定值时,开关导通,否则开关断开。第一路信号经放大、限幅和展宽后加至重合级第一控制极上,当该信号足够大，在 $t_1 \sim t_2$ 这段时间内达到一定值时，使重合级处于等待导通状态。若 $t_1 \sim t_2$ 这段时间内，加至第二控制极上的第二路放大器输出信号经形成电路后达到一定值时，重合缓便可导通。而 $t_1 \sim t_2$ 这段时间是根据导弹与目标正常相遇时，两路信号的时间间隔大小来确定的，该引信为 35 ms。

由上述可见，要使重合级工作，第一路必须先工作，且信号幅度足够大，开启第一控制极，使重合级处于等待状态。在 35 ms 内，第二路信号足够大时，使第二控制极开启，重合级导通，输出一个负脉冲信号。

3.延时电路

当重合级输出时，目标正在引信前方 75°方向，虽然目标已进入战斗部杀伤范围以内，但是还没有进入最大杀伤区，还不应立即起爆战斗部。为了使目标的要害部位处于战斗部杀伤破片最密集区，以便给目标最大程度的杀伤，故设置了延时电路。对于指定的目标，固定延时时间为 10～14 ms。

该延时电路是由单稳态多谐振荡器组成，延时后信号输给执行级，作为起爆战斗部的信号。

六、红外引信主要性能指标

1.引信作用距离 R(m)

(1)引信需要的作用距离：为保证战斗部有效地杀伤目标，在战斗部爆炸后，破片云正好与目标要害部位相撞，由此计算出的引信作用距离。

(2)引信可能达到的作用距离：根据目标特性，计算引信可能达到的作用距离。

2.引信有效工作时间 t(s)

引信有效工作时间应与导弹的最大有效射程相匹配，假如最大射程为 10 km，最大飞行时间为 30 s，那么红外探测器的有效工作时间应大于或等于 30 s。由于红外探测器的光敏器件都要求在一定的温度下工作，才能满足探测灵敏度，所以在有效工作时间内，致冷器的工作温度应保持在一定的范围内。

3.引信噪声 U_n(mV) 和引信门限电平 U_G(V)

光学引信的噪声，在一般情况下，主要来源于红外探测器。因此，引信产生的噪声 U_n 必须小于门限值 U_G 。当然门限电平(U_G)的设置，除考虑"虚警"概率外，还应满足攻击目标的启动概率。

4.引信延迟时间 Δt(ms)

引信延迟时间的设置，主要是为提高引战配合的效率。固定延识时间根据最早遇到的交会条件，照顾大多数原则的原则确定的，自适应调整延迟时间是解决引战配合的最佳选择。

5.引信储能电容器的放电电平 U_c(V)

引信储能电容器的放电电平主要取决于 100%引爆战斗部的启爆电压 U_0 ，一般要求为 $U_c \geqslant 1.5U_0$ ，以确保战斗部的可靠启爆。

6.引信光轴与弹轴的夹角 θ(°) 和引信视场角 α(°)

光轴与弹轴的夹角 θ 是引战配合要求的重要参数。视场角 α 的大小与引信灵敏度、抗背景干扰等参数相关。

第三节　激光引信

由于激光具有亮度高，单色性、方向性、相干性好等一系列优异特性，因此在军事领域中得到了广泛的应用。激光引信是随着激光技术的发展而出现的一种近感引信。目前实用的激光引信几乎都是近炸引信，激光近炸引信利用激光束探测目标，具有极牵的光束和极小的旁瓣，有很强的抗外界电磁场干扰的能力，并能精确控制起爆点位置，在防空导弹上得到了广泛应用。本节将重点介绍激光引信的产生、功能、组成及基本原理等。

一、激光的产生、特点及应用

激光是20世纪60年代出现的一种新光源，是基于物质受激辐射原理而产生的一种高强度的相干光。激光波长从0.24 μm开始包括可见光、近红外直到远红外的整个光频波段范围，它的出现是人类对电磁波的利用和控制向光频段的扩展，它使得我们有可能把无线电波段上行之有效的一整套电子技术（如振荡、调制、变频、调谐、接收等）推广到光频段，从而不仅在光源的外部，而且也在光源的内部实现对光束特性的控制。激光技术被人们公认为是继量子物理学、无线电技术、原子能技术、半导体技术、电子计算机技术之后的又一重大科学技术新成就。

（一）激光的产生

为了产生激光，一个激光器必须具有以下三个基本组成部分：

（1）激光工作物质；

（2）激励能源；

（3）光学谐振腔。

自激光器问世以来，到现在已发展了众多的激光器。按工作物质的形态和名称来分类的话，激光器有固体激光器、气体激光器、液体激光器、半导体激光器、化学元素激光器和其他激光器等。

图10-22是激光器的工作示意图。激光工作物质在激励能源的作用下，自由电子不断由基态能级被抽运到较高能级，形成粒子数反转状态。电子在较高能级跃迁回基态时就产生受激辐射。受激辐射产生的光子在光学谐振腔内形成正反馈，光强不断被放大，部分光线由部分反射镜一端输出，就形成了激光。

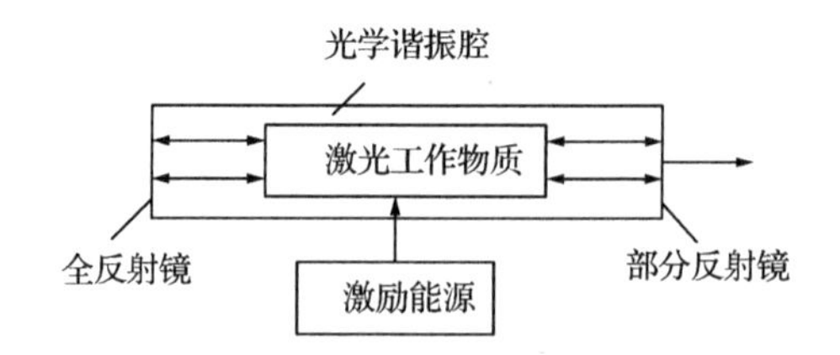

图10-22　激光器工作示意图

（二）激光的特点

（1）高亮度。激光的总能量是不大的，但激光能把能量在空间和时间上高度地集中起来，就有很大的威力。激光器发出的光的亮度比太阳光的亮度要高几十万甚至几千亿倍以上。

(2)高定向性。激光器发出激光束的定向性,要比探照灯的定向性高几千倍以上。同样是直径为 1 m 左右的激光束,传输到几千米远以后,光束的直径只扩大几厘米。

(3)高单色性。激光器发射出的激光,它的光谱成分是非常单纯的,其单色程度比单色性最好的普通光源的单色性程度还要高出几万倍到几十万倍。因此,用激光可以作多种精密测量。激光不仅单色性好,而且它的波长可以由人们控制,既可位于可见光谱区,也可位于不可见光谱区。

(4)高相干性。激光各发光中心是相互联系的,可以在较长时间内存在恒定的相位差,所以激光的相干性很好。为了量度相干性,引用了时间相干与空间相干的概念。时间相干性指两个不同时间的相对相位,在相当长的时间内保持恒定。空间相干性指空间上两点相对相位,在相当长的时间间隔内保持恒定。激光的时间相干性目前应用较多,时间相干性与单色性是有密切联系的。光源的单色性好,则时间相干性好。

(三)激光在引信上的应用

激光测距是激光技术在军事方面的是最早应用。当激光器和激光技术刚跨出实验室之时,激光在引信中的应用发展,同激光在测距中的应用发展同样受到各国的重视。激光由于其特有的单色性、相干性、方向性和强光性等性质,可构成具有良好时间、空间分辨率,高定距精度和高抗干扰性测距系统。激光近炸引信在对目标的探测和定距性能方面与激光测距和激光雷达非常类似,不同之处,是引信在近场区域内工作,并且是在动态条件下输出适时引爆信号。正是由于激光引信在探测和定距原理上与激光测距的类同性,所以激光近炸引信也很快研制成功。20 世纪 70 年代初期至中期,美国哈雷·戴蒙德研究所、休斯飞机公司、圣巴巴拉研究中心和摩托罗拉公司等单位,先后研制出配用于火箭弹、导弹的激光近程探测器和激光近炸引信,当时用于“猎鹰”空空导弹和“小槲树”地空导弹上。70 年代后期,“响尾蛇”空空导弹AIM－9L配用了 DSU－151B 型激光近炸引信。80 年代初,瑞典的埃立克森公司研制的激光近炸引信可配用于多种“响尾蛇”空空导弹上。激光近炸引信用在空空导弹上,克服了早期红外炸引信只适宜尾追攻击飞机目标的战术使用局限性,在对抗阳光干扰或敌方主动干扰方面也显示出它比红外引信或无线电引信的优越性。目前,国内外越来越多的防空导弹上应用了激光引信。

二、激光引信的特点及分类

(一)激光引信的特点

(1)抗干扰性能好。激光引信敏感光场,工作于光频波段,因而不受外界电磁场和静电感应的影响,避免了无线电引信中的电子干扰问题。同时,由于激光引信的激光束方向性非常强,几乎没有旁瓣。根据弗洛姆的研究,激光旁瓣低于主瓣 60～70 dB,而微波天线只能获得 20～30 dB,所以,激光引信具有尖锐的空间方位选择性。理论和实践已经证明,提高引信空间方位选择性,对抑制干扰,增大信号干扰比有重要作用,其空间方位上能获得多少分贝的选择能力,其抗干扰性能就可获得多少分贝的效果。

(2)启动位置控制精度高。无线电引信启动区位置和范围由无线电引信固有参数、导弹和目标的特性确定。对于信号强度启爆的定角引信来说,启动区随引信天线方向图宽度减小而减小。激光引信光束的强方向性，窄光束宽度(一般为 1°～3°)，使引信启动区受脱靶量等的影响小，加之采用距离选择技术，因此可将最佳启爆位置控制得比较精确，同时激光引信很容易实现与可控定向爆炸战斗部的配合，获得更高的引战配合效率。

(3)激光引信的距离方程呈二次方或三次方关系。无线电引信的作用距离一般由雷达方程估算，引信天线接收功率随距离的四次方关系变化。激光引信的距离方程呈二次方或三次方关系，而不是四次方关系，因此接收信号功率随距离变化较小，接收机动态范围也相应较小。

(4)激光源具有高度的时间和空间相干性。由于激光具有时间和空间的相干性，所以是一个完美的单色球面波或无限扩展的平面波。对于大多数激光器发出的光，最低限度可以做到准单色、准平面波。其他光源发出的光是非相干光，由于非相干光不是单色光，它的频谱分布很宽，所以滤光片带宽也必须做得很宽，这样势必引入很大的噪声。

(二)激光引信的分类

激光引信按工作原理可分为半主动式激光引信和主动式激光引信两类。半主动与主动的区别在于引信是否直接携带激光源，直接携带的为主动式，不直接携带的为半主动式。半主动式激光引信的光源可以是机载照射器，也可以是固定或装在地面、海上运载工具上的激光照射器，它特别适用于激光波束制导的导弹。由于半主动式需增加设备、人员管理及导弹发射后还需跟踪照射目标等方面的原因，所以很少应用，目前多数采用的是主动式激光引信。

三、激光引信的原理

(一)基本原理

主动式激光引信，它本身发射激光，激光光束通常以重复脉冲形式发送，光束到达目标发生反射，有一部分反射激光被引信接收系统所接收变成电信号，经过适当处理，使引信在距目标一定距离上引爆战斗部。

脉冲激光引信的测距原理与脉冲无线电引信是相同的，只要测出激光束从发射瞬间到遇目标后反射光波返回到引信处的时间 τ_0 ，便可得出目标的距离 R ，即

$$R=\frac{c\tau_0}{2} \tag{10-16}$$

(二)典型应用

一个典型的主动式激光引信原理图如图 10-23 所示。该激光引信由激光发射机、接收机、信号处理电路、执行级电路信号源和电源电路等组成。光源采用半导砷化镓激光器，波长为 0.85～0.93 μm。半导体激光器可以随着注入电流的形态而发出相应的激光束。注入的电流通常是有一定重复频率的脉冲。接收机采用硅光电二极管。利用激光较好的单色性和采用窄带滤波器，使引信探测系统具有良好的光谱选择能力。引信的四个发射机和接收机围绕导弹纵轴方向均匀分布，呈四个象限。每一个象限在导弹赤道面上提供 90°的覆盖区，四个象限提供 360°的覆盖区，即引信视野。发射机的发射光束在导弹子午面上会聚成 0.5°。接收光学系统视场在导弹子午面上是 0.4°。发射机和接收机沿弹轴相距一定的间隔安装，引信发射的激光束和接收机的探测视场在导弹任意一个子午面上交叉而包围成一个区域，从而构成了引信一个严格的工作区。这个工作区保证了引信的距离截止特性。大功率驱动器向激光器注入一定重复频率和宽度的脉冲电流，激光器经光学系统发射相应的光脉冲，即引信的发射光束。

当引信的工作区域内存在目标时，其接收机探测到从目标反射的激光回波，经光电变换形成相应的电脉冲信号。经放大、双阈值比较后，送至逻辑电路。如逻辑电路判断确认是真实目标存在，则信号输入时间延迟电路。延迟时间按引战配合的要求而定，信号经延迟后启动执行电路，全部电路由时钟基准协调工作。为了使引信所发射的激光辐射功率保持一定的稳定性，用一个热敏电阻装置控制驱动器，以调整注入激光器的脉冲电流。引信有独立的供电系统，电源采用热化学电池，可长期储存。在导弹发射瞬间，化学电池被激活，供电时间为数十秒。

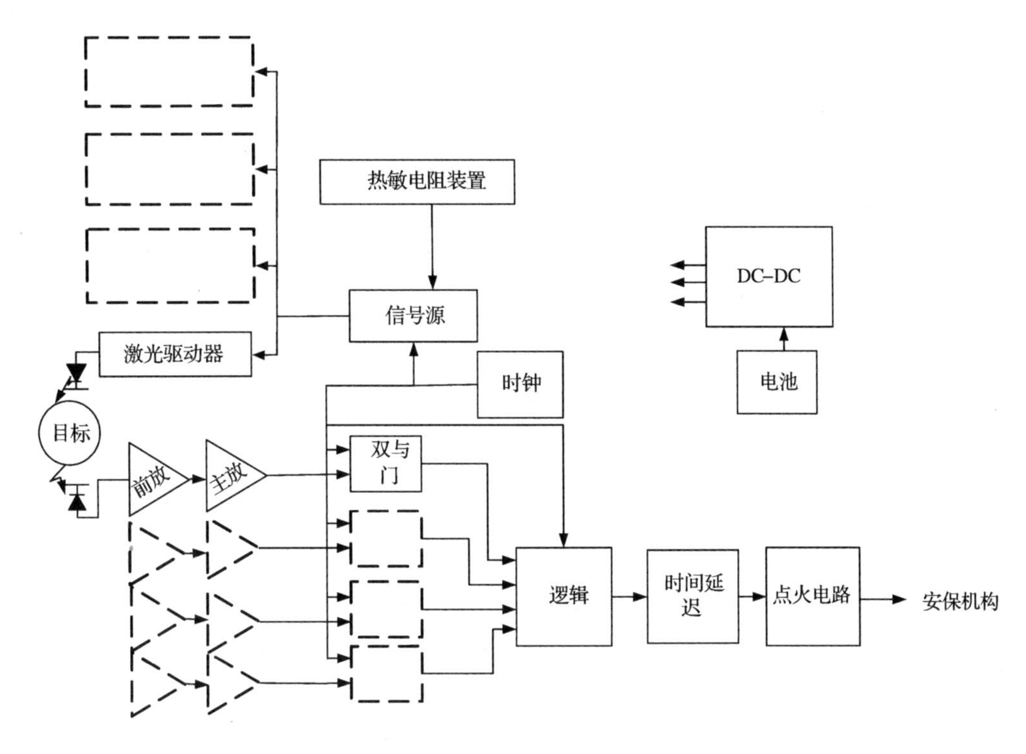

图 10－23　激光引信原理框图

四、主要部件和电路分析

根据武器系统的要求，主动式激光引信可设计成多种式样，但工作原理大同小异。首先根据需要确定激光引信的激光器及激励源，然后根据所需的激光引信探测场，考虑选用发射和接收光学系统。对于防空导弹引信的光学系统来说，常采用多路锥形或扇形复合探测场、空心锥形探测场和旋转扫描探测场。在电路系统中，常采用距离选通、选择放大、同步检波、编码调制发射、相关接收、恒虚警处理、自动阈值探测和逻辑控制电路等。

（一）激光器及激励源

激光引信上最常用的激光器是半导体激光器。半导体激光器的优点是小型化、高效率、结构简单，用激励源注入电流而直接出光，可方便地进行重复脉冲工作或加以调制。国外激光引信的研制开发中，大多数均为半导体激光引信，也有报道某些型号的反坦克导弹拟配用 CO_2 定距引信或固体激光引信的。尽管 CO_2 激光器和固体激光器也可以设计制造得足够小，但是在口径不大的弹药上，引信的结构尺寸受到限制，故总是更多地选用半导体激光器。

(1)半导体激光器。砷化镓(GaAs)是制备半导体激光器的理想材料。它是直接带隙半导体材料。当注入电流时,导带中的自由电子受激而和价带中的空穴复合。在复合时,电子放出的能量非常接近于带隙,这个能量以光量子的形式辐射出来,就产生激光。作为激光器基质的砷化镓材料中,复合是直接发生的,不必吸收或发射晶格振动的一个量子。泵浦电流从正向通过砷化镓 P-N 结,沿着结平面传播的光波由于这些电子和空穴的受激复合而放大。晶体的两端面起着激光器的反射镜作用,构成光学谐振腔。

自从 1961 年第一只半导体激光器问世以来,半导体激光二极管的制备工艺不断改进,其性能日益提高。近年来,激光二极管在光通信和光存储等方面的应用激增,因此半导体激光器的研制发展也特别活跃。激光二极管今后的发展方向为:继续向光通信用长波长和可见光范围的短波发展;进一步提高输出功率,降低阑值电流;提高调制速率,减小谱线宽度;改善温度性能;延长器件寿命。

(2)半导体激光器的激励源。激励源向半导体激光器输出激励电流。激光引信中通常设计为重复脉冲体制,则激励源设计中根据激光引信总体协调设计及分配的指标参数,提供所需频率、所需脉冲持续时间和幅值的脉冲电流,并要按允许的结构尺寸进行小型化的设计装调。激光二极管的激励源的基本组成部分包括时基电路、窄脉冲形成电路和脉冲电流输出级。常用的激励源电路包括可控硅输出激励电源、雪崩管输出激励电源和晶体管输出的激励源等。

(二)光学系统

激光引信光学系统,对于主动式引信来说,是发射光学系统和接收光学系统的统称。光学系统会聚激光的功率并构成对目标的定向和定距探测的基本环节。根据引信的引战配合协调设计和有关的战术技术指标要求,激光引信的光学系统有各种不同的结构原理。但以下几方面是不同用途的激光引信都要把握的设计原则,即采用精巧、合理的结构,良好的工艺,获得尽可能多的弹目接近过程中的目标信息量。

(1)同轴前视光学系统。发射透镜将激光管的输出激光加以准直。透镜的中心线与弹轴一致,因此经准直后的激光束沿弹轴向前发射。接收光学系统的中心线也与弹轴一致,构成发射-接收同轴光学系统,如图 10-24 所示。

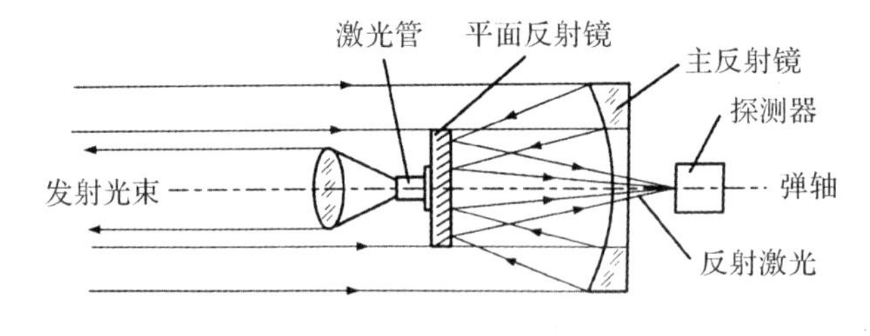

图 10-24　同轴前视光学系统

经准直后的激光束发散角根据性能要求设计选定,通常取 1°左右。接收光学系统的视场角一般设计得稍大于激光发散角。

(2)交叉光路前视光学系统。发射光学系统的光轴与接收光学系统的光轴之间有一个交叉交会角,构成一个沿弹轴的前视测距三角形,如图 10-25 所示。

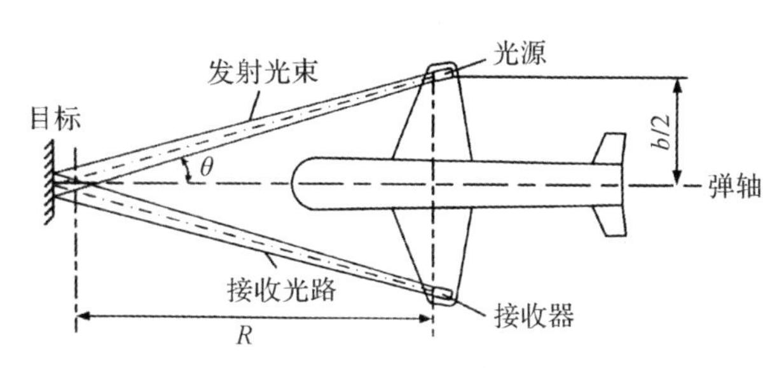

图 10－25　交叉光路前视定距光学系统示意图

图中表示了一个装备在飞航式导弹上的交叉光路定距引信的光学系统光路配置。激光发射机和接收器对称安装在弹体两侧的弹翼上，两者之间的距离为基线 b ，激光发射光束的轴线和接收系统视场角中心线与弹轴的夹角均为 θ ，构成顶角为 2θ 的测距三角形。根据最佳炸距的指标，决定测距三角形的高，就是引信炸距 R 。

工程设计中，发射光束的发散角和接收光学系统的视场角需根据弹种、弹与目标接近时的相对速度、激光工作频率、信号处理电路的原理等多种条件选定，以便满足对目标识别的可靠性和稳定性等要求。总之，具体设计中以光路交叉中心点为中心，有一个适当范围的探测区。当目标进入探测区时，接收系统开始探测到目标反射回来的一部分激光功率，经光电转换、电子放大器和信号处理电路，输出一个执行信号，起爆战斗部。这种光学系统属于传统设计之一。它与同轴光学系统相比，由于有光学定距所特有的距离锐截止性能，保证了系统的较高定距精度，故仍是目前主动式激光近炸引信中常被采用的方案。

(3)周视光学系统。弹目交会中出现正常范围内的脱靶量，即弹体并不直接击中目标，而是在弹距目标一定距离处掠过的情况下，仍要求引信能感知目标，选择最佳炸点。对于攻击飞机等目标的导弹，这种交会状态尤属寻常。这时，前视探测场的探测光学系统显然无效，所以应设计一种在引信赤道平面内具有 360°圆周视场角(弹体赤道平面的视场角又称视野角)。在通过弹轴的平面内，即子午平面内的激光束发散角和接收视场角，仍设计得比较狭窄，以利集中激光能量和控制杂光和背景干扰。

(4)双路周视光学系统。当弹药用于攻击低空目标，或掠地飞行时，引信早炸的危险性可能会很大，因为在这种低伸弹道上，激光引信探测系统会接收到地面反射的激光功率而输出起爆信号。采取双路发射-接收光学系统，可从两个探测场中分别接收目标反射信号，结合信号处理电路的逻辑设计，对有限尺寸目标的反射信号与扩展的大地表面的反射信号加以区别，从而有效地抑制“早炸”，提高其低空作战性能。

(三)探测器和前置放大器

(1)光电探测器。光电探测器是把目标激光反射能转变为电信号的敏感元件，是激光引信光电探测系统中一个重要元件，对探测系统的性能影响很大。用于激光引信探测系统的光电探测器多为光伏型光电管，其中尤以硅光电二极管最为常用。

光电探测器是通用元件，下面指出选用时要考虑的要点：光谱响应范围和峰值波长、灵敏度、响应时间、噪声、最小可探测功或归一化的探测度、适用的偏压范围、内阻、暗电流、光敏面尺寸、形状、外形结构尺寸等。

(2)前置放大器。前置放大器是激光接收系统中重要的部件，其作用是将探测器的光电转换信号加以电子学放大。实际电路和结构设计中，常常与光电探测器统筹设计并装配成光电转换-前置放大器单元。它将微弱的光电转换信号模拟量加以线性放大，并以尽可能高的信噪比供给信号处理电路加以处理。

前置放大器的主要性能指标是适当的电压和电流增益，良好的频响，宽线性范围，低噪声系数以及小型化和温度稳定性等。

设计一个良好的前置放大器，首先是要注意输入级，所用器件的选择也很重要。根据已知的光电探测器的类别和特性，设计不同的前置放大器电路，同时也要根据所采用的激光类别和脉冲频率等参数，进行设计。

（四）信号处理电路

近炸引信中的信号处理电路都是对敏感装置输出的信号进行鉴别、放大、整形、变换等处理，直到触发执行级的电路。例如，在多普勒无线电近炸引信中，信号处理电路是对其敏感装置（甚高频自差收发机）输出的弹目接近时的低频多普勒回波信号进行目标定距识别和处理，然后输出给触发执行级工作的电路。在红外引信和激光引信中，通常将主动式光源和接收光学系统、光电探测和前置放大器统称为引信敏感装置。前置放大器以后的电路方框，如果有主放大器的话，那么自主放大器这一方框开始到执行级前的全部电路通称为信号处理电路。

激光引信中，不同的总体设计和探测系统设计方案，其信号处理电路有很大的差别。不同的激光敏感装置，其含有的或可有效利用的目标特征信息量是不同的。弹目交会时敏感装置提供目标的信息量可能是信号的幅值、极性、波数、脉宽等在时域上的变化特征量，或其他区别于周围背景的回波信号特性。信号处理电路的设计不仅要能充分利用这些目标信息，而且要尽可能提高信噪比，提高整个引信系统的定距起爆的精确度和可靠性，并提高抗干扰性能。激光敏感装置与典型信号处理电路包括有：

(1)距离选通信号处理电路；

(2)峰值鉴别信号处理电路；

(3)微处理器信号处理电路。

五、激光引信的主要技术性能参数

（一）作用距离

能量型的激光引信的作用距离与接收系统和发射系统的性能有关，也与目标特性和背景有关。设目标对激光具有漫反射特性，接收机所接收到的激光功率可按下式计算：

$$P_r = 4P_T \frac{A_r A_T}{\pi^2 R^4 \theta} \tau_t \tau_r \rho \tau_u^2 \tag{10-17}$$

式中：P_r——接收功率；

P_T——激光器的输出功率；

A_r——接收机有效孔径面积；

A_T——目标有效面积；

τ_t——发射光学系统透过率；

τ_r——接收光学系统透过率；

ρ——目标反射率；

τ_u ——单向传播路径透过率；

R ——作用距离；

θ ——发射波束平面角。

如果光束截面完全落到目标上，那么

$$A_T = \frac{\pi\theta^2 R^2}{4} \tag{10-18}$$

由于激光引信的作用距离近，大气传输衰减可忽略不计，即

$$\tau_u = 1$$

将 A_T 值代入式(10－17)中则可得到

$$P_r = P_T \frac{A_r}{\pi R^2} \tau_t \tau_r \rho\theta \tag{10-19}$$

一般地，激光引信的作用距离采用式(10－19)来计算。

在赤道面探测视场较大，子午面视场较小的脉冲定距引信中，可以用如下公式估算探测距离。由

$$U_A = K_0 R_e P_R R_L$$

和

$$P_R = \frac{\rho P_{ot} T_t T_r A_r L}{\pi R_F^3 \varphi_t} \cos\psi$$

得

$$R_F = \left(\frac{\rho P_{ot} T_t T_r A_r L K_0 R_e R_L}{\pi U_A \varphi_t} \cos\psi\right)^{1/3} \tag{10-20}$$

式中：U_A ——设定的放大器输出信号电压，V；

K_0 ——接收电路电压增益；

R_e ——光敏元件响应度，A/W；

P_R ——系统接收的目标反射功率，W；

R_L ——探测器负载电阻，Ω；

ρ ——目标反射系数；

P_{ot} ——激光器输出功率，W；

T_t ——发射光学系统透过率；

T_r ——接收光学系统透过率；

A_r ——接收系统有效通光口径，m^2；

L ——目标被照射的最小尺寸，m^2；

R_F ——探测距离，m；

φ_t ——单象限发射系统视野方向覆盖角，rad；

ψ ——入射光束与目标表面法向的夹角，rad。

提高作用距离最有效、最有潜力的是接收机的设计，它包括探测体制的选择、光敏元件的选用、前置放大器的设计、信号处理电路的设计；如能使其达到最佳状态，不但可以提高信噪比，而且可以在低信噪比的情况下正确地检出有用信号。

(二)作用距离精度

作用距离精度是一个十分重要的指标，它直接影响引战配合效率。由于激光的特点，目

前，它的作用距离精度优于其他体制的近感引信。

激光引信的定距精度，依据其定距原理而异。激光引信所对付的目标，其反射特性很复杂，既有漫反射特性，也有镜面反射特性，反射系数亦不同。在相同的距离上由于作用姿态的不同，目标反射回波信号幅度可有几个数量级的变化。这些都会对定距精度产生影响。对于脉冲定距而言、脉冲宽度、脉冲前沿宽度等参数对定距精度有较大影响。激光脉冲宽度越小、脉冲前沿宽度越窄，定距精度越好。

（三）抗干扰性能、探测概率及虚警概率

作用于激光引信的干扰主要有两类。一类是引信内部产生的干扰，它包括接收机的固有噪声，发射接收之间的光信号泄漏（发射系统中强电信号的辐射及通过电源地线耦合到接收系统中形成的干扰）；另一类是外部干扰，它包括直射阳光、亮云反射光、地面海浪反射光、大气散射光、雨、雾、雪及烟等自然干扰，还有人工干扰。

激光引信的可靠作用是：无论有无干扰，都能够判断目标是否存在，并能准确地给出启动信号。通常用探测概率和虚警概率表示。在目标与干扰同时存在的条件下，系统能检测到目标存在的概率称为探测概率。当无目标存在时，系统判断为有目标存在的概率称为虚警概率。一般根据信噪比，同时考虑光学杂波背景和接收机的噪声阈值电平来计算；或者在给定探测概率及虚警概率的情况下，计算满足要求所需的信噪比。探测概率和虚警概率不仅与单个信号的信噪比有关，还与信号处理方式有关。

习　题

1.光学引信主要包括哪两种类型？其频率范围和相应波长为多少？

2.简述光学引信基本组成。

3.防空导弹打击目标的红外辐射特性什么？

4.简述红外引信的组成、基本原理。

5.简述激光引信的组成、基本原理。

第十一章 复合引信

复合引信是指采用两种或两种以上探测原理探测目标的引信，两个探测器可以采取串联或并联的方式。相比单一体制引信，复合引信具有功能互补、电路融合以及结构兼容等特点，并在抗干扰能力、功能实现、低空性能以及引战配合方面具有比较大的优势，因此目前大多数防空导弹采用了复合引信体制。本章结合两种典型的复合引信体制，介绍其特点及实现原理。

第一节 复合引信概述

一、单一体制近炸引信

单一体制近炸引信包括静电引信、无线电引信和光学引信等。目前，比较成熟且得到广泛应用的近炸引信主要是无线电引信和激光引信。红外引信也有一些应用。静电引信在目标方位识别和抗干扰方面具有独特优势。

无线电引信是最成熟和应用最广泛的近炸引信，地空、舰空、空空、便携式导弹引信等多为无线电引信。根据不同需求，可采用不同频段和体制的无线电引信。未来战场对无线电引信抗电磁干扰的要求越来越高，迫使引信在提高工作频率、增大发射功率和改进信号处理等方面采取了许多措施，也取得了良好效果。与此同时，干扰技术也在迅速发展，无线电引信抗电磁干扰能力仍显不足。由于提高了工作频段，无线电引信抗雨雪等自然环境干扰的能力反而下降。此外，抗箔条等无源干扰能力不足，一直是无线电引信的一个弱点。

激光引信不但在空空导弹中大量应用，而且还用于地空、舰空和便携式导弹。激光引信的一个重要特性就是具有很强的抗无线电干扰的能力，在电子对抗中优势明显。但激光引信抗阳光、云雾、雨雪等环境干扰能力较弱，抗箔条等无源干扰能力也不强。

红外引信分主动红外引信和被动红外引信，主动红外引信性能与激光引信相似。被动红外引信靠探测目标的红外辐射能量工作，红外引信一般均指被动红外引信。云雾、雨雪、烟尘等自然环境不影响被动红外引信工作，箔条等无源干扰也不能干扰它，但阳光干扰对其工作有影响。在尾追攻击时，目标的喷气流和尾喷口辐射的红外能量很强，易被红外引信探测，而在迎头攻击时，红外引信要适时启动只能探测目标蒙皮比较适合尾追攻击，而迎头攻击作用距离有限。此外还存在无法获得距离信息、地面试验不方便等缺点。

静电引信在方位识别和抗干扰方面优势突出，但无法获得距离信息，作用距离散布和启动角散布比较大，不利于引战配合。静电引信一般不单独使用，适合与无线电引信或激光引信等复合使用。

二、复合体制近炸引信

引信工作者采用各种技术途径以提高引信的近炸正常作用率和抗干扰能力及作用的可靠性，用复合体制的探测器是一种较为行之有效的方法。所谓复合引信系指采用两种或两种以上探测原理探测目标的引信。两种探测原理可以是利用同一种物理场，也可以是利用不同种物理场。利用同一种物理场的探测器可以采用电磁波的两个不同频率、不同方向图探测目标，也可以是不同频率的主、被动复合探测器；采用两种物理场的可用激光、红外、磁、毫米波、微波、声、电容等各种物理场的复合探测器探测目标。

根据使用目的不同，复合引信可以是串联式的或并联式的。在比较昂贵的制导弹药中，由于制导精度足够高，引信对目标的可靠作用成为关注的焦点。因此，在这种情况下可以采用并联式，即两个探测器采取并联配置的方式，只要有一个探测器有目标信号，引信即可作用。而对那些目标背景情况复杂，即干扰严重的弹药，往往采用串联方式，即两个探测器采用串联配置，仅当两个探测器同时都有目标信号时，引信才作用。

近感与触感的复合早在近炸引信应用的初期已经开始应用。两种不同原理、不同探测体制的近炸引信的复合则是从 20 世纪 70 年代开始的。在 70 年代美国就有利用不同频率、不同方向图的无线电探测器的复合引信。这种复合引信的一个探测器的方向图为球形，另一个探测器的方向图为横 8 字形，仅当目标出现在两个天线方向图重合部分引信才动作。到 20 世纪 80 年代美国已有两个微波探测器和磁探测器复合的反坦克弹引信。复合引信在水中兵器、各类导弹及干扰比较严重的场合得到广泛的应用。

在复合引信中，希望能做到“功能互补、电路融合、结构兼容”。

复合技术的采用，使引信对目标识别和炸点控制利用的信息比单一探测体制要大幅度增加。目标信息量的增加，实际上是意味着两个探测器在功能上是互补的，而不是冗余的。所谓功能互补，即是两个探测器均可独立地获得目标信息，并且这些信息量是互相独立的。所谓冗余，是指复合后信息量没有增加或增加很少。

由于采用了两种不同体制的探测器，因此一般情况下，电路要变得复杂了。为了使电路尽量简化，少用元器件，因此需要多功能电路，即用一套电路完成多种功能，这对提高引信的可靠性是十分有益的。

结构兼容是复合引信的重要技术问题之一。它不仅包含在指定的空间位置恰当安排两种体制的探测器，同时要解决好物理场的兼容性，使两种体制的探测器互不干扰。

三、常用复合引信体制及其抗干扰能力

1.主动无线电/激光复合引信

主动无线电引信和激光引信是当今技术最成熟、应用最广泛的两种引信。采用主动无线电/激光复合引信是提高抗干扰能力的有效措施。

相对于单一的主动无线电引信或激光引信，主动无线电/激光复合引信充分利用主动无线电模式抗光学干扰能力和自然环境干扰能力较强，以及激光模式抗无线电干扰能力强的优势，采用串联工作模式，即两种模式同时启动时复合引信才启动，可显著提高引信抗单独无线电干扰、单独光学干扰以及阳光和云雾干扰的性能。无线电/激光复合引信还可以采用更复杂的信

息融合的复合模式，可根据具体的引信参数和抗干扰要求灵活选用。

主动无线电/激光复合引信还可综合利用主动无线电引信的频谱识别功能、激光引信的脉宽识别和方位识别功能，对箔条干扰和雨雪干扰进行识别，提高抗箔条干扰和抗雨雪干扰的能力。

2.毫米波主/被动复合引信抗干扰性能

毫米波主被动复合引信由主动毫米波模式和基于全功率辐射计的毫米波被动模式复合组成。主动毫米波模式原理成熟，且本身已拥有较强的抗干扰能力。基于全功率辐射计的毫米波被动模式通过接收目标反射或辐射的毫米波能量，与接收的天空或地面辐射的毫米波能量进行比较，当满足一定的能量差和能量变化率时，就能判断目标的存在并产生启动信号团。对于较大的目标：若导弹处于目标上方或下方，毫米波被动模式的作用距离可达 20 m 以上；若设计精良，其作用距离甚至可达 30 m 以上。

若导弹处于目标侧方，不同方位条件下目标相对背景的对比温度会有不同程度的下降，作用距离会有所减小。毫米波被动模式还适合对付隐身目标：对于采用几何隐身的目标，对毫米波被动模式来说隐身与非隐身是一样的；对于采用吸波材料隐身的目标，毫米波被动模式可以直接接收目标辐射能量进行工作。毫米波被动模式还可用于攻击舰艇和大型地面雷达。对于几何尺寸很小的目标如巡航导弹等，毫米波被动模式的作用距离有限，只能用于制导精度高的导弹。

毫米波被动模式一般采用比毫米波主动模式更高的频率，具有频段高和无源侦察等抗电磁干扰优势。对光学干扰不敏感，在云雾雨雪等自然环境中工作不受影响。因此，毫米波被动模式具有非常好的抗干扰能力。毫米波主/被动复合引信攻击尺寸较大的目标，如一般飞机、隐身飞机、舰艇和大型地面雷达时可采用串联工作模式，即两种模式同时启动时复合引信才启动。若目标为巡航导弹等小尺寸目标，在制导精度高时可采用串联工作模式，在制导精度不高、作用距离要求较大时，可采用毫米波主动模式工作而被动模式不工作的复合模式。

3.主动无线电/静电复合引信抗干扰性能

飞机、导弹等军事目标在高速运动过程中，都会因为与大气粒子摩擦、燃烧排放等离子气体、Lenard 效应等许多原因而带上静电。静电探测就是通过检测带静电目标静电场中的特性而获得所需信息的探测方法川。采用阵列探测技术可以获取飞机等目标的方位信息。静电引信因其独特的探测原理，具有隐蔽性好、抗电磁干扰能力强、对大多数环境干扰不敏感、反隐身效果好等特点。

无线电与静电阵列复合探测技术同时具有无线电探测技术和静电探测技术的优点，在获得目标启动角信息的同时可获得目标的脱靶方位信息，实现定向起爆性能，且具有优良的抗干扰性能。主动无线电与静电复合引信可用于多种导弹引信。

静电引信对一般无线电干扰、光学干扰、箔条干扰等不敏感，除带电云外，对雾、雨、雪、烟、尘、阳光等自然环境干扰也不敏感。若与无线电引信采用串联工作模式工作，只有当无线电模式产生启动信号，同时静电模式探测到静电场并给出方位信息时，复合引信才启动，可有效提高引信抗人为干扰和多种自然环境干扰的性能。

4.激光/静电复合引信抗干扰性能

在激光/静电复合引信中，激光模式与静电模式一般采用串联工作模式工作。只有定角启动精度高的激光模式给出启动信号，同时静电模式探测到静电场并给出方位信息时，复合引信才启动。若无干扰，弹目交会时复合引信可获得定角启动信息和方位信息。若有无线电干扰，对两种引信均无影响，弹目交会时可获得定角启动信息和方位信息。

若有人为主动光学干扰或阳光干扰，即使激光模式受干扰启动，但静电模式无信号输出，复合引信不会启动，因而不会虚警。若在接近目标过程中遇到曳光弹干扰，即使激光模式受干扰启动，但静电模式无信号输出，复合引信不会启动，也不会虚警。

若遇上云、雾、雨、雪，激光模式可能受干扰启动，但静电模式无信号输出，复合引信不会启动，因而不会虚警。但此时若静电模式探测到目标静电场，而激光引信波束尚未照射到目标但因干扰而启动，则复合引信会提前于最佳启动时机启动，可能造成引战配合效率下降。

若在解封后遇到带电之云，激光引信与静电引信有可能虚警。

综上所述，除了在解封后遇带电云外，激光/静电复合引信不会虚警，但在某些干扰条件下可能提前于最佳启动时机启动，造成引战配合效率下降。

5.主动无线电/被动红外复合引信抗干扰性能

主动无线电模式对红外干扰、阳光等自然环境干扰不敏感，作用距离能保证，截止特性好，引信启动角精确，引战配合好。被动红外模式抗无线电干扰、抗箔条和角反射器等无源干扰的能力强，但常用的短波和中波段红外引信不适合迎头攻击。主动无线电模式与被动红外模式复合可采用如下方式进行：当迎头攻击时，无线电模式工作而红外模式不工作，复合引信性能只取决于主动无线电模式的性能；尾后攻击时，主动无线电模式与被动红外模式采用串联工作模式。

以上复合方式红外模式仅作为辅助模式，即仅在尾后攻击时，弥补主动无线电模式抗箔条干扰和雨雪干扰的能力。

民波红外引信利用目标蒙皮的气动热启动，可用于迎头和尾后全向探测目标，但作用距离有限，引信成本较高，抗阳光和红外干扰能力有限。如果民波红外模式能满足引信作用距离要求，民波红外模式与主动无线电模式可采用串联工作模式复合，可以全方位探测目标。

6.主动无线电/被动红外/静电三模复合引信抗干扰性能

如果采用主动无线电/被动红外/静电三模复合引信，那么在更复杂严苛的干扰环境下仍能有效工作。

主动无线电模式对光学干扰、阳光、云雾等自然环境干扰不敏感，作用距离能保证，截止特性好，引信启动角精确，引战配合好，能够弥补被动红外模式的不足。此外，它对带静电的云层也不敏感，能弥补静电模式不足。

被动红外模式抗无线电干扰、雨雪干扰、箔条和角反射器等无源干扰的能力强，能够弥补主动无线电模式的不足，且对带静电的云层也不敏感，能弥补静电模式的不足。

静电模式则对无线电、光学、箔条等人为干扰不敏感，也不受雾、雨、雪、烟、尘、阳光等自然环境的干扰，能够弥补主动无线电模式和被动红外模式的不足。

三种模式互补，每种模式能弥补另外两种模式，因而具有极强的抗干扰能力。若采用短波和中波段红外模式，则采取迎头攻击时由无线电模式和静电模式串联工作而红外模式不工作；尾后攻击则采取三种模式串联工作。若采用民波红外模式，可直接采用三种模式串联工作。

第二节 复合引信典型应用

一、伪随机码 0/π 调相脉冲多普勒复合调制引信

(一)组成

伪随机码 0/π 调相脉冲多普勒复合调制引信发火控制系统基本组成框图如图 11-1 所示。它由时序电路、发射电路、接收电路、信号处理电路、执行级电路和电源等组成。

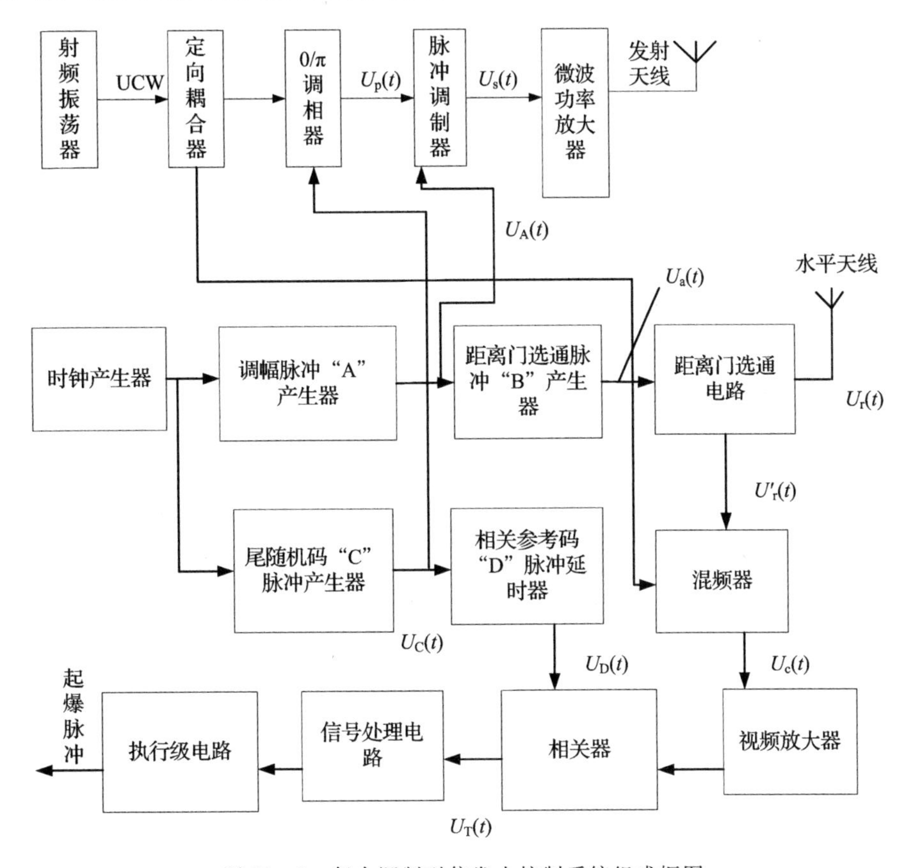

图 11-1 复合调制引信发火控制系统组成框图

(二)各部分功能

时序电路由时钟产生器、调幅脉冲“A”产生器、距离门选通脉冲“B”产生器、伪随机码调相“C”脉冲产生器、相关参考码“D”脉冲延时器组成。其主要功能是在时钟脉冲作用下,产生时序严格的各序列脉冲。

发射部分由射频振荡源、定向耦合器、0/π 调相器、脉冲调制器、微波功率放大器、馈线和发射天线组成。其功能是向预定空间发射一定功率的、经伪随机码 0/π 调相、由周期脉冲取样的射频脉冲信号。载波相位变化依伪随机码 0/1 取值而定。

接收部分由接收天线、锁线、距离门选通电路、混频器、视频放大器组成。接收由距离选通

的射频信号，经零中频混频器，输出被多普勒频率调制的伪随机码双极性视频脉冲序列，并经视频放大处理。

信号处理电路由伪随机码相关器及有关电路组成。它主要完成伪码相关解调（由双极性视频脉冲变为单极性视频脉冲），多普勒信号检波等时域、频域处理，以获取目标特征信息，并在弹目交会适当的位置上输出启动信号。

（三）工作原理

参照图 11－2 所示的复合调制引信工作波形，以七位编码为例，复合调制引信工作压力如下。

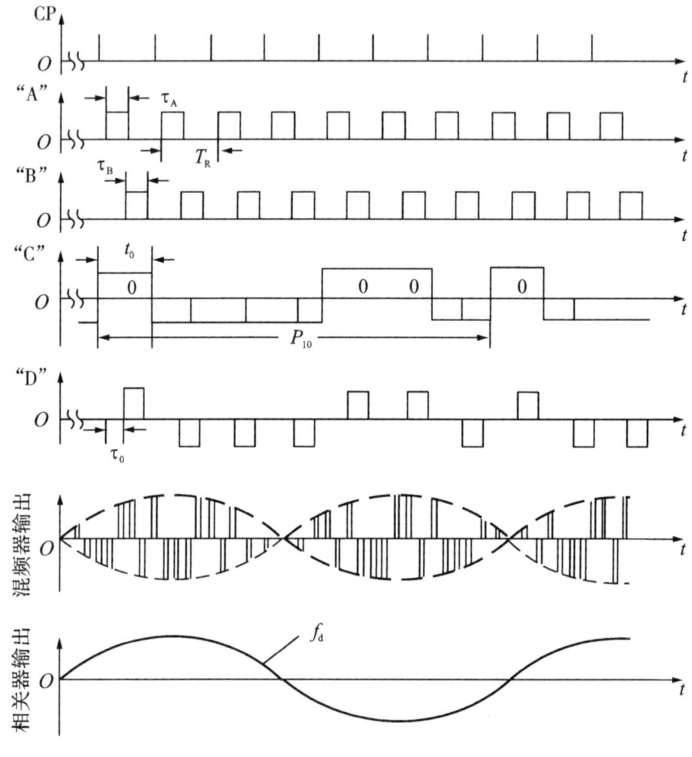

图 11－2　复合调制引信工作波形图

射频源振荡器输出稳定的正弦电压 $U_{cw}(t)$，经定向耦合器输到 0/π 调相器上。调相器在伪随机码"C"脉冲的作用下，对射频信号的相位进行 0°或 180°二相调制。调制后的信号在脉冲调制器经"A"脉冲取样后，送微波功率放大器放大，由发射天线向预定空间辐射。

由目标反射的部分回波信号 $U_r(t)$ 被接收天线接收，经传输线输送到距离门选通电路，在距离门"B"脉冲内的回波信号送到混频器与参考本振信号进行混频。距离门"B"脉冲外的回波信号将被抑制。混频器的参考本振信号是从射频源取得的少量连续波信号。混频器输出的零中频双极性视频伪码信号幅度被多普勒频率调制。该信号经视频放大处理后，送至伪码相关器，并与来自相关本地码延时器的"D"脉冲信号进行相关处理。

如果被距离门选通的目标回波信号与相关本地码"D"脉冲完全一致时，相关器输出的多普勒信号幅值最大；如果回波信号的延时与相关本地码“D”脉冲延时稍有差别时，相关器输出信号振幅下降，并且输出中包含有多普勒频率和编码信号的频率成分；如果目标回波信号延时与相关本地码“D”脉冲延时差别大于一个码元宽度而又小于下一个码元到来之时，因在距离门之外，相关器的输出为零。当目标回波信号延时与相关本地码“D”脉冲延时差为调制脉冲重复周期的整倍数时，因其极性差异而不相关。此时，相关器输出主要是编码信号频率成分，滤波器输出的多普勒频率信号的幅值很小，将下降至完全相关时的 $1/P$（其中 P 为伪随机序列的周期，当 P 足够大时，$1/P$ 近似为零）。相关器输出的多普勒信号，经时域、频域处理，获取目标特征信息和弹目交会信息，从而完成目标检测，并按预定起爆条件，形成引信启动信号，触发执行级电路输出起爆信号。

复合调制引信对回波信号进行距离选通和与本地码相关检测两次处理。因此，可以有效抑制引信作用距离之外的背景杂波和有源干扰信号，从而有较强的抗干扰性能。

（四）信号分析

根据图 11－2，复合调制引信各点信号波形数学表达式（忽略各信号的初始相位）如下：

射频振荡源输出信号为

$$U_{cw}(t)=A_{cw}\cos\omega_0 t \tag{11-1}$$

调相器输出信号为

$$U_{Hcw}(t)=A_H\cos\left[\omega_0 t+c_n(t)\pi\right] \tag{11-2}$$

脉冲调制器输出信号为

$$U_p(t)=R_{ect_A}\left[\frac{t}{\tau_A}\right]A_p\cos\left[\omega_0 t+c_n(t)\pi\right] \tag{11-3}$$

其中：

$$R_{ect_A}\left[\frac{t}{\tau_A}\right]=\begin{cases}1, & nT_R\leqslant t\leqslant nT_R+\tau_A,\quad n=0,1,2,\cdots\\ 0, & 其他\end{cases} \tag{11-4}$$

发射信号为

$$U_s(t)=R_{ect_A}\left[\frac{t}{\tau_A}\right]A_s\cos\left[\omega_0 t+c_n(t)\pi\right] \tag{11-5}$$

式（11－1）～式（11－5）中：A——对应各点信号的幅值；

ω_0——载波角频率；

$c_n(t)$——取值为 0 或 1，与伪随机码序列中的 0、1 状态相对应；

T_R——调制脉冲周期；

τ_A——调制脉冲宽度。

接收天线接收到的目标回波信号为

$$\left.\begin{aligned}U_R(t)&=R_{ect_A}\left[\frac{t-\tau_R}{\tau_A}\right]A_R\cos\left[\omega_0(t-\tau_R)+c_n(t-\tau_R)\pi\right]\\&=R_{ect_A}\left[\frac{t-\tau_R}{\tau_A}\right]A_R\cos\left[\omega_0 t+\omega_d t+c_n(t-\tau_R)\pi\right]\\ \tau_R&=\frac{2R(t)}{c}\end{aligned}\right\} \tag{11-6}$$

式中：$R(t)$ ——弹目间瞬时距离；

$c_n(t-\tau_R)$ ——取值为 0 或 1；

ω_d ——多普勒角频率；

τ_R ——弹目间距离的时延。

经距离门脉冲 B 选通的目标回波信号为

$$U_R(t)=A_R R_{ect_B}\left[\frac{t-t_B}{\tau_B}\right]R_{ect_A}\left[\frac{t-\tau_R}{\tau_A}\right]\cos\left[\omega_0 t+\omega_d t+c_n(t-\tau_R)\pi\right] \tag{11-7}$$

$$R_{ect_B}\left[\frac{t-t_B}{\tau_B}\right]=\begin{cases}1, & nT_R+t_B\leqslant t\leqslant nT_R+t_B+\tau_B, \quad n=0,1,2,\cdots\\0, & \text{其他}\end{cases} \tag{11-8}$$

式中：t_B ——距离门延时时间(引信预定的作用距离对应时间)；

τ_B ——距离门的脉冲宽度。

混频器输出信号为

$$\begin{aligned}U_c(t)&=A_c R_{ect_B}\left[\frac{t-t_B}{\tau_B}\right]R_{ect_A}\left[\frac{t-\tau_B}{\tau_A}\right]\cos\left[\omega_d t+c_n(t-\tau_B)\pi\right]\\&=C_{nm}(t-\tau_R)A_c R_{ect_B}\left[\frac{t-t_B}{\tau_B}\right]R_{ect\,A}\left[\frac{t-\tau_R}{\tau_A}\right]\cos\omega_d t\end{aligned} \tag{11-9}$$

式中：$C_{nm}(t-\tau_R)$ ——+1 或−1，与伪随机码的极性相对应。

延时器输出延时为 τ_0 的伪随机相关本地码为

$$U_d(t)=C_{nd}(t-\tau_0) \tag{11-10}$$

滤波器积分时间为 T 的相关器输出信号为

$$U_{T_1}(t)=\frac{1}{T}\int_0^T R_{ect_B}\left[\frac{t-t_B}{\tau_B}\right]R_{ect_A}\left[\frac{t-\tau_R}{\tau_A}\right]c_n(t-\tau_R)c_{nd}(t-\tau_0)\cos\omega_d t\cdot \mathrm{d}t \tag{11-11}$$

如果 $R_{ect_B}\left[\frac{t-t_B}{\tau_B}\right]$ 、$R_{ect_A}\left[\frac{t-\tau_R}{\tau_A}\right]$ 均为 1，式(11－11)变为

$$U_{T_2}(t)=\frac{1}{T}\int_0^T c_n(t-\tau_R)c_{nd}(t-\tau_0)\cos\omega_d t\cdot \mathrm{d}t \tag{11-12}$$

若不考虑多普勒频率的影响，设 $t'=t-\tau_0$ ，$\tau'=\tau_R-\tau_0$ ，并代入式(11－12)，可得

$$U_{T_3}(t)=\frac{1}{T}\int_0^T c_n(t'-\tau')c_{nd}(t')\,\mathrm{d}t' \tag{11-13}$$

式(11－13)即为伪随机码的自相关函数，其值为

$$U_{T_3}(t)=\begin{cases}1-\dfrac{P+1}{Pt_0}\left|\tau'-Pkt_0\right|, & 0\leqslant\left|\tau'-Pkt_0\right|\leqslant t_0 \quad (k=0,1,2,\cdots)\\-1/P, & \text{其他}\end{cases} \tag{11-14}$$

式中：P ——伪随机序列周期；

t_0 ——码元宽度。

$U_{T_3}(t)$ 的波形如图 11－3 所示。

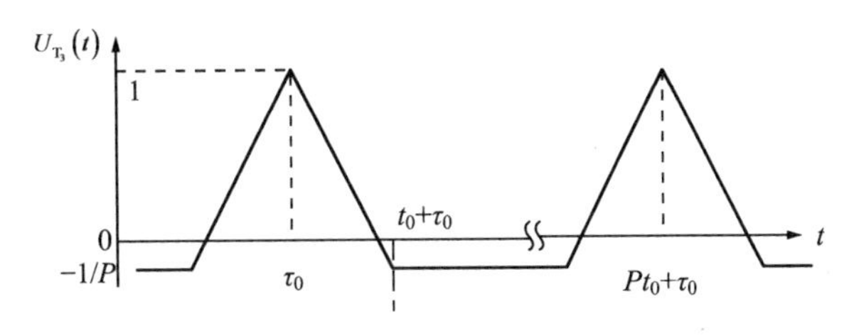

图 11-3　伪随机码自相关函数

考虑到脉冲“A”的取样作用，相关器的输出如图 11-4 所示。

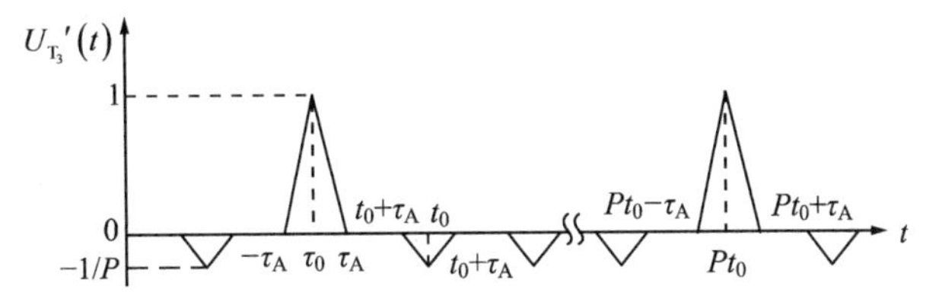

图 11-4　复合调制引信相关函数

式(11-14)积分结果(未考虑多普勒频率影响)为

$$U'_{T_3}(t)=\begin{cases}1-\dfrac{P+1}{P\tau_A}\left|\tau'-Pk\tau_R\right|, & 0\leqslant\left|\tau'-Pk\tau_R\right|\leqslant t_A\\ -\dfrac{1}{P}+\dfrac{1}{P\tau_A}\left|\tau'-Pk\tau_R\right|, & k\tau_R-\tau_A\leqslant\tau'\leqslant k\tau_R+\tau_A\\ 0, & \text{其他}\end{cases}\tag{11-15}$$

式中：k —— $k=0,1,2$。

从图 11-4 可以看出：在 $\tau_R=\tau_0(\tau'=0)$ 时，即目标处在引信预定的作用距离上，相关器有最大输出；当目标位置对应的 τ_R 处在调制脉冲重复周期附近(即在距离副瓣区域)时，因其不相关，相关器输出很小，即与 $\tau_R=\tau_0$ 相比，幅度降低了 P 倍；在其他位置时，因其脉冲“A”“B”的取样作用，目标处在截止区域，相关器输出为 0，可以获得绝对截止的距离特性，从而有很好的抑制地海杂波和抗干扰能力。

(五)参数选择的原则

复合调制探测器的发射回路、接收机前端的设计及参数计算与一般脉冲多普勒引信相同。下面只讨论与伪随机码有关的参数设计、选择和计算。确定伪码参数主要考虑引信总体参数中的距离分辨力、作用距离、距离截止特性和抑制背景杂波干扰能力等技术要求。

1.调制脉冲“A”宽度 τ_A 的确定

调制脉冲宽度 τ_A 决定了引信作用距离和距离的分辨力。它与距离选通波门脉冲“B”相结合，决定了引信的作用距离、距离截止特性的陡峭程度和引信的安全工作高度。这可由前面图 11-4 看出。因此 τ_A 的最大宽度是由引信的截止距离和距离选通脉冲 τ_B 联合确定。

τ_A 的最小值受作用距离、工程实现难易程度等因素的限制。

τ_A 可由下式计算：

$$\tau_A=\frac{2R_j}{c}-\tau_B\tag{11-16}$$

式中：R_j——截止距离，若调制脉冲“A”和距离门选通脉冲“B”宽度相同，则 $\tau_A = \frac{R_j}{c}$ 。

2.相关本地码延迟时间 τ_0 的确定

相关本地码延迟时间 τ_0 由预定的引信作用距离来选取。对于 τ_A 脉冲宽度较小，而作用距离范围又较大的，可以采取多个相关器输出叠加的方法来解决。每个相关器的本地码，分别采取相对应的延迟时间。

3.伪随机码码元宽度 t_0 的确定

复合调制引信设计时，为便于系统同步，通常都将伪随机码的码元宽度 t_0 与调制取样脉冲“A”的周期 T_R 选为一致。码元宽度 t_0 时间应大于引信截止距离相对应的时间。考虑到调制相位状态转换到稳定需要的时间、引信电路对脉冲“A”及回波脉冲的延迟时间，码元宽度 t_0 应取为 3～5 倍的截止距离对应的时间。

4.伪随机码序列周期 P 的确定

伪随机码序列周期 P 的选择，主要从四个方面来考虑。

(1)从相关函数的副瓣值 $1/P$ 来看，P 越长，副瓣值越小，抑制背景干扰的能力越强。因此可以根据抑制引信作用距离之外的背景杂波干扰的要求值，来选择 P 的大小。

(2)为使相关器的滤波器输出的多普勒信号不失真，工程上要求码频率大于 4 倍的多普勒最大频率，即 $\Delta f_{dmax} \leqslant \frac{1}{P t_0}$，按此选取码长 P。

(3)由图 11－4 看出，伪随机码自相关函数是周期性的，周期长为 $T_P = Pt_0$，存在模糊距离 $R_{amax} = cPt_0/2$。在选择 P 值时，若引信的不模糊工作距离为 R_{amax}，则要求 $P \geqslant R_{amax}/(c\,t_0)$。

(4)在忽略相关增益的情况下，仅从抑制背景杂波，提高抗干扰性能和使码频率与多普勒信号频率不混淆(码频率被抑制在相关滤波器的通带之外)方面考虑，可以选择较长的码长。

(六)引信特点

(1)可同时获得距离和速度信息。

(2)采用窄脉冲取样、距离门选通和伪随机码相关检测，调制信号的复包络模糊函数近似为“图钉”型，距离分辨力好。在码元宽度之外至脉冲周期结束，其自相关函数的电平为零，具有“绝对”截止的距离特性，这有别于连续波伪随机码调相引信。因此，该种引信具有良好的距离截止特性和抗干扰能力。

(3)在码周期时间对应的距离内有不模糊的距离测量。

二、电容-微波复合引信

(一)组成

电容-微波复合引信原理方框图如图 11－5 所示。由图 11－5 可知，此引信通过两个信道获取目标信息，一路是微波探测器，一路是电容探测器。此复合引信采取串联方式，微波信道预警，电容信道定距。此复合引信虽然是利用两种物理场探测目标(静电场和微波辐射场)，但只用一个场源，这就使电路大大简化。

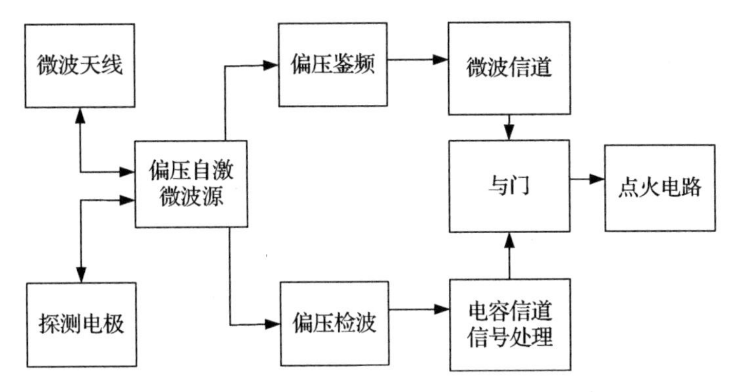

图 11-5　电容-微波复合引信原理方框图

(二)工作原理

接通电源后,偏压自激微波源产生 10.8 GHz 的微波振荡,通过馈线将此电磁振荡耦合到微波天线。微波天线向空间辐射微波振荡信号。在弹目接近到一定距离时,天线接收到目标的反射信号,经偏压鉴频器得到多普勒信号,经信号处理电路进行目标识别、距离判定,在距要求的炸点之前一段距离输出给与门电路一信号,使与门处在打开状态。偏压自激中频信号作为电容探测器的场源,当弹目接近到预定炸点距离时电容信号处理电路输出一信号给与门,与门电路输出启动信号给点火电路,电雷管起爆。

(三)主要器件及电路分析

1.微波探测器

此微波探测器实质是一个偏压自激微波自差机。微波信道全电路方框图如图 11-6 所示。

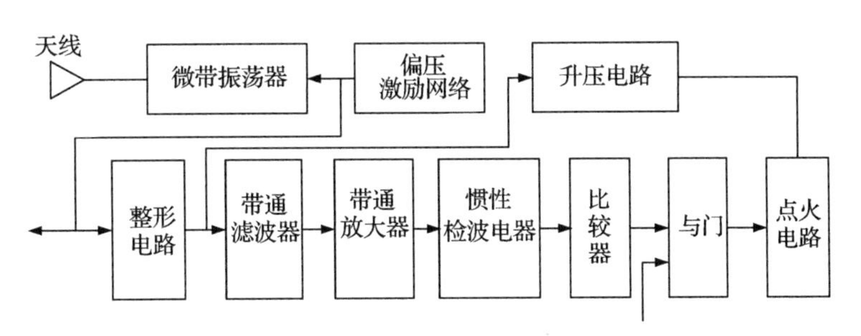

图 11-6　微波信道电路框图

偏压自激微波自差机利用体效应振荡器的负微分电导特性使体效应振荡器的偏压产生中频自激,中频自激偏压对微波振荡产生脉冲调制,通过天线对外辐射脉冲信号。当目标出现时,回波信号对偏压自激信号产生调频作用。当弹目存在相对运动时,调制的频率为多普勒频率,通过对偏压自激信号进行鉴频可得到多普勒信号。

体效应振荡器的微波等效电路如图 11-7 所示,图中 D 为耿氏二极管。若器件工作在猝灭模式,那么流入振荡器的电流 I_b,就是流过器件端面电流 i 的平均值,即

$$I_b=\frac{1}{T}\int_0^T i(t)\mathrm{d}t \qquad (11-17)$$

式中：T —— $T=2\pi/\omega$ ，微波振荡周期。

根据器件的瞬态特性和式(11－17)可以得到此振荡器的输入特性，如图 10－8 所示。可以利用这一特性使振荡器的偏压处于自激状态。

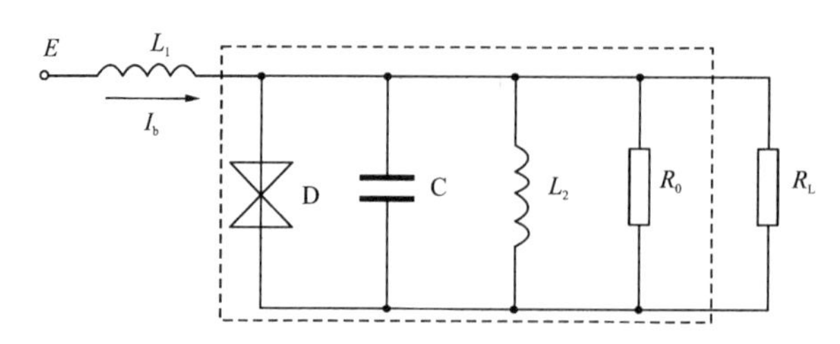

图 11－7　体效应振荡器的微波等效电路

在图 11－7 中虚线之间的部分为振荡器，R_L 为振荡器的负载，L_1 为偏压激励元件。一般情况下，振荡器的偏置端工作在相对微波而言的低频状态，因此，可以把振荡器看成具有图 11－8所示输入特性的没有电荷存储的二端网络。因此可以把图 11－7 的电路看成电源 E、电感 L_1 和振荡器相串接的电路，并有

$$E=L_1\frac{\mathrm{d}I_b}{\mathrm{d}t}+u_b \tag{11-18}$$

又可以写成

$$\left.\begin{aligned}\tau(u_b)\frac{\mathrm{d}u_b}{\mathrm{d}t}+u_b=E\\ \tau(u_b)=g(u_b)L_1\end{aligned}\right\} \tag{11-19}$$

式中：$g(u_b)$ ——图 11－8 所示曲线的微分电导。

由式(11－18)和式(11－19)可以计算出振荡器偏压的时域波形，从波形可知偏压确实处于自激状态。

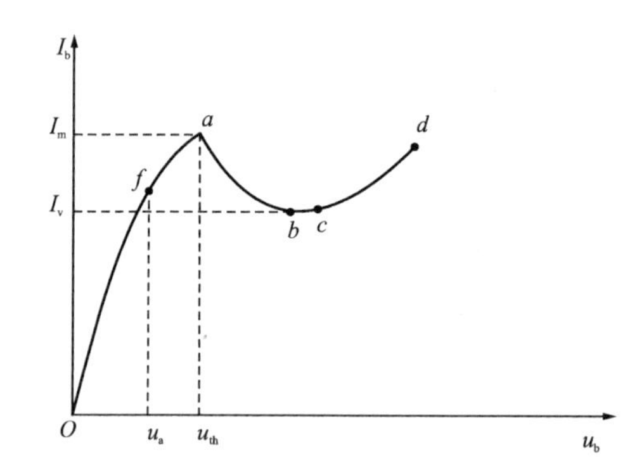

图 11－8　振荡器输入特性曲线

微波振荡受到自激偏压的调制，使振荡成为脉冲振荡。

微波振荡器采用微带振荡器，主要由匹配传输线、微带谐振腔、耿氏器件以及低通滤波器组成。

天线收发共用，采用介质天线，介质天线由近似偶极子的探针作馈源。E 面方向图波瓣宽度 40°，H 面方向图波瓣宽度约 80°。由于天线与耿氏管之间是由微带传输线匹配的，所以，可

以用图 11－9 所示的等效电路来分析天线阻抗变化对振荡器参数的影响。图中 Z_A 为天线的等效输入阻抗，Z_d 是负阻激励器件的等效阻抗，Z 是天线输入阻抗经匹配传输线变换后在 AA' 面的等效阻抗。当有回波信号时，天线等效输入阻抗要发生变化，即 $Z_A' = Z_A + \Delta Z_A$ 。

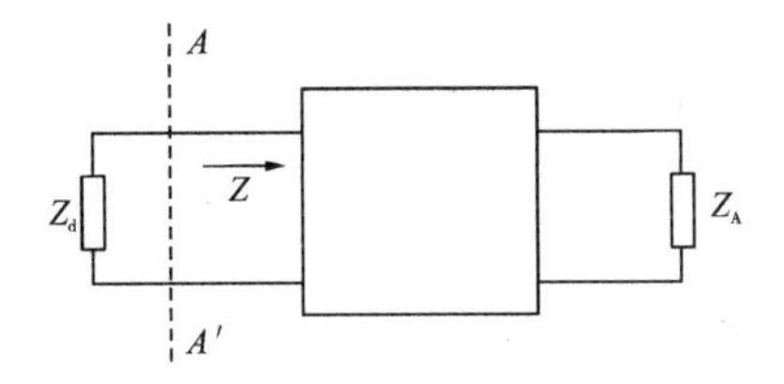

图 11－9　用以分析天线阻抗对振荡器影响的等效电路

Z 是频率 f 和 Z_A 的函数；Z_d 是频率 f 、负阻器件偏压 u 和微波振荡幅度 u_m 的函数。

$$\left.\begin{aligned} Z_d &= Z_d(f, u, u_m) \\ Z &= Z(f, Z'_A) \end{aligned}\right\} \tag{11-20}$$

$$\left.\begin{aligned} Z_d &= R_d + jX_d \\ Z &= R + jX \end{aligned}\right\} \tag{11-21}$$

稳定振荡时有

$$Z_d(u, u_m, f) + Z(f, Z'_A) = 0 \tag{11-22}$$

即

$$\left.\begin{aligned} R_d(u, u_m, f) + R(f, Z'_A) = 0 \\ X_d(u, u_m, f) + X(f, Z'_A) = 0 \end{aligned}\right\} \tag{11-23}$$

由于 Z_A 是以多普勒频率周期性变化的，变化量随目标的靠近而增大，因此 $R(t, Z'_A)$ 、$X(f, Z'_A)$ 也是以多普勒频率周期性变化的。为了满足式(11－23)的稳定振荡条件，$R_d(u, u_m, f)$ 、$X_d(u, u_m, f)$ 必然调整自己的大小而周期性地变化。由于 R_d、X_d 的大小是由耿氏器件本身决定的，它们的大小变化必然导致振荡器伏安特性的变化，它的变化是周期性的，因而必导致建立在伏安特性上的偏压振荡波形也发生相应的变化，即偏压振荡信号的幅度和周期也以多普勒频率周期性变化。变化的速度反映了目标与天线的相对速度信息，变化的幅度反映了目标的距离信息。因此，只要从偏压振荡信号的幅度变化或从其频率变化中将多普勒信号提取出来，就能实现对目标信息的提取。

2.电容探测支路

在此复合引信中，电容探测器没有单独的场源，而是用微波探测器的偏压自激信号作为场源，这就使得电路大为简化。目标信号经检波、放大、目标识别等处理后加到与门电路的一个输入端。

电容-微波复合探测器的方向图如图 11－10 所示。

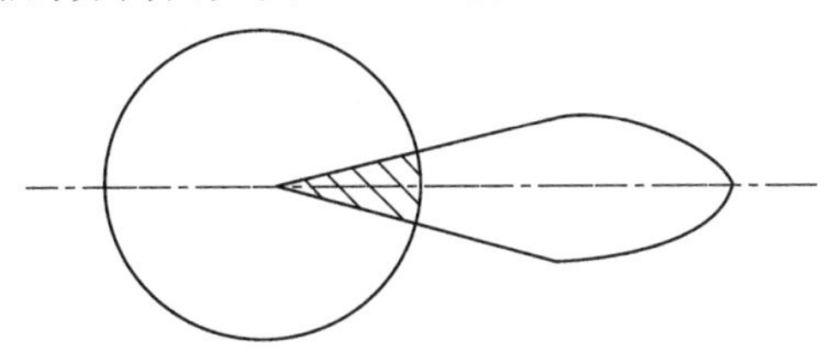

图 11－10　电容-微波复合探测方向图

图 11－10 中阴影部分为电容探测方向图与微波方向图的共有部分。仅当目标在此区域内出现时引信才起作用，因此，可以使复合引信抗干扰能力比单一体制的探测器要好得多。

习 题

1.什么是复合引信？其特点是什么？

2.简述伪随机码调相脉冲多普勒复合调制引信的工作原理。

3.简述电容-微波复合引信的工作原理。

4.复合调制探测器参数选择的原则是什么？

5.微波探测器由哪些部分组成？

参考文献

[1] 崔占忠,宋世和,徐立新. 近炸引信原理[M].3 版.北京:北京理工大学出版社,2009.
[2] 夏红娟,崔占忠,周如江. 近感探测与毁伤控制总体技术[M].北京:北京理工大学出版社,2019.
[3] 樊会涛,吕长起,林忠贤. 空空导弹系统总体设计[M].北京:国防工业出版社,2007.
[4] 卢芳云,李翔宇,林玉亮. 战斗部结构与原理[M].北京:科学出版社,2009.
[5] 李豪杰,查冰婷. 现代引信系统分析理论与方法[M].北京:北京理工大学出版社,2020.
[6] 王军波,李彦学,高敏. 引信系统分析与设计原理[M].北京:解放军出版社,2000.
[7] 梁堂文,李玉清,何武成. 防空导弹引信设计及仿真技术[M].北京:宇航出版社,1995.